国家出版基金项目
NATIONAL PUBLICATION FOUNDATION

中国持续性强降水形成机理与预报方法研究

翟盘茂 等著

气象出版社
China Meteorological Press

内 容 简 介

　　本书内容包括我国持续性强降水气候背景、江淮地区夏季持续性强降水发生机理和预报信号、华南夏季持续性暴雨天气系统结构配置、低频振荡特征及其对持续性强降水的影响、海洋热状况变化对持续性强降水的影响、青藏高原对持续性天气异常的影响、冬季持续性冰冻雨雪灾害事件的形成机理和持续性强降水客观预报技术等。

　　本书反映了近十年我国持续性强降水形成机理与预报方法方面的最新进展,适合气象科研和业务工作者参考。

图书在版编目（ＣＩＰ）数据

中国持续性强降水形成机理与预报方法研究 ／ 翟盘茂等著. -- 北京 : 气象出版社，2022.6
ISBN 978-7-5029-7644-6

Ⅰ．①中… Ⅱ．①翟… Ⅲ．①强降水－研究－中国② 强降水－短时天气预报－研究 Ⅳ．①P426.6②P457.6

中国版本图书馆CIP数据核字(2022)第016230号
审图号:GS京(2022)0468号

中国持续性强降水形成机理与预报方法研究
ZHONGGUO CHIXUXING QIANGJIANGSHUI XINGCHENG JILI YU YUBAO FANGFA YANJIU

出版发行：气象出版社	
地　　址：北京市海淀区中关村南大街 46 号　**邮政编码**：100081	
电　　话：010-68407112(总编室)　010-68408042(发行部)	
网　　址：http://www.qxcbs.com　**E - m a i l**：qxcbs@cma.gov.cn	
责任编辑：王　迪	**终　　审**：吴晓鹏
责任校对：张硕杰	**责任技编**：赵相宁
封面设计：地大彩印设计中心	
印　　刷：北京地大彩印有限公司	
开　　本：787 mm×1092 mm　1/16	**印　　张**：16.75
字　　数：429 千字	
版　　次：2022 年 6 月第 1 版	**印　　次**：2022 年 6 月第 1 次印刷
定　　价：180.00 元	

本书编写组

翟盘茂　牛若芸　陈　阳

周佰铨　余　荣　李　慧

王　倩　廖　圳　李　蕾

杨佳希　胡娅敏　吴　慧

序

　　持续性强降水事件易引发大范围洪涝灾害,严重威胁人民生命和财产安全,是防灾减灾政策制定时重点考虑的极端天气类型。近 30 年来,我国持续性强降水事件频发,其影响的严重程度和范围呈现出不断增长的态势。多次造成重大损失的流域性严重洪涝均与此类事件有关,记忆尤为深刻的是 1991 年、1998 年、1999 年及 2020 年持续性强降水均引发了长江流域重大洪涝。

　　持续性强降水事件成因十分复杂,不仅涉及强降水的触发机理,还涉及强降水如何维持的问题。其中涉及不同时-空尺度大气内部的动力-热力过程、不同环流系统之间的相互作用,同时需要考虑次季节-年际尺度的海洋热力异常以及包括青藏高原在内的下垫面热力异常的强迫作用。对这些关键过程的准确理解,对提升针对此类高影响天气的预报能力至关重要。此外,在全球变暖的背景下,我国的极端降水也呈现出了一些系统性响应。在预报中需要综合考虑这样长期的气候背景及当时的天气过程。

　　更具有挑战性的是,防范和应对这类造成大范围、长时间洪涝灾害的极端天气对预报时效提出了更高的要求,往往需要提前 1～2 周的预报以协助政府制定物资调配、人员转移、开闸泄洪等应对方案。这种具有决策价值的 1～2 周预报时效的预报不仅要求预报员掌握上述关键物理过程,还需要对各关键系统的前兆信号的源地、发生发展和消亡规律有较为准确的认识,以找准预报着眼点。在此基础上,如何充分利用现有的模式预报能力和先进的大数据挖掘方法建立起适用于我国持续性强降水预报的预报方法,提升预报准确率同时延长预报时效是当前亟需解决的重大气象科学问题。

　　本书汇集了国家重大基础研究发展规划项目“我国持续性重大天气异常形成机理与预报理论和方法研究”“中国区域重大极端天气气候事件的归因方法研究”“中国降水持续性结构变化及其原因”中的大部分研究成果。书中细致介绍了我国强降水的持续性及降水结构变化的气候背景;清晰揭示了不同地区持续性强降水事件形成机理的多样性,凝炼建立了多种天气学概念模型;从大气内部动力-热力过程以及海洋、高原的热力强迫的角度,阐明了各主要环流系统异常的成因;准确刻画了各关键环流系统前兆信号的活动规律,验证了预报时效来源;基于机理理解,结合大数据挖掘技术,建立了一套时效能够达到 1 周以上的预报模型。

　　本书可以为读者快速了解我国持续性强降水事件的机理及前兆信号活动规律提供关键信息,可以为预报员预报此类事件提供着眼点,也可以为相关专业研究生提供参考作为相关的研究背景。本书中总结的天气学概念模型和预报思路及方法也可以与不断迭代更新的机器学习算法相结合,不断发展、改进适用于此类高影响天气的预报方法。

2021 年 10 月

前　言

全球变暖背景下,世界各国洪涝灾害迅速增加,进入 21 世纪的头 20 年,受洪灾影响的全球人口较前 20 年增加了两倍多。我国是受洪涝灾害影响十分严重的国家之一,在应急管理部发布的"2021 年全国十大自然灾害"中,洪涝灾害占据了前四位。持续性强降水事件是引发流域性洪涝灾害最常见、最主要、最直接的致灾因素。

20 世纪 90 年代以来,我国南方地区持续性强降水事件呈现出频次增多、强度增大、影响范围扩大的趋势。提升持续性强降水事件预报的准确性并延长其预报时效对降低洪涝造成的人民生命财产损失至关重要。

然而,持续性强降水过程往往是多种不同尺度的天气气候因子共同作用的结果,机理复杂,精准预报持续性强降水仍然是世界性的科学挑战。2020 年夏季长江中下游流域"暴力梅"的气象预报服务实战再次提醒我们,深刻理解此类事件的物理过程,并以此为基础延长持续性强降水事件预报时效,提高雨带位置和强度预报的准确性是气象预报的迫切需求。为此,开展持续性强降水的形成机理以及预报理论和方法的研究,努力提升针对此类高致灾极端事件形成机理的认识及其预报能力,将有效预报时效延长至 1～2 周及以上,对于提升决策服务价值和进一步完善无缝隙的气象预报体系,对于保障人民生命财产安全及促进国民经济可持续发展都具有重要的科学意义和应用价值。

本书重点围绕近十年来中国区域持续性暴雨和持续性冰冻雨雪有关的科学研究,在定义并识别持续性暴雨和低温冰冻雨雪事件、阐述其历史变化特征和持续性结构变化的基础上,从阻塞高压和大气遥相关角度系统分析了江淮地区和华南地区夏季持续性强降水形成的内在机理和前兆信号;进一步从副热带高压以及南亚高压等关键环流系统的低频活动出发,分析总结了强降水自身的低频振荡特征及低频环流对强降水的影响;探讨了海洋热状况、青藏高原的热力异常对持续性强降水及密切联系的相应环流的影响;通过环流分型揭示了冬季持续性冰冻雨雪事件的形成机理,并对比分析了典型强寒潮形成机理的异同点。在以上研究得到的关键环流异常特征的基础上,通过提取相应的强信号,研制了三种基于动力-统计相结合的持续性强降水客观预报技术,包括基于关键影响系统的强降水相似预报、基于最优概率的中期延伸期过程累积降水量分级订正预报、基于神经网络的中国南方低温雨雪冰冻预报。

以上成果不仅有助于提高对区域持续性极端降水的机理认识,提高针对此类事件的预报能力,还为发展基于关键物理过程的归因方法提供了重要的科学依据和参考,进而提升针对季风区持续性极端降水的归因能力并深化对此类高影响天气对全球变暖响应的理解,为气候变化背景下的防灾减灾策略的设计提供更有力的科技支撑。

本书由中国气象科学研究院、国家气象中心、广东省气象局、广西壮族自治区气象局、海南省气象局和江西省气象局等多家单位的专家共同撰写而成,也得到了李健颖、李论、王东海、江志红、郭冬艳、匡秋明等专家提出的许多宝贵意见和建议,在此由衷表示感谢。

本书的编写得到了国家重点研发计划"中国区域重大极端天气气候事件的归因方法研究"

(2018YFC1507700)、国家重点基础研究发展计划项目"我国持续性重大天气异常形成机理与预报理论和方法研究"(2012CB7200)和国家自然科学基金项目"中国降水持续性结构变化及其原因研究"(41575094)的联合支持。

希望本书的出版能够为气象科技和业务工作者在有关极端天气气候事件,特别是持续性强降水形成机理、预报理论和方法等方面提供有益参考,也能给预报预测新技术的研制和高影响事件归因方法的发展提供一些启发。本书中的不足和疏漏之处,敬请广大读者不吝赐教。

作者

2021 年 10 月

目　　录

序

前言

第1章　我国持续性强降水气候背景 ··· 1

　　1.1　概述 ·· 1

　　1.2　持续性降水及降水结构变化的定义 ··· 3

　　1.3　我国持续性降水的气候变化特征 ·· 4

　　1.4　我国区域性极端降水事件的定义和特征 ····································· 13

　　1.5　本章小结 ··· 34

第2章　江淮地区夏季持续性强降水发生机理和预报信号 ······················· 35

　　2.1　概述 ·· 35

　　2.2　阻塞高压背景下江淮夏季持续性暴雨形成机理及前兆信号 ·········· 36

　　2.3　遥相关背景下江淮夏季持续性极端降水形成机理及前兆信号 ······· 62

　　2.4　本章小结 ··· 83

第3章　华南夏季持续性强降水天气系统结构配置 ································· 85

　　3.1　概述 ·· 85

　　3.2　华南汛期持续性和非持续性降水的变化 ······································ 87

　　3.3　华南夏季降水的集中度变化 ·· 92

　　3.4　华南夏季持续性强降水过程的天气系统配置 ···························· 100

　　3.5　EAP遥相关型对华南持续性降水的影响 ·································· 106

　　3.6　本章小结 ··· 116

第4章　低频振荡特征及其对持续性强降水的影响 ······························ 118

　　4.1　概述 ·· 118

　　4.2　副热带高压和南亚高压的次季节活动 ······································ 119

　　4.3　江淮地区持续性强降水的低频特征及形成 ······························ 122

　　4.4　华南地区持续性强降水低频特征及形成 ·································· 132

　　4.5　本章小结 ··· 135

第5章　海洋热状况变化对持续性强降水的影响 ································· 137

　　5.1　概述 ·· 137

5.2 海表面温度与江淮、江南区域持续性强降水的关系 ·············· 138

5.3 长江中下游地区夏季持续性降水结构变化及厄尔尼诺的影响 ·············· 158

5.4 海洋热状况变化对华南地区持续性强降水的影响 ·············· 165

5.5 本章小结 ·············· 173

第6章 青藏高原对持续性天气异常的影响 ·············· 175

6.1 概述 ·············· 175

6.2 青藏高原天气系统演变对持续性强降水的影响 ·············· 175

6.3 青藏高原动力热力作用对持续性强降水的影响 ·············· 182

6.4 青藏高原大气低频振荡对持续性强降水的影响 ·············· 186

6.5 本章小结 ·············· 188

第7章 冬季持续性低温雨雪冰冻事件的形成机理 ·············· 189

7.1 概述 ·············· 189

7.2 环流分型及其特征 ·············· 190

7.3 2008年低温雨雪冰冻事件与2016年初强寒潮比较分析 ·············· 204

7.4 本章小结 ·············· 212

第8章 持续性强降水客观预报技术 ·············· 213

8.1 概述 ·············· 213

8.2 基于关键影响系统的强降水相似预报 ·············· 213

8.3 基于最优概率的中期延伸期过程累计降水量分级订正预报 ·············· 227

8.4 基于神经网络的中国南方低温雨雪冰冻预报 ·············· 236

8.5 本章小结 ·············· 245

参考文献 ·············· 247

第 1 章　我国持续性强降水气候背景

1.1　概述

降水研究是气候变化领域中最热门的方面之一,也是政府和公众最为关注的话题之一。研究发现,降水事件的频率和强度近年来都呈现出增加的趋势,并且在全球持续升温的背景下,中纬度大部分陆地地区的降水事件将很可能变得更加频繁,强度也将更大(IPCC,2013)。与此同时,降水事件呈现出复杂的区域变化特征。Donat 等(2016)通过分析观测和模拟的结果指出,湿润地区的降水总量变化很小,而极端降水则有显著的增加;同时,对于干旱地区无论是降水总量还是极端降水都显著增加。在澳洲,极端降水事件的频率和强度都趋于增加(Boschat et al.,2015)。欧洲北部和西部地区的极端降水变化显著。中亚地区极端降水呈现出增加的趋势。而在非洲,21 世纪末期其南部降水日数将减少,但极端降水事件却会增加(Pohl et al.,2017)。

中国也有大量降水和极端降水相关的研究。Zhai 等(1999;2005)表明近几十年来,中国极端降水的强度和降水量都呈现增强趋势,极端降水量在总降水量中的比例也趋于增大。对于长江三角洲地区,降水频次和强度存在明显的年代际差异,2000 年以后极端降水强度持续加强。在西南地区,1951—2010 年降水量呈现减少趋势,持续性降水减少(Chen and Zhai,2014a),而极端降水却表现为增加(Liu and Xu,2016)。黄淮流域最大五日降水量和雨日显著减少,而干期为弱的增加(Zhang D D et al.,2015)。北京—天津—唐山区域年最大降水量呈现出显著的减小趋势(Shao et al.,2015)。

通过统计我国中东部夏季降水日数的空间分布可以看到(图 1.1a),我国中东部地区夏季降水日数在南方偏多,华北地区偏少。其中,有的站点夏季降水日数可达 30 d 以上,而有的站点却 1 d 都没有。降水强度的分布与降水日数略有不同(图 1.1b),呈现出从南向北依次递减。整体上我国中东部夏季的降水为南多北少的格局。而进一步分析 1961—2015 年夏季降水日数的趋势可以发现(图 1.1c),其分布存在很大的空间差异,降水日数在长江中下游地区有明显的增加,而在华北地区、东北地区和华南部分地区呈现出减小趋势。与降水日数的趋势不同,降水强度的变化整体上呈现出南增北减的趋势(图 1.1d)。因此,近几十年来,我国中东部地区夏季降水存在很显著的"南涝北旱"趋势(Ding et al.,2008;Zhai et al.,2005)。

需要指出的是,除了总量和强度以外,持续时间也是衡量降水变化和极端性的一个重要特征,无降水和降水事件的长短本身就可以决定其致灾能力。例如,1998 年夏季,长江流域持续性降水异常长达 40 d,前后发生了两次分别长达 10 d 和 6 d 的持续性强降水过程(Chen and Zhai,2013),长江全流域受洪涝灾害影响,直接经济损失达 2551 亿元,农田受灾 2229 万 hm²,死亡 4150 人。同时,持续的干期也会导致热浪或者干旱。比如 2015 年秋季,我国华北、黄淮、内蒙古等地存在不同程度的旱情。初步统计得到,此次干旱灾害事件造成 604.25 万人受灾,

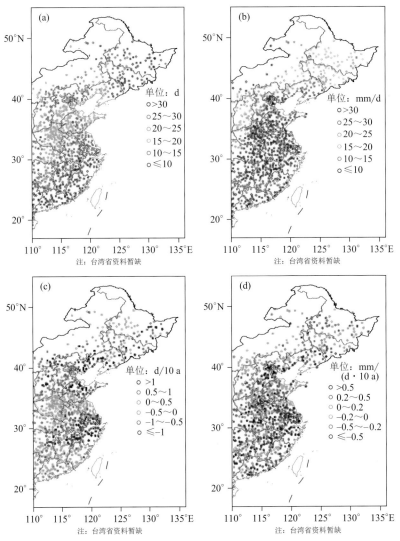

图 1.1　中国中东部地区 1961—2015 年夏季总降水日数和降水强度的平均分布(a,b)和
趋势分布(c,d;实心圆表示通过 $\alpha=0.1$ 显著性检验的站点)

农作物受灾面积 $126.8\times10^4\ hm^2$,直接经济损失 67.48 亿元,持续的无降水是最终导致这次干旱发生的直接原因。气候变暖背景下降水是趋于以长持续性还是短持续性的降水形式发生?降水事件之间是否出现了重新组合(图 1.2)?

　　本章为我国持续性降水的气候背景,本章将给出我国持续性降水与降水结构变化的定义,讨论不同季节降水结构的变化特征,并重点以夏季极端降水结构变化为例给出降水结构变化的研究思路和主要结论。同时,考虑到后续章节会重点探讨区域性强降水事件的变化及机理,因此,其相关定义及其气候背景也会在本章统一给出。回答上述降水结构变化问题将从一个新的视角来深入地理解我国降水变化的规律、成因及其与旱涝灾害的联系,有利于进一步加深气候变暖对我国降水的影响及其机理的认识,为我国采取气候变化减缓和应对行动提供科学支撑。

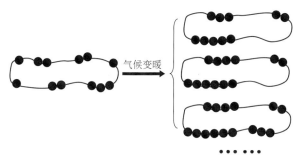

图 1.2　气候变暖背景下降水结构可能变化的示意图,即降水日数集中形成雨期(蓝点),
无降水日数也集中形成干期(无蓝点)(来源 Zolina,私人通讯)

1.2　持续性降水及降水结构变化的定义

我国处于东亚季风气候地区,降水的空间差异和季节差异都很大。这使我国降水的研究趋于复杂。除了降水的频率和强度外,降水的持续时间也是近来降水研究开始关注的一个方面。持续性降水的概念首先是由 Mindling(1918)提出的。以前研究持续性主要从天气角度出发,所考虑的时间尺度主要从分钟到小时,而近年来国内外陆续有研究以天为时间尺度来分析持续性降水的变化(Zolina et al.,2010;Chen and Zhai,2013),而通过这些研究,更好地讨论了降水的变化特征,也促进了降水事件变化成因机理的分析。

有效降水的定义对降水结构很重要,本书将日降水量大于 0.1 mm/d 认为是有效降水,这一阈值也在很多研究中得到了应用(Zolina et al.,2010;Chen and Zhai,2014b)。雨期(Wet Periods,WPs)定义为连续不间断的雨日(Wet Day,WD)。

降水结构的变化,其含义主要是表示降水之间发生了重新组合,这种组合可能使得降水以更加集中的方式发生,也有可能使得降水以更加分散的方式发生。而从统计的角度可以理解成不同持续时间的降水事件对总降水日数和总降水量贡献的变化,可能是趋于以持续性降水事件的贡献为主,或者是趋于以非持续性降水事件的贡献为主。考虑到每年降水的总天数不一致,因此采用不同持续降水事件降水日数和降水量占不同时段内总降水日数和总降水量的比例表征其对总降水日数和总降水量的贡献,并进一步通过揭示不同年份不同持续时间降水事件贡献的变化,来分析中国降水结构的变化。

同时,对不同地区而言,不能简单地用统一固定的日降水量来定义极端降水事件,因此在1.3.2 节采用潘晓华和翟盘茂(2002)提出的百分位法确定极端降水阈值。对每个台站,把1961—2016 年夏季(6—8 月)所有日降水样本(日降水量$\geqslant$0.1 mm/d)按升序排列,得到夏季逐日降水序列,取其第 95 个百分位值定义为极端降水事件的阈值,作为确定极端降水事件的标准。且仅当从某日开始连续 n 天降水量都大于阈值,则认为出现一次持续时间为 n 天的极端降水事件,以出现降水的第 1 天作为持续性极端降水开始的时间。考虑到持续性极端降水事件造成的影响更恶劣,在 1.3.2 节中将极端降水事件分为两类,即 1 d 的非持续性极端降水事件和持续 2 d 及以上的持续性极端降水事件,两类事件相互独立,不重复计算。为了更好地体现极端降水结构的变化,进一步计算持续性与非持续性极端降水量的比值,比值越大,表明更易发生持续性极端降水,反之则更易发生非持续性极端降水。

1.3 我国持续性降水的气候变化特征

1.3.1 持续性降水季节性特征

1961—2015 年 WPs 的发生频次随着持续时间的增长呈现出指数衰减(蓝色柱状,图 1.3)。由非持续性降水事件和持续 2 d 的 WPs 贡献的降水日数超过总降水日数的 60%(蓝色柱状,图 1.3a)。持续时长为 3～7 d 的事件贡献的降水日数占比接近 30%;更长的事件贡献率在 10% 以内。图 1.3b 给出了不同时长的 WPs 对总降水日数的贡献随时间演变的特征。可以发现,在 2000 年以前,3 d 及以内的 WPs 对降水日数的贡献为负距平,而长于 3 d WPs 对降水日数的贡献为正距平。这种模态到了 2000 年以后,逐渐演变成了 3 d 及以内的 WPs 的贡献变为正距平,而长于 3 d 的 WPs 的贡献变为负距平。2000 年以后模态反转暗示了不同持续时长的降水之间某种"此消彼长"的关系,即越来越多的降水以较短持续事件形式表现出来,而较长持续事件的贡献则越来越小。这样不同时长的降水事件的"重组"现象也能够非常显著地在其线性趋势中体现出来,如图 1.3c 所示。3 d 及以内的 WPs 事件的贡献显著增加,而长于 3 d 的 WPs 的贡献呈现出一致性的减少。具体而言,非持续性降水事件和持续 2 d 的降水事件对总降水日数贡献的趋势均为 0.24%/10 a,而持续时长为 4～10 d 的事件的贡献呈显著的减少趋势。

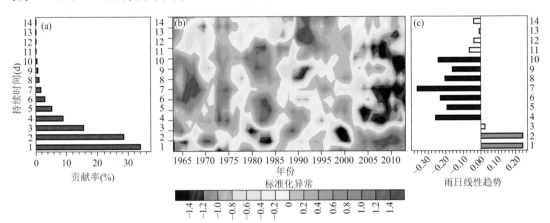

图 1.3 1961—2015 年全国(a)不同持续时间的持续性事件对总降水日数的贡献,
(b)不同持续时间的持续性事件对总降水日贡献的标准化异常的时间演变,(c)及
其所对应的线性趋势(%/10 a),其中实心柱状表示通过 $\alpha = 0.1$ 的显著性检验

我国处于东亚季风气候区域,降水分布存在显著的季节性差异。以秋季降水结构的变化为例(图 1.4),得到我国秋季降水主要以非持续性降水事件和持续 2 d 的 WPs 为主,其中非持续性降水事件的贡献达到了 38% 左右,持续 2 d 降水的贡献也叫达 29%。秋季不同时长的 WPs 对总降水日数贡献随时间演变的特征与全年的不同在于,秋季降水日数在 1985 年以前长于 3 d 的 WPs 为正距平,1～3 d 的 WPs 为负距平,而 1985 年以后发生了转变。所以 3 d 及以内的 WPs 时间的贡献是增加的,其中 2 d 的 WPs 通过了 $\alpha = 0.1$ 显著性检验;而 3 d 以上的 WPs 是减小的,以 4～8 d 的 WPs 最为突出。而对我国四季的降水结构变化的相关统计情况可见表 1.1。总体说来,1961—2015 年我国越来越多的降水日数以较短持续事件形式表现出来,而较长持续事件的贡献则越来越小。

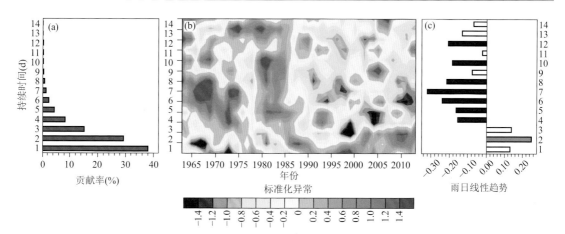

图 1.4　1961—2015 年全国秋季(a)不同持续时间的持续性事件对总降水日数的贡献，
(b)不同持续时间的持续性事件对总降水日贡献的标准化异常的时间演变，(c)及其
所对应的线性趋势(%/10 a)，其中实心柱表示通过 $\alpha=0.1$ 显著性检验

表 1.1　全年和四季降水日数在对应时段对总降水日数的贡献情况统计

时段	降水日数对总降水日数的贡献		
	比例大值所对应的降水日数	时间演变	气候趋势
全年	主要以非持续性降水事件(34%)和持续 2 d(29%)的 WPs 为主	2000 年前 3 d 及以内的 WPs 为负距平，而 2000 年以后为正距平	3 d 及以内的 WPs 增加 3 d 以上的 WPs 减少
春季	主要以非持续性降水事件(40%)和持续 2 d(30%)的 WPs 为主	1995 年前 3 d 及以内的 WPs 为负距平，而 1995 年以后为正距平	3 d 及以内的 WPs 增加 3 d 以上的 WPs 减少
夏季	主要以非持续性降水事件(32%)，持续 2 d(27%)和持续 3 d(16%)的 WPs 为主	1961—1983 年和 1995—2003 年 3 d 及以内的 WPs 为正距平，而其余年份为负距平	3 d 及以内的 WPs 增加 4 d 和 7 d 以上的 WPs 减少，趋势不显著。
秋季	主要以非持续性降水事件(38%)和持续 2 d(29%)的 WPs 为主	1985 年前 3 d 及以内的 WPs 为负距平，而 1985 年以后为正距平	3 d 及以内的 WPs 增加 3 d 以上的 WPs 减少
冬季	主要以非持续性降水事件(42%)和持续 2 d(23%)的 WPs 为主	1980 年的不同持续时间 WPs 为负距平，而 1980 年以后为正距平	不同持续时间的 WPs 的降水日数均增加，以 1～5 d 的 WPs 最为突出

　　从不同程度的 WPs 持续时长及其对总降水量贡献趋势的空间分布上来看(图 1.5)，全国 WPs 的平均时长主要呈现出减少的趋势，特别是在西南地区、东北地区和黄淮地区最为突出，减少的趋势超过 -5% d/10 a。而在长江中下游地区以及华南南部地区主要以增加的趋势为主，大概在 1% d/10 a～2% d/10 a。进一步从短持续 WPs(50th 百分位)和长持续 WPs(90th 百分位)所对应的日数的趋势可以看出，WPs 平均时长的减少或增强主要贡献者可能是长持续 WPs 的变化，而短持续 WPs 时长变化趋势的空间分布虽也与事件平均时长的一致，但其趋势没有长持续 WPs 的强。从春夏秋冬四季(图 1.6—图 1.9)不同程度的 WPs 持续时长的分布也可以看到，除冬季外，WPs 平均时长的变化的主要贡献是由于长持续 WPs 的变化引起的。特别是秋季西南地区和春季江南地区 WPs 的平均时长是显著减少的，而夏季长江中下游地区和冬季中国北方地区 WPs 的平均时长是显著增加的。因此，我国降水持续性存在显著的区域性和季节性差异。

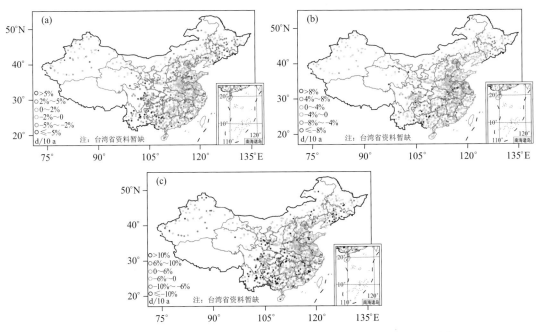

图1.5　1961—2015年中国WPs的平均时长(a)、短持续WPs(50th百分位)所对应的持续时长(b)、长持续WPs(90th百分位)所对应的持续时长(c)的趋势分布，其中实心圆表示通过 $\alpha=0.1$ 显著性检验

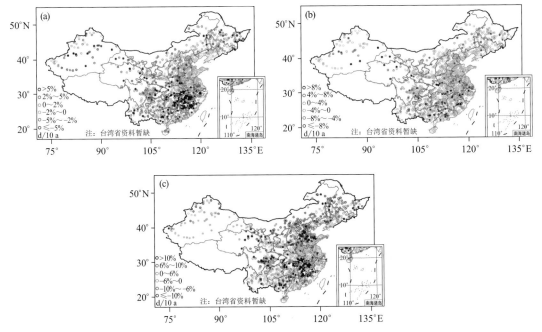

图1.6　1961—2015年中国春季WPs的平均持续时长(a)、短持续WPs(50th百分位)所对应的持续时长(b)、长持续WPs(90th百分位)所对应的持续时长的趋势分布(c)，其中实心圆表示通过 $\alpha=0.1$ 显著性检验

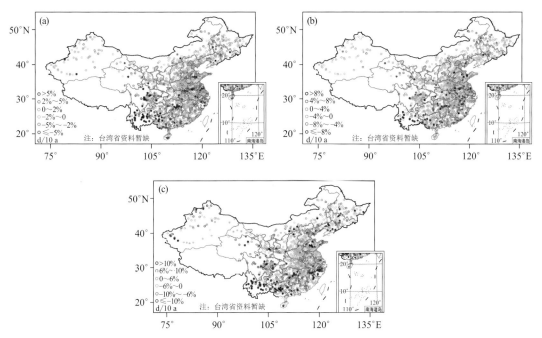

图 1.7　1961—2015 年中国夏季 WPs 的平均持续时长(a)、短持续 WPs
(50th 百分位)所对应的持续时长(b)、长持续 WPs(90th 百分位)所对应的
持续时长的趋势分布(c),其中实心圆表示通过 $\alpha=0.1$ 显著性检验

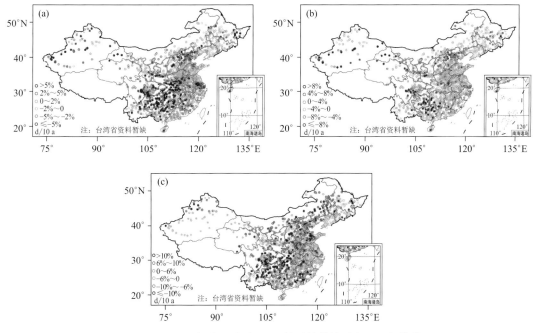

图 1.8　1961—2015 年中国秋季 WPs 的平均持续时长(a)、短持续 WPs
(50th 百分位)所对应的持续时长(b)、长持续 WPs(90th 百分位)所对应的
持续时长的趋势分布(c),其中实心圆表示通过 $\alpha=0.1$ 显著性检验

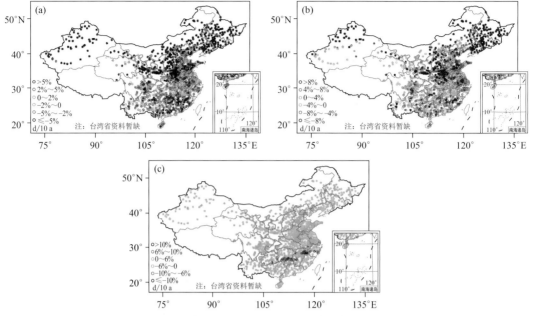

图 1.9 1961—2015 年中国冬季 WPs 的平均持续时长(a)、短持续 WPs
(50th 百分位)所对应的持续时长(b)、长持续 WPs(90th 百分位)所对应的
持续时长的趋势分布(c),其中实心圆表示通过 $\alpha = 0.1$ 显著性检验

1.3.2 夏季持续性极端降水结构的变化特征

1.3.2.1 持续性和非持续性降水的空间分布特征

图 1.10 给出了 1961—2016 年持续性和非持续性极端降水量的线性趋势分布。由图 1.10a 可知,中国东南部、东北北部及南部、西藏南部等地的非持续性极端降水量增加趋势明显,多在 5～10 mm/(d·10 a),长江中下游、东北北部甚至可达 10 mm/(d·10 a)以上;内蒙古中东部、云南西南部、四川中部及西北少部分地区呈减少趋势,由图中可以看出,通过 $\alpha = 0.1$ 显著性检验的站点较多,说明非持续性极端降水的变化趋势较为显著。对于持续性极端降水量(图 1.10b),呈减少趋势的范围有所扩大,如东北中部、内蒙古中部至湖北东部、四川中部、云南西南部及新疆部分地区减少趋势多分布在 5 mm/(d·10 a)以下,其他地区尤其是东南沿海有显著的增加趋势,趋势大于 10 mm/(d·10 a)的地区主要集中在福建、浙江两地,通过显著性检验的站点数少于非持续性极端降水,京津冀及东南沿海一带站点分布较为密集,说明以上区域的持续性极端降水变化较为显著。

为进一步探究近 56 年来中国极端降水结构是否发生变化,计算持续性与非持续性极端降水量之比的线性趋势,若趋势为正,表明极端降水的变化越来越多地由持续性极端降水的变化造成,即极端降水的结构向持续性主导转变,反之则越来越由非持续性极端降水的变化导致,即持续性结构趋于向非持续性转变。图 1.10c 给出了持续性与非持续性极端降水量之比变化趋势的空间分布,可以看出新疆、西藏中部、四川、云南至广西一带以及华北大部分地区的趋势均为负,表明虽然持续性和非持续性极端降水量都呈下降趋势,但非持续性极端降水的变化速度较慢,导致非持续性极端降水量的占比越来越高,即极端降水更加趋于以非持续性的形式出现,这有可能与当地趋干旱的变化特征相联系。此外,山东、河南、湖北及广西少部分地区的趋

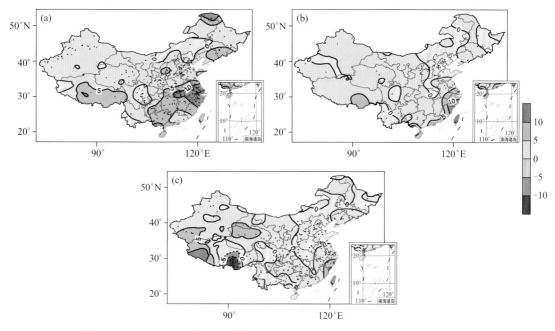

图 1.10　1961—2016 年(a)非持续性(mm/(d・10 a))、(b)持续性极端降水量
变化趋势(mm/(d・10 a))以及(c)持续性与非持续性极端降水量之比变化线
性趋势(%/10 a)的空间分布,黑点代表通过 $\alpha=0.1$ 显著性检验的站点

势也为负值,一方面由于持续性极端降水量趋于减少,另一方面非持续性极端降水的增加趋势
大于持续性极端降水,导致两者比值呈减少趋势,极端降水的持续性反而减弱,极端降水更多
以非持续性极端降水为主。同时还可看出,中国东部趋势为正的大值区主要集中在浙江、福建
及沿海一带,表明这些地区持续性极端降水的增加速度大于非持续性极端降水,使得持续性极
端降水的占比逐渐增多,即更趋向于持续性极端降水的多发,这一变化不仅容易增加湖泊水域
水量,同时,也容易增加洪涝及泥石流等灾害的可能性,从而给周边和下游地区的生产生活带
来极大的影响,造成巨大的经济和财产损失。

1.3.2.2　持续性和非持续性降水结构的时间演变特征

上述分析表明,中国东南部持续性和非持续性极端降水趋于增多,华北、西南及西部部分
地区趋于减少,那么不同区域的持续性和非持续性极端降水是如何演变的?两类极端降水的
变化与极端降水的变化有何联系?进一步,对前文中 4 个典型区域分别进行分析,结果如下。

图 1.11 给出了四个区域各自对应的极端降水、持续性和非持续性极端降水量距平时间序
列。从年际变化来看(图 1.11a),华北地区 1961—2016 年持续性和非持续性极端降水均呈减
少趋势,非持续性极端降水的年际变化大,持续性极端降水年际变化较小,说明极端降水的变
化多由非持续性极端降水的变化引起。从图 1.12a 中可看出,非持续性极端降水对极端降水
的贡献率趋于增多,从 1961—1971 年平均的 83% 升至 2006—2016 年平均的 90%,这表明非
持续性极端降水逐渐成为极端降水变化过程中的主导趋势。图 1.13 给出了持续性和非持续
性极端降水的年代际变化特征,可以看出华北地区的年代际变化较为明显。进一步由图
1.13a 可以看出,对于华北地区来说,2001—2010 年,持续性极端降水减少的最快,整个过程中
均是持续性极端降水减少幅度大,因此非持续性极端降水一直是华北地区极端降水变化趋势

的主导因素。即华北地区持续性和非持续性极端降水的减少共同导致了极端降水的减少,极端降水的结构有向非持续性主导转变的趋势。

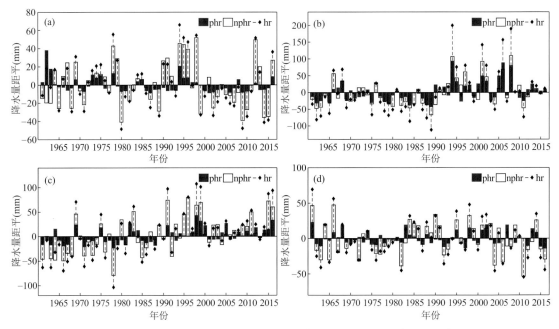

图 1.11 1961—2016 年(a)华北地区,(b)华南地区,(c)江淮流域,(d)西南地区
极端降水、持续性极端降水、非持续性极端降水量距平时间序列(mm);菱形代表极端降
水(hr),红色柱状代表持续性极端降水(phr),白色柱状代表非持续性极端降水(nphr)

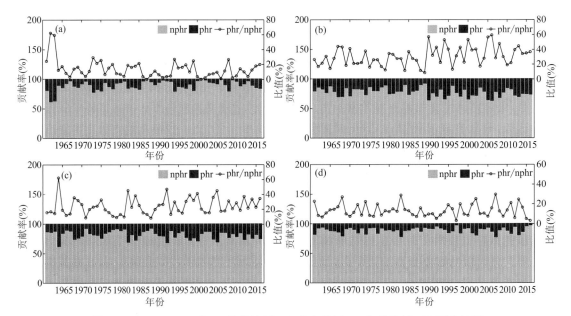

图 1.12 1961—2016 年(a)华北地区,(b)华南地区,(c)江淮流域,(d)西南地区
持续性(红色柱状)和非持续性(灰色柱状)极端降水量对极端降水量的贡献率(%)
及持续性与非持续性极端降水量之比(曲线,%)的时间序列

对于华南地区来说(图 1.11b),持续性和非持续性极端降水量的变化趋势较为一致,都呈

增多趋势,1989 年之前两类极端降水年际变化较小,1989 年之后年际变化较明显且多为正距平,其中 1994－2009 年为距平大值区,对应极端降水正距平异常偏大;图 1.12b 表明,持续性贡献率增长趋势为 1.5％/10 a,且持续性与非持续性极端降水量之比有明显上升趋势,2006－2016 年平均相较 1961－1971 年平均,降水量之比增加了 5.2％。从图 1.12b 中可以看出华南地区也受到年代际变化的影响,同时,20 世纪 90 年代后,持续性和非持续性极端降水的变化率有大幅增长,从 150％升至 200％左右,说明后期两类极端降水量增多显著。进一步由图 1.13b 可以看出,对于华南地区来说,2001－2010 年,持续性极端降水的增多速度也达到最大,整个过程中前期非持续性极端降水增多幅度大,非持续性极端降水主导华南地区极端降水的变化,但在后期持续性极端降水变化率远超非持续性极端降水,极端降水的结构逐渐向持续性主导转变。综上所述,华南地区持续性极端降水的增加对极端降水增加的贡献逐渐增大,极端降水有向持续性降水为主导转变的趋势。

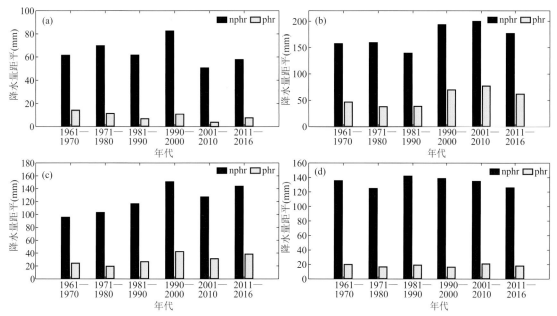

图 1.13　(a)华北地区,(b)华南地区,(c)江淮流域,(d)西南地区持续性和
非持续性极端降水量距平(mm)的年代际变化特征。
蓝色代表非持续性极端降水(nphr),黄色代表持续性极端降水(phr)

从江淮流域的距平演变(图 1.11c)可以看出,持续性和非持续性极端降水量都有非常显著的增多趋势,分别为 11.6 mm/(d・10 a)和 4.2 mm/(d・10 a),其中非持续性极端降水量年际变化较为明显。图 1.12c 表明持续性极端降水对极端降水的贡献趋于增多,1961－1971 年平均贡献率为 18％,2006－2016 年平均贡献率已增至 21.7％。图 1.13c 表明,对于江淮流域来说,年代际变化的影响较小,更多的是整体上升趋势带来的影响,从 1961 年开始至 2000 年左右,两类极端降水量距平都逐年上涨,到了 2000 年后开始回落,但仍高于前期。计算结果表明,20 世纪 90 年代前,非持续性极端降水的变化率为正值,持续性极端降水变化率为负值,也就是说前期极端降水的变化受非持续性极端降水的变化影响大,而到了 20 世纪 90 年代后,持续性极端降水的变化率开始反超非持续性极端降水,虽然 2000－2010 年有所回落,但仍可以看出极端降水的结构逐渐向持续性主导转变。由此可见,江淮流域极端降水的增多是两类极端降水的共同增多引起的,且持续性极端降水的贡献越发重要,极端降水的结构逐渐向持续性主导转变。

西南地区非持续性极端降水的年际变化也较为明显(图 1.11d),两类极端降水量共同的减少趋势使得极端降水也趋于减少。从图 1.12d 中可以看出,持续性极端降水的贡献率相对较小,呈微弱下降趋势,2016 年的贡献率仅为 3.1%。从图 1.13d 持续性和非持续性极端降水的年代际变化特征中可以看出,西南地区的年代际变化较弱,持续性极端降水的年代际变化甚微。整个过程中主要是持续性极端降水减少的变化率大,因此西南地区极端降水的变化主要通过非持续性极端降水来调控。综上西南地区非持续性极端降水的变化会对极端降水产生更大影响。表 1.2 为 4 个典型区域持续性极端降水和非持续性极端降水的统计情况汇总。

表 1.2　两类极端降水降水量线性趋势(mm/(d・10 a))、贡献率(%)及其线性趋势
(%/10 a);持续性与非持续性极端降水量之比(%)及其线性趋势(%/10 a)

地区	降水量			贡献率				降水量之比	
	极端降水	非持续性	持续性	非持续性/极端降水	线性趋势	持续性/极端降水	线性趋势	持续性/非持续性	线性趋势
华北	−2.0*	−0.4*	−1.6	88.4	1.6	11.6	−1.6	12.8	−2.5*
江淮	15.8	11.6	4.2	81.1	−0.9*	18.9	0.9*	24.3	1.2*
华南	13.8	6.9	6.9	77.1	−1.5	22.9	1.5	30.8	2.6
西南	−3.6*	−2.7*	−0.9	66.6	0.2	33.4	−0.2	56.8	−0.3

注:* 代表通过 $\alpha = 0.05$ 显著性检验

1.3.2.3　持续性和非持续性极端降水时空变化概念模型

由前文可知,华北、西南地区的年平均降水、极端降水均为减少趋势,且非持续性极端降水对极端降水的贡献趋于增加,因此如图 1.14 所示,华北、西南地区的极端降水的减少是由持续性和非持续性极端降水共同减少导致的,非持续性极端降水的减少更为突出,尤其是华北地区极端降水的变化一直由非持续性极端降水主导。而江淮流域和华南地区与之相反,年平均降

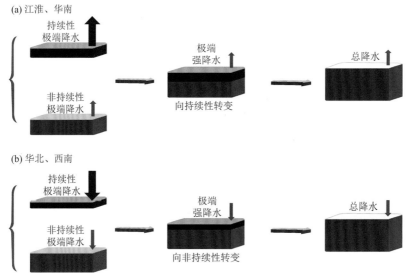

图 1.14　江淮、华南地区降水变化概念模型(a),(b)同前,但为华北、西南地区,
纯红方块代表持续性极端降水,纯蓝方块代表非持续性极端降水,蓝白方块代
表总降水,箭头向上代表增多趋势,向下代表减少趋势,长度代表变化幅度

水、极端降水均为显著增多趋势,持续性极端降水对极端降水的贡献明显趋于增多,因此两类极端降水的增多趋势使得极端降水也趋于增多,持续性极端降水的贡献越发重要,在 20 世纪 90 年代后,极端降水的结构开始向持续性主导转变。

1.4　我国区域性极端降水事件的定义和特征

1.4.1　江淮持续性强降水事件

持续性暴雨具有很强的致灾性,研究持续性暴雨期间典型的环流异常特征以及异常环流的配置对进一步加深对持续性暴雨形成原因的认识大有裨益,也为下一步对高影响天气事件的预报研究奠定基础。在此基础上,对典型异常环流配置中各个关键影响系统的前期信号,包括其强度、移动路径等特征进行分析,有利于加深对各个系统发生、发展过程的理解,同时捕捉到的有统计意义的前期信号也将为持续性暴雨的预报提供准确的着眼点。针对具有一定共性的高影响天气的前期信号的分析以及深入的认识将在一定程度上弥补常规天气预报对高影响天气预报的局限性。

江淮地区的夏季持续性暴雨具有持续时间长、强度大、影响范围广以及致灾性强的特征。因此第 2 章中阻塞高压背景下江淮持续性强降水事件的分析,主要对 1951—2010 年发生在江淮地区的 25 个区域性持续性暴雨个例进行分析。第 2 章中的"事件日(Event days)"表示用来进行合成的个例中的持续性暴雨发生的日期,"非事件日(Non-Event days)"表示事件发生年 6—7 月的 61 d 中除去 25 个个例的持续性暴雨日的日期。

遥相关背景下江淮地区持续性强降水的机理分析中所选取的典型个例与阻塞高压背景下的个例有所不同。由于遥相关背景下的强降水个例需要同时满足遥相关指数的异常以及强降水持续的异常两个条件,因此,为了保证能够识别出足够的事件样本以使得分析结果具有统计意义,降水强度和持续时间的阈值都需要进行一定程度的放松(Archambault et al.,2008)。具体的个例识别方法在下文中给出。

1.4.1.1　单站持续性暴雨定义

综合考虑逐日降水的致灾性、极端性、持续性以及过程雨量,单站持续性暴雨需满足以下条件:某站前三日逐日降水量均需大于等于 50 mm,从第 4 日起,暴雨日可以间断一日,但降水过程仍需持续,以连续两日日降水量小于 50 mm 作为一次过程结束的标志。类似于一些连阴雨中的定义(Bai et al.,2007),事件的前三日已经满足了最基本的"持续性"的定义,第 4 日起暴雨可以间断一日,这样既保证了整个过程的持续性同时又保证了过程雨量。

以图 1.15 中所示的降水过程为例,按上述定义,持续性暴雨过程从第 2 日开始,第 7 日结束,共持续 6 日,过程降水量为 320 mm,无疑是一次强致灾过程。其中第 5 日的日降水量小于 50 mm,未达到暴雨等级,但紧接着的第 6 日、第 7 日又出现了连续两日的暴雨过程。若按严格的持续性定义,即暴雨过程不允许间断,则持续性暴雨从第 2 日持续到第 4 日,过程总量为 150 mm。显然第 6 日、第 7 日的降水过程对持续性暴雨过程的过程降水量以及相关的灾害有重大贡献。

根据本章给出的定义识别出的持续性暴雨事件至少持续三日,这样的事件通常与长时间的大气环流异常相联系。且这样的事件具有引起大范围洪涝灾害的能力(Galarneau et al.,

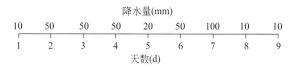

图 1.15 持续性暴雨定义示意

2012)。尽管一些单日事件同样具有在当地引发灾害的能力,但这些事件往往由中小尺度的强对流造成,通常属于一种局地现象,这样的致灾事件不作为本章的研究内容。

1.4.1.2 区域性持续性暴雨个例识别

极端事件的高影响性或在于其极端的强度,或因其影响的范围很广,本节致力于将这两个高影响因素以及持续性结合起来。某个区域同时有多站发生持续性暴雨,无疑会给该地区造成大范围的洪涝灾害。已有的区域性强降水识别方法识别出的个例立足于对过程空间移动范围完整性的描述,识别出的雨带移动范围很大(Ren et al.,2012;钱维宏,2011),并不能保证事件涉及的每个站点的强降水在时间上的持续性,因而事件的致灾性也就得不到保证。本节设计的区域性持续性暴雨识别方法将立足于过程涉及的每个站点发生的强降水在时间上的持续。本节中区域性持续性暴雨识别的目的在于将持续时段内时间上有重合,空间上邻近的单站持续性暴雨连接起来,构成具有一定影响范围的持续性暴雨事件,即区域性持续性暴雨事件。有两个因素需要考虑,一是各单站事件时间上的连续性;二是各站点之间的空间紧邻性。具体操作步骤如下。

第 1 步,找出在其持续时段内,时间上有重合(至少重合一天)的单站持续性暴雨事件;

第 2 步,在上步基础上判断空间相邻性。初始的邻站条件为两个站点之间的距离小于 5°,增补邻站条件为 2°。

将第 1 步得到的时间上有重合的所有站点视作一个集合,在该集合中根据初始邻站条件确定邻站最多的站作为"中心站"。以该"中心站"为中心,按照初始邻站条件识别中心站的邻站。此时的中心站及其邻站共同构成了"临时核心区域",以"临时核心区域"各站为中心,2°为新邻站条件进行"核心区域"增补,构成新的"临时核心区域"。增补过程循环进行,直至没有新的站点增补进来。形成最终的"核心区域"。

这里选择 5°作为初始邻站条件基于对不同阈值的试验。5°既保证了能在第一轮识别中尽可能完整地识别出一个个例所涉及的站点又能保证不同区域的雨带不至于发生混合。之后选择 2°作为增补条件,用更高的分辨率来补充核心区域,保证新增加进来的站点与原站点足够接近。此外,中国东部大部分地区站点之间的距离也大致在 2°左右。

第 3 步,由于在第 2 步判断空间相邻性的过程可能会剔除集合中的一些站点,需检查最终的核心区域各站点之间是否依然满足时间上的重合性。

上述三步完毕后,核心区域中如果站点数不少于 3 个,则认为是一次区域性持续性暴雨事件。

这样一轮识别过程结束后,将该轮过程中没有用到的单站持续性暴雨事件提取出来,对这些事件进行下一轮识别,识别过程循环进行,直至没有新的符合条件的区域性持续性暴雨过程个例出现。

按照该方法识别出的个例,由于区域中每个站点都满足单站事件的条件,即至少连续三天暴雨,保证了暴雨稳定地维持在一个相对固定、集中的区域,这样保证了持续性暴雨定义的同时也保证了识别出的事件的致灾性和一定的影响范围。

按照上述方法在 1951—2010 年江淮地区共识别出 25 个区域性持续性暴雨个例(表 1.3)。

表 1.3　江淮地区持续性暴雨个例信息

年份	开始日期 (月-日)	结束日期 (月-日)	持续时间 (d)	影响站数	影响面积 (10^4 km²)	北界 (°N)	南界 (°N)	西界 (°E)	东界 (°E)	最大降水 (mm)	最小降水 (mm)
1954	7-4	7-7	4	3	3.23	32.55	32.10	115.37	117.23	430.20	265.40
1955	6-18	6-23	6	6	5.70	29.44	28.41	115.59	119.39	516.80	265.40
1961	6-7	6-11	5	3	2.59	31.26	28.18	117.13	119.29	264.90	172.00
1964	6-24	6-29	6	5	5.29	30.44	29.24	110.10	115.40	574.90	262.20
1967	6-17	6-22	6	3	2.59	29.00	27.03	114.55	118.54	358.90	197.60
1968	6-16	6-19	4	3	1.82	27.03	26.39	118.10	118.59	424.50	303.90
1968	7-13	7-20	8	5	4.84	33.36	30.40	113.10	119.02	565.90	305.50
1970	7-8	7-14	7	5	3.47	30.08	27.55	115.59	118.32	295.60	177.60
1974	7-14	7-17	4	3	2.59	30.08	29.18	117.12	118.17	279.50	238.70
1982	6-13	6-19	7	9	9.16	28.04	27.03	111.28	118.32	551.50	240.80
1989	6-29	7-3	5	4	3.80	29.00	27.48	114.23	118.54	379.30	302.80
1991	6-12	6-15	4	4	3.80	32.33	31.53	115.37	120.53	370.40	231.60
1991	7-1	7-11	11	9	9.05	32.52	30.21	112.09	120.19	742.20	369.90
1992	7-4	7-8	5	3	3.47	28.04	25.31	117.28	119.47	447.50	215.30
1995	6-21	6-26	6	3	2.07	30.08	28.41	118.09	118.54	469.00	286.00
1996	6-29	7-2	4	4	2.77	30.21	29.43	118.09	120.10	619.90	291.20
1997	7-7	7-12	6	5	4.66	30.44	26.51	116.20	122.27	389.10	275.10
1998	6-12	6-27	16	12	10.78	30.37	23.48	113.32	118.59	1053.90	283.60
1999	6-24	7-1	8	7	4.84	31.09	29.37	113.55	120.10	813.50	313.80
2000	6-9	6-12	4	4	4.68	28.04	25.31	118.02	120.12	376.30	204.20
2002	6-14	6-17	4	3	2.54	26.54	26.39	116.20	118.10	551.30	378.80
2003	7-8	7-10	3	5	5.57	31.11	28.50	108.46	115.01	481.70	197.20
2005	6-18	6-24	7	9	7.26	27.55	23.48	114.44	120.12	706.80	295.10
2006	6-4	6-7	4	3	3.47	28.04	26.55	116.39	119.08	421.10	219.00
2010	6-17	6-25	9	6	5.08	27.55	26.54	116.39	118.32	754.40	441.10

1.4.1.3　东亚-太平洋遥相关背景下典型事件的识别

东亚-太平洋遥相关(East Asian-Pacific teleconnection,EAP)指数计算如下:(1)在 6 月 1 日—7 月 31 日时段内,500 hPa 位势高度场的每个格点先进行逐日标准化;(2)选择 3 个基本点代表 3 个异常中心,分别位于西太平洋副热带高压(WP,20°N,120°E),东亚中纬度地区(EA,37.5°N,120°E)和鄂霍次克海地区(OK,60°N,130°E)的高度场异常(Bueh et al.,2008;Hirota and Takahashi,2012);(3)EAP 指数随即定义为 $EAPI=1/3H_{WP}-1/3H_{EA}+1/3H_{OK}$。

江淮地区的强降水通常发生在 EAP 的正位相（Huang，2004），因此以上三个异常中心的符号排列被要求满足"＋－＋"分布。需要特别说明的是当 EAP 处于负位相时，西太平洋地区对应气旋环流异常，长江地区亦可能出现强降水，但这种强降水通常是由台风或其残余低压造成（Kawamura Qgasawro，2006；Yamada and Kawamura，2007），台风造成的强降水机理较为复杂，不同个例之间共性较小，因此此类事件并不在考虑范围之内。

在以上定义的 EAP 指数的基础上，一次典型的 EAP 遥相关背景下的江淮地区持续性极端降水事件按照如下步骤进行识别：

（1）在 6—7 月内，逐日的 EAP 指数大于等于 1 个标准差，并且该强度至少维持 3 d；在维持时段内，每个异常中心的标准化高度距平的绝对值每日均不低于 0.75 个标准差；

（2）在 EAP 遥相关维持的时段内，每日的江淮地区区域平均[28°—32°N，115°—122.5°E]的标准化降水序列值大于等于一个标准差。

1 倍标准差被广泛地采用作为阈值来识别典型的异常大尺度环流。如 Archambault 等（2008）曾用此标准来识别典型的太平洋-北美型遥相关（Pacific-North America teleconnection，PNA）遥相关波列。因此上述的条件（1）目的在于识别典型的 EAP 遥相关维持时段。第二个条件保证了强降水同时能够持续。为了保证能够识别出足够的事件样本以使得分析结果具有统计意义，降水强度和持续时间的阈值都需要进行一定程度的放松（Archambault et al.，2008）。考虑到江淮地区的极端降水持续时间并不是很长，3 天作为"持续性"的阈值较为合理（Chen and Zhai，2013）。相应地，本节中的持续性极端降水事件指的是至少 3 d 的连续降水时段，其中的每日的降水强度需超过其气候平均值 1 个标准差以上。实际上，这样的持续时段主要关注了 EAP 遥相关型和降水异常的共同极端位相，在此之前降水和 EAP 模态均可能已经处于发展位相，只是未达到峰值。采用相对较弱的强度阈值（1 个标准差）来识别极端降水目的在于保证所识别的持续性极端降水事件的连续性和完整性（Ren et al.，2013）。分析中也采用了 1.5 个标准差，2 个标准差此类的更强的阈值，这样做除了会大大减少样本量，也易造成一些持续时间较长的事件期间出现很短的中断（1～2 d）。而事实上，中断前后的事件是一次过程所造成，经过对不同阈值的敏感性测试，最终决定选择 1 个标准差作为阈值。

典型 EAP 遥相关维持时段和同时发生的强降水时段的组合事件在下文中被称为典型"湿EAP 事件"。按照以上条件，在 1961—2010 年共识别出 20 例典型的"湿 EAP 事件"，如表 1.4所示。若将基本点的位置做适当调整，识别出的个例的发生时间和持续时长与表 1.4 中所示的个例基本一致，这说明识别出的事件对基本点的选择的不敏感，较为稳定。还需要明确指出的是，EAP 遥相关只是多种有利于江淮地区持续性极端降水发生的环流型其中的一种。如果按照至少连续 3 d 区域平均降水不小于 1 个标准差作为持续性极端降水的识别标准，这 20 例"湿 EAP 事件"大概占这些识别出的持续性极端降水事件的 22%。但这并不意味余下的 78% 的个例的环流完全与 EAP 模态无关，在这些个例中有可能 EAP 模态同样出现在东亚沿岸，但模态的强度并未达到"典型个例"的强度，即并未出现多日 EAP 指数超过 1 个标准差。也就是说，这些弱的甚至非常模糊的 EAP 模态对江淮地区持续性极端降水的贡献要远远小于表 1.4中识别出的"湿 EAP 事件"的贡献。因此，这 20 个典型个例更适合用来讨论 EAP 遥相关模态对江淮地区持续性极端降水的影响。考虑到江淮地区持续性极端降水形成机理的多样性和复杂性，如阻塞高压或台风及残余低压（Chen and Zhai，2013；2014c），这 22% 的占比已足以说明EAP 模态在梅雨期内引发江淮地区持续性极端降水的重要性。

表 1.4　20 例能够造成江淮地区持续性极端降水的典型 EAP 遥相关事件("湿 EAP 事件")

年份	开始日期 (月-日)	结束日期 (月-日)	平均标准化 降水	平均 EAPI	平均 H_{WP}	平均 H_{EA}	平均 H_{OK}
1968	7-4	7-10	2.33	1.27	1.09	−1.59	1.14
1969	7-11	7-16	4.16	1.77	1.29	−3.15	0.90
1970	7-10	7-19	3.27	2.38	1.31	−3.38	2.46
1974	7-14	7-17	4.34	1.75	0.95	−2.14	2.17
1975	6-26	6-28	3.32	1.53	1.08	−2.04	1.47
1982	7-17	7-24	3.47	1.77	1.97	−1.61	1.73
1983	7-5	7-7	3.75	1.28	1.59	−1.33	0.92
1986	7-4	7-6	2.26	1.58	0.96	−1.42	2.37
1989	6-15	6-18	4.70	1.99	1.13	−2.65	2.19
1989	6-29	7-2	2.01	1.37	0.93	−1.97	1.22
1991	7-1	7-9	3.51	1.89	2.37	−1.33	2.09
1993	7-23	7-27	1.51	1.96	1.47	−2.33	1.72
1995	6-21	7-3	3.17	2.37	1.66	−2.94	2.56
1996	6-29	7-1	4.12	1.83	2.40	−2.14	0.98
1998	6-16	6-19	4.94	2.35	1.96	−1.90	3.18
1998	7-20	7-24	5.79	2.06	1.28	−2.30	2.58
1999	7-15	7-18	1.80	1.81	1.08	−1.62	2.74
2000	6-8	6-10	4.85	1.62	1.17	−2.45	1.34
2009	6-29	7-1	4.97	2.33	1.62	−2.89	2.49
2009	7-22	7-30	3.64	1.83	1.22	−3.11	1.38

注:最后四列提供了平均的 EAP 指数和组成 EAP 模态的三个中心的指数,即 WP(20°N,120°E),EA(37.5°N,120°E)和 OK(60°N,130°E)

对照典型"湿 EAP 事件",给出典型"干 EAP 事件"的定义:依旧要求 EAP 遥相关型每日要达到一定的信号强度,且各个异常中心要同时保证一定的强度以保证整个模态的完整性而非由某一个或两个异常中心控制。在降水强度上,要求在典型 EAP 模态维持期间,江淮地区区域平均的标准化降水距平每日低于正常值 1 个标准差(即 −1 标准差)。这样的组合条件能够识别出未能在江淮地区造成持续性强降水的典型的 EAP 遥相关模态,因此称之为典型"干 EAP 事件"。按照这个标准,共识别出 11 次干事件,如表 1.5 所示。需明确说明的是,典型干 EAP 事件与典型湿 EAP 事件唯一不同之处在 EAP 遥相关维持期间,没有同时发生的强降水,并不是指 EAP 模态转化成负位相。

表 1.5　11 例未能造成江淮地区持续性强降水的典型 EAP 遥相关事件("干 EAP 事件")

年份	开始日期 (月-日)	结束日期 (月-日)	平均标准化 降水	平均 EAPI	平均 H_{WP}	平均 H_{EA}	平均 H_{OK}
1966	6-3	6-6	−2.45	2.41	2.21	−3.56	1.46
1967	7-1	7-3	−1.27	1.48	1.43	−2.22	0.79
1973	7-20	7-22	−1.47	1.75	0.91	−2.00	2.34
1990	7-15	7-17	−2.08	1.47	1.36	−2.10	0.97

年份	开始日期 (月-日)	结束日期 (月-日)	平均标准化 降水	平均 EAPI	平均 H_{WP}	平均 H_{EA}	平均 H_{OK}
1997	6-2	6-4	−1.82	1.55	1.27	−1.94	1.37
1998	6-3	6-5	−2.44	1.82	1.36	−2.87	1.16
2002	6-11	6-14	−2.62	2.05	1.06	−3.43	1.65
2003	6-12	6-14	−2.43	2.71	1.08	−5.28	1.76
2004	7-4	7-10	−1.45	1.71	1.15	−2.43	2.06
2005	7-8	7-10	−1.22	1.62	2.56	−1.00	1.18
2009	6-11	6-13	−2.99	1.90	1.07	−2.21	2.42

1.4.1.4   多遥相关相互作用背景下事件的识别

此处需先作说明的是,第 2 章 2.3.2 小节中讨论的是 EAP 遥相关单独作用下,和与丝绸之路遥相关(Silk-Road,SR)以及欧亚遥相关(Eurasia Pattern,EU)两支波列共同作用下两种情况对江淮地区持续性极端降水的影响,即两种情况均能造成持续性极端降水。这不同于 2.3.1 小节中分析的典型湿事件和典型干事件,典型干事件是不能在江淮地区造成持续性极端降水的。

首先提取出的夏季的主要模态和前文分析中的大气遥相关特征,首先定义了 EAP 遥相关指数,SR 遥相关指数,EU 遥相关指数。据上文的分析,当 EAP 遥相关处于正位相,SR 遥相关处于负位相,EU 波列处于正位相时利于江淮地区的持续性降水发生。因此定义,与 EAP 遥相关相联系的持续性极端降水(EAP-PPEs)事件为 EAP 遥相关指数和降水指数同时大于 1 个标准差,并持续至少 3 d;与 SR 遥相关相联系的持续性极端降水(SR-PPEs)事件为 SR 遥相关指数小于−1 个标准差并且降水指数同时大于 1 个标准差,并持续至少 3 d;与 EU 遥相关相联系的持续性极端降水(EU-PPEs)事件为 EU 遥相关指数和降水指数同时大于 1 个标准差,并持续至少 3 d。此外,上述三种事件中的遥相关指数定义中,要求各个异常中心的符号满足其空间上的正负分布特点。按以上标准,共识别出 20 例 EAP-PPEs,12 例 SR-PPEs,11 例 EU-PPEs。三类事件的各个遥相关指数合成如图 1.16 所示。在 EAP-PPEs 事件中,EAP 遥相关指数最强;事件临近发生时 SR 负位相的强度也可以达到−1 个标准差;EU 波列虽然较弱,但前期也有显著的信号。在 EU-PPEs 事件中,EU 遥相关指数最强,EAP 遥相关的强度亦可以达到 1 个标准差,但并没有显著的 SR 负位相相配合。在 SR-PPEs 事件中,SR 的负位相最强,但 EAP 遥相关的强度亦可以达到 1 个标准差,EU 波列的信号亦是显著的,强度可以达到 0.8 个标准差左右。上述指数反映的特征揭示出,不管以何种遥相关作为主导,EAP 遥相关似乎是不可或缺的一支波列,其强度均可以达到 1 个标准差左右。从原理上来讲,这支波列决定了持续性极端降水的最关键影响系统——副热带高压以及中纬度低槽。EU 波列亦会出现具有一定强度的显著信号。这说明以上识别的不同遥相关背景下发生的持续性极端降水事件可能并不仅仅限制于该遥相关的影响,也有其他遥相关同时作用,即识别出的事件并不是独立的"单一遥相关-持续性极端降水"事件。对识别出的事件的发生时间进行仔细对比,也发现确实在不同的遥相关背景下的持续性极端降水事件中存在大量的重合事件或重合时段。

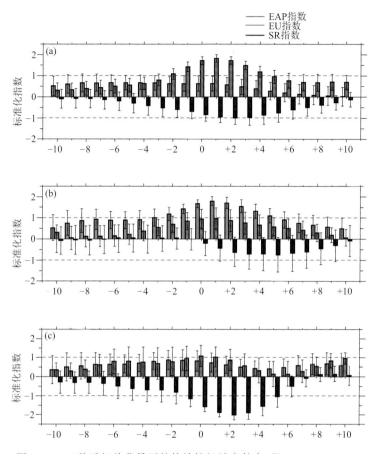

图 1.16 三种遥相关背景下的持续性极端事件中,即 EAP-PPEs(a)、
EU-PPEs(b)、SR-PPEs(c),各遥相关指数的合成的时间演变;
通过 $\alpha=0.05$ 显著性检验的异常值用白色网格线填充,error bar 表征信度为
95%的置信区间;横坐标 0 代表降水开始日数,负数表示降水开始前,
正数表征降水开始后;红色虚线分别标记±1 标准差

识别真正的单一遥相关影响下的持续性极端降水事件需要彻底排除其他遥相关的影响。首先识别出持续时间达到 3 d 以上,逐日指数绝对强度大于 1 个标准差,各中心逐日指数的绝对强度不低于 0.75 个标准差的时段定义为"典型遥相关时段"。考虑到不同遥相关之间演变过程可能存在时间上的超前-滞后关系,分析某单一遥相关影响时,需要彻底排除其他遥相关的影响,包括其发展、峰值维持和衰减的整个过程。图 1.17 给出了集合平均状态下的各个遥相关指数的自相关系数。以通过 $\alpha=0.05$ 显著性检验作为判断标准,EAP、SR 和 EU 遥相关的"典型衰减时间"分别为 4 d、4 d、5 d,该衰减时间大致表征了某遥相关 T 从其开始显著发展阶段到峰值或从峰值衰减至信号可以忽略的强度所需的时长(Yasui and Watanabe,2010)。基于此,某单独遥相关对持续性极端降水的独立影响事件考虑如下,某遥相关波列与江淮区域降水同时达到一个标准差并持续 3 d 及以上的时段为 A,第 i 个遥相关的"典型遥相关时段"为 $B_{(i)}$,首日和结束日分别记为 $start_{(i)}$ 和 $end_{(i)}$,并且"典型衰减时长"为 $decay_{(i)}$,若 A 的任何一天均不包含在 $[start_{(i)}-decay_{(i)},end_{(i)}+decay_{(i)}]$,$i=1,2,\cdots$,且在时段 A 内,第 i 个遥相关($i=1,2,\cdots$)每日的绝对强度不超过 0.5 个标准差,则认为 T 独立影响持续性极端降水事

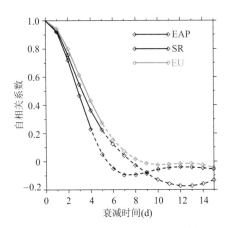

图 1.17 集合平均的各遥相关指数自相关系数,超过显著性检验的部分用实线表示,未超过的用虚线表示

件。若 A 被包含在 $[start_{(i)} - decay_{(i)}, end_{(i)} + decay_{(i)}]$ 时段内,则认为 T 与第 i 个遥相关共同影响持续性极端降水。

按照以上标准,可以识别出 8 例 EAP 遥相关独立影响江淮持续性极端降水事件(表 1.6),这 8 例事件中,均没有显著的 SR 遥相关的负位相和 EU 遥相关正位相的维持;当单独考虑 SR 遥相关时,仅有一例独立于 EAP 遥相关和 EU 遥相关之外,但该个例中前期有台风的显著影响,这说明 SR 遥相关本身不足以独立地在江淮地区引起持续性极端降水;当单独考虑 EU 遥相关时,仅两个个例独立于 EAP 遥相关,且其中一个个例前期明显在中国沿海附近有热带低压影响,而热带低压影响下的持续性极端降水并不在本节考虑的范围内。因此在下文的分析中,没有必要分析 SR 遥相关和 EU 遥相关对持续性降水的单独影响,而应主要分析二者通过对 EAP 遥相关的影响进而影响江淮地区持续性极端降水的机理。进一步识别多遥相关共同存在的条件下,能够引发江淮地区持续性极端降水的个例。共识别出 13 例 EAP 遥相关和 SR 遥相关共同影响个例(见表 1.7),而这 13 个个例亦均在 EU 遥相关的影响时段内,说明这 13 个个例是三种遥相关共同作用下形成的持续性极端降水。需说明的是,此处考虑多遥相关同时作用下的持续性极端降水时,因考虑了各遥相关的发展时段和衰减时段,识别出的事件会比仅仅考虑峰值时段识别出的事件略多。

表 1.6　8 例 EAP 遥相关独立引发江淮地区持续性极端降水事件("独立 EAP 事件")

年份	开始日期 (月-日)	结束日期 (月-日)	持续时间 (d)
1967	6-17	6-19	3
1968	7-4	7-10	7
1969	7-11	7-15	5
1973	6-18	6-21	4
1975	6-26	6-28	3
1993	6-18	6-24	7
1996	6-29	7-1	3
1999	7-15	7-18	4

表 1.7　13 例 EAP 遥相关、SR 遥相关和 EU 遥相关同时存在条件下的江淮地区持续性极端降水事件

年份	开始日期 (月-日)	结束日期 (月-日)	持续时间 (d)
1970	7-10	7-19	10
1974	7-29	7-31	3
1983	7-5	7-8	4

年份	开始日期 (月-日)	结束日期 (月-日)	持续时间 (d)
1988	6-15	6-18	4
1989	6-15	6-18	4
1989	6-29	7-3	5
1991	7-1	7-12	12
1992	6-14	6-17	4
1993	7-18	7-27	10
1995	6-21	7-3	13
1998	6-13	6-19	7
1998	7-20	7-26	7
2009	7-22	7-30	9

从指数合成的演变来看,在独立 EAP 遥相关事件中,SR 遥相关和 EU 遥相关的影响都去除得较为彻底,特别是在 EAP 遥相关维持阶段,其他两支波列的绝对强度均在 0.5 个标准差以下,EU 波列几乎振幅为 0,这说明上述识别过程成功地剥离了不同遥相关的影响。与图1.16 不同,当三者同时存在时(图 1.18b),三者的强度均可以达到 1 个标准差以上,EAP 遥相关的正位相和 SR 遥相关的负位相基本同时发展,而 EU 遥相关的峰值在时间上更为提前。三支遥相关同时存在时,EAP 遥相关表现为强度更强,持续时间明显变长,这暗示了其他两支遥相关有可能影响 EAP 遥相关的强度和持续时间,进而影响持续性极端降水。两种不同个例对持续性极端降水的影响表现为,三种遥相关同时存在时,若以 1 个标准差作为强度判别标准,持续性极端降水开始得早,强度略强,结束得晚,因而致灾性也更强。相对于对强度的影响,多遥相关同时存在时对持续时长的影响更加明显:从表 1.6 和表 1.7 的对比来看,EAP 遥相关单独影响下,持续性极端降水的平均持续时长为 4.5 d,而多遥相关共同作用下,平均持续时长达到 7.1 d,持续时间明显延长。因此本节要解决的关键科学问题是探究为何多遥相关同时存在的条件下,持续性极端降水会显著延长;各遥相关影响江淮地区极端降水的物理过程是怎样的。

1.4.2 华南持续性暴雨事件

华南持续性暴雨事件采用 Chen 和 Zhai(2013)的方法。该方法定义了更为严格的持续性暴雨事件以保证事件的高致灾性。具体如下:事件中每个地区(市)站都至少持续 3 d 的暴雨(日降水量≥50 mm),且一次事件至少包含紧邻的 3 个这样的站,以形成一定的影响范围,各站间持续暴雨发生时段至少有一日重合,这样保证了持续性暴雨发生在一个较为固定的区域,而非像其他定义中的事件具有较大的移动范围。

鉴于热带气旋(Tropical Cycelone,TC)是引起持续性暴雨过程的一类重要且特殊的天气系统,已经有较多的 TC 暴雨个例研究,因此重点分析非 TC 影响的持续性暴雨过程。首先将持续性暴雨过程中的 TC 型持续性暴雨过程剔除。根据上海台风研究所的台风年鉴资料,凡暴雨持续期间华南及其附近地区有 TC 出现,且年鉴中华南地区出现强降水,则将此

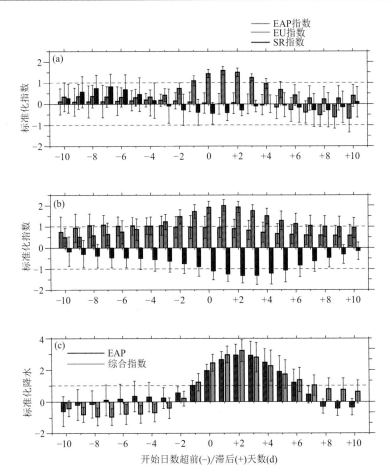

图 1.18　两种遥相关背景下的持续性极端降水事件中,即只有 EAP 遥相关作用,
三支遥相关波列同时存在时,各遥相关指数的合成的时间演变(a)、(b);(c)为两种事件
中降水的合成;通过 $\alpha=0.05$ 显著性检验的异常值用白色网格线填充,error
bar 表征信度为 95% 的置信区间;横坐标 0 代表降水开始日数,负数表示
降水开始前,正数表征降水开始后;红色虚线分别标记±1 标准差

次持续性暴雨过程定为 TC 型持续性暴雨,或者在暴雨持续期间,虽然 TC 远离华南地区,但在水汽通量图上可以反映出该 TC 环流确实对华南暴雨区有水汽输送,也定义为 TC 型持续性暴雨(表 1.8),其余为非 TC 型持续性暴雨(表 1.9)。统计中有三年的 6 月出现了华南和江南的双雨带,根据两区域持续性暴雨范围的大小把 1994 年 6 月的持续性暴雨过程划定为华南型,而把 1998 年 6 月和 2005 年 6 月的过程划定为江南型,然后重点研究不同季节华南非 TC 型持续性暴雨的分类。

表 1.8　台风型持续性暴雨事件基本信息

年份	开始日期 (月-日)	结束日期 (月-日)	持续 时间 (d)	影响 站数	影响面积 (10^4 km²)	北界 (°N)	南界 (°N)	西界 (°E)	东界 (°E)	过程最大 降水量 (mm)	过程最小 降水量 (mm)
1956	9-17	9-24	8	3	3.39	27.33	24.9	118.08	120.2	491.30	412.90
1957	10-12	10-14	3	3	4.84	19.50	19.03	109.57	110.45	636.90	178.60
1960	8-24	8-28	5	3	3.15	23.78	23.03	114.42	116.30	390.70	298.10

续表

年份	开始日期（月-日）	结束日期（月-日）	持续时间（d）	影响站数	影响面积（10^4 km²）	北界（°N）	南界（°N）	西界（°E）	东界（°E）	过程最大降水量（mm）	过程最小降水量（mm）
1965	9-27	9-30	4	3	6.86	23.03	21.73	112.43	116.30	612.30	218.80
1967	8-4	8-7	4	3	3.63	24.70	22.42	107.02	109.30	558.10	331.70
1967	9-13	9-19	7	3	4.60	20.00	18.48	109.83	110.25	494.30	369.30
1972	8-18	8-21	4	5	5.81	23.77	21.83	111.97	117.50	384.30	223.20
1974	10-18	10-21	4	3	6.78	22.78	21.73	112.75	115.37	399.10	244.60
1976	9-19	9-23	5	5	5.08	22.75	21.15	108.62	111.97	482.30	340.40
1979	9 20	9-23	4	3	4.84	19.03	18.22	109.50	110.02	565.10	354.20
1981	9-28	10-4	7	4	11.45	22.23	21.48	107.97	112.78	558.60	403.30
1985	8-26	8 31	6	6	11.05	23.42	21.03	105.83	112.75	612.10	306.30
1990	7-30	8-4	6	5	5.45	26.07	23.03	116.30	119.27	537.50	330.90
1990	8-19	8-23	5	6	5.31	28.8	23.43	117.02	120.92	516.40	225.00
1990	10-3	10-6	4	3	4.60	20.33	18.48	109.83	110.18	452.70	330.60
1993	9-24	9-27	4	3	6.78	22.78	21.73	112.75	115.37	641.90	247.30
1994	8-4	8-6	3	3	3.11	24.48	23.38	116.68	118.07	410.60	193.50
1995	7-31	8-4	5	3	3.39	23.77	22.78	115.37	117.50	390.70	342.70
1996	8-11	8-15	5	3	3.63	21.77	21.03	108.33	109.13	379.50	239.10
2000	10-13	10-19	7	4	5.81	20.00	19.03	109.57	110.45	819.00	596.70
2001	8-29	9-5	8	5	4.76	23.17	21.83	111.97	116.30	671.90	329.50
2002	9-12	9-17	6	3	2.90	22.52	21.15	110.30	114.00	557.90	294.40
2008	7-28	8-1	5	3	2.51	30.12	24.90	118.13	119.50	394.00	252.60
2008	8-7	8-9	3	4	4.84	21.93	21.03	108.33	109.13	484.70	301.10
2009	8-5	8-10	6	3	3.39	21.45	19.08	108.62	110.3	604.20	234.00
2010	10-1	10-9	9	6	9.20	20.33	18.22	109.50	110.45	1488.10	528.80
2010	10-15	10-18	4	3	6.05	19.22	18.48	109.83	110.45	521.50	369.60

表 1.9　华南地区(非台风型)持续性暴雨事件基本信息

年份	开始日期（月-日）	结束日期（月-日）	持续时间（d）	影响站数	影响面积（10^4 km²）	北界（°N）	南界（°N）	西界（°E）	东界（°E）	过程最大降水量（mm）	过程最小降水量（mm）
1955	7-17	7-25	9	5	6.37	25.78	22.63	110.15	117.5	482.90	310.30
1956	8-7	8-9	3	3	7.26	21.93	21.45	107.97	109.13	389.40	223.30
1957	5-12	5-14	3	3	2.74	23.87	23.07	113.52	114.73	311.30	210.60
1959	6-11	6-15	5	9	9.03	23.78	22.33	110.08	116.68	737.00	298.80
1964	6-9	6-16	8	5	4.89	25.50	21.83	111.97	119.78	662.20	307.00
1968	6-10	6-14	5	3	3.15	23.78	22.78	114.73	116.68	612.40	319.30
1969	4-13	4-16	4	3	6.78	22.33	21.73	110.92	112.75	395.50	293.90
1972	6-15	6-17	3	5	5.81	23.77	22.78	115.37	117.5	341.90	220.80

续表

年份	开始日期 （月-日）	结束日期 （月-日）	持续 时间 (d)	影响 站数	影响面积 （10^4 km²）	北界 （°N）	南界 （°N）	西界 （°E）	东界 （°E）	过程最大 降水量 （mm）	过程最小 降水量 （mm）
1991[I]	6-7	6-12	6	3	10.89	21.93	21.52	107.97	112.75	679.30	358.40
1994[II]	6-13	6-17	5	3	3.39	25.20	22.33	109.38	110.92	583.90	306.00
1994[I]	7-14	7-21	8	4	8.47	21.93	21.03	107.97	109.13	1156.60	387.30
1995[I]	6-5	6-8	4	4	11.86	21.83	21.52	107.97	112.75	807.50	251.40
1997[II]	7-2	7-9	8	3	2.98	24.20	22.52	110.50	114.00	434.70	288.60
1997[II]	7-19	7-24	6	4	9.68	21.93	18.48	107.97	110.02	584.50	192.90
1998[II]	7-1	7-9	9	5	10.89	21.93	18.22	107.97	110.02	863.20	263.30
2000[II]	7-17	7-22	6	6	10.08	23.33	21.73	108.33	113.83	435.00	230.80
2000[II]	8-1	8-4	4	4	12.10	21.93	21.52	107.97	112.75	410.40	269.50
2008[II]	7-7	7-12	6	3	7.26	23.38	21.73	112.75	116.68	323.90	288.80

注：I 表示华南 I 类，II 表示华南 II 类。

1.4.3 冬季低温雨雪冰冻事件

低温雨雪冰冻事件，同时包含有低温过程和降水过程。因此，给出的定义同时兼顾低温和降水的持续性。

我国地域广阔，地形复杂，区域气候差异明显。低温雨雪事件旨在识别全国范围内相较于各站点持续性气温偏低的雨雪事件，因此选取相对阈值来定义低温雨雪事件可以排除不同地区气候条件的差异对识别低温雨雪事件的影响，使得每个站点的极端性是相对于该站自身而言。有不少研究将站点温度的第 10 百分位作为极端低温阈值（Yan et al.，2002）。也有研究将站点温度的第 5 百分位作为极端低温阈值（王晓娟 等，2012）。本研究在选择第 5 百分位作为低温阈值进行试验计算时，识别出区域持续性低温雨雪事件个例 20 例，很多在历史上有记录的低温雨雪过程未能被识别。因此采用日最低气温的第 10 百分位作为温度阈值。

而对于冰冻事件，若采用相对阈值选取，那么南方地区被识别出的某次过程，其极端低温值在 0 ℃以上，可能只是一次非常强的冷湿天气过程。这些事件就不能满足冰冻条件，从而致灾性就相对较弱。为确保事件过程存在冰冻，冰冻事件在低温雨雪事件的基础上设定更为严格的标准，即对于所研究的空间范围内的每个站而言，要求日最高温度不超过 0 ℃，这样强度的事件在南方能造成很大的影响。

因此采用日最低气温的第 10 百分位作为低温雨雪冰冻事件的温度阈值；日最高温度不高于 0 ℃作为冰冻事件的附加温度阈值。

利用 1951—2011 年当年 11 月至次年 2 月逐日最低温度资料，将其按升序排放，取第 10 百分位值的温度作为低温阈值，具体方法参见（潘晓华 等，2002）。图 1.19 给出了各站点低温阈值空间分布，可以看到在 25°N 以北，除四川盆地外，站点极端低温阈值均达到 0 ℃以下。

第 7 章对低温雨雪及冰冻事件的研究是结合温度和降水两方面来讨论的，适当宽松的阈值能使识别的事件有足够的样本量（Archambault et al.，2010）。基于上述相对严格的温度阈

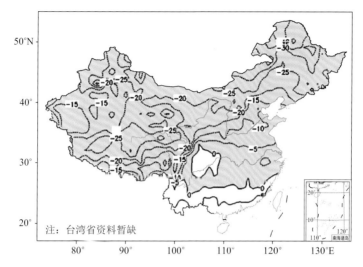

图 1.19 1951—2011 年 11 月至次年 2 月全国站点低温阈值空间分布(单位:℃)

值的选择,对降水量阈值没有进行严格控制。另外,我国冬季降水普遍较少,因此本节采用 ≥0.1 mm 作为降水量指标是较为客观合理的。

在国内外的现有研究中,对持续性过程持续性的定义各有不同。本书基于已有的研究成果和我国冬季气候特征,定义持续性时间 5 d 及以上为一次完整的持续性事件。

在定义过程持续性时,也研究了持续时间为 3 d 的事件,尽管被识别的事件个例样本更大,但是很多事件没有致灾性。另外,对持续时间为 7 d、10 d 的事件也分别进行了统计,尽管保证被识别样本个例具有一定的致灾性,但是这也致使一些具有强致灾性的,持续时间相对较短的事件被忽略。因此,第 7 章研究持续时间为 5 d 来定义中国大陆低温雨雪及冰冻事件是合理的。研究所得个例与历史上有记录的低温雨雪冰冻事件较吻合(表 1.10)。

表 1.10 持续性低温雨雪冰冻事件基本信息

起始日期 (年-月-日)	结束日期 (年-月-日)	持续时间 (d)	影响站数	经度 (°E)	纬度 (°N)	PT 值
1954-12-25	1955-1-10	17	49	111.1	30.4	1172.6
1964-1-23	1964-2-8	17	6	105.9	29.9	73.5
1964-2-15	1964-2-25	11	8	107.9	28.4	122.2
1966-12-24	1967-1-11	19	7	106.7	28.5	93.7
1968-1-30	1968-2-15	17	9	106.7	28.3	191.9
1969-1-29	1969-2-7	10	3	105.1	27.9	30.5
1971-1-25	1971-2-2	9	7	106.3	28.5	103.2
1972-2-2	1972-2-9	8	7	106.5	29.0	114.2
1974-1-29	1974-2-11	14	7	108.3	28.5	90.8
1975-12-8	1975-12-15	8	10	106.4	28.4	175.8
1976-12-26	1977-1-10	16	7	106.7	27.7	100.2
1977-1-27	1977-2-2	7	12	115.4	27.8	143.3

起始日期 (年-月-日)	结束日期 (年-月-日)	持续时间 (d)	影响站数	经度 (°E)	纬度 (°N)	PT 值
1980-1-29	1980-2-12	15	8	106.7	28.7	111.4
1983-1-8	1983-1-14	7	3	109.8	27.9	28.7
1984-1-17	1984-2-6	21	13	105.9	28.3	238.1
1984-12-18	1984-12-29	12	7	106.7	28.8	121.5
1993-1-13	1993-1-23	11	5	105.1	27.9	90.2
1996-2-17	1996-2-25	9	5	106.7	28.5	76.0
2001-1-11	2001-1-16	6	3	121.8	37.3	39.8
2008-1-13	2008-2-2	21	28	109.6	27.4	479.7
2008-2-6	2008-2-14	9	3	103.7	27.4	38.0

1.4.3.1　单站持续性低温雨雪冰冻事件定义及特征

基于上述所选取指标,定义日最低温度低于该站低温阈值为一极端低温日。定义日降水量大于或等于 0.1 mm 为一个降水日。

第 6 日起连续 2 d 日最低温度高于低温阈值或连续两日无降水,则事件结束。

本研究定义单站低温雨雪冰冻事件需满足以下三个条件:

(1)低温过程某站连续 5 d 日最低温度低于温度阈值且日最高温度低于或等于 0 ℃;

(2)降水过程确保前 3 d 有降水发生,之后最多允许一日中断(Bai et al.,2007);

(3)第 6 日起连续 2 d 日最低温度高于低温阈值或日最高温度大于 0 ℃或连续 2 d 无降水,则事件结束。

这样可以保证在所识别出的天气过程中时刻保持冰冻。

因此识别出了 1951—2011 年我国所有单站低温雨雪冰冻事件,结果表明,单站低温雨雪冰冻事件主要发生在云贵高原北部地区,长江中游以南地区的冰冻事件发生频次较少,且大部分站点发生事件次数不超过 4 次(图 1.20)。由于我国幅员辽阔,地区气候有差异,因而气温在不同地区间存在空间差异。从北向南,随着纬度的减小,日平均气温随之增加,符合冰冻条件的日数随之减小。华南地区,极端最低温度普遍在 0 ℃以上,所以冰冻日也难以出现,因而没有单站冰冻事件被识别。

进而,按照持续时间分类,分别统计了持续时间为 6～7 d、8～9 d 和 10 d 及以上的低温雨雪冰冻事件的发生频次,这里主要讨论南方站点发生的事件。从图 1.21 可以看出,云贵高原北部地区 6～7 d 单站事件发生频次相对较多。长江中游以南地区大部分站点有 1～2 次长持续时间事件发生。但没有超过 10 d 的持续冰冻事件发生。

参考 Zhang 和 Qian(2011)设计的强度指数(PT 值)作为指标提取出南方的冷湿事件的方法,定义单日冷湿指数来衡量区域低温雨雪冰冻的综合强度,其公式为:

$$\mathrm{PT} = \frac{P_i - \overline{P}}{P_s} - \frac{T_i - \overline{T}}{T_s} \tag{1.1}$$

式中,P_i 和 T_i 分别为事件过程中第 i 日的降水量和最低温度,$\overline{P}$ 和 $\overline{T}$ 分别为历史同期降水量

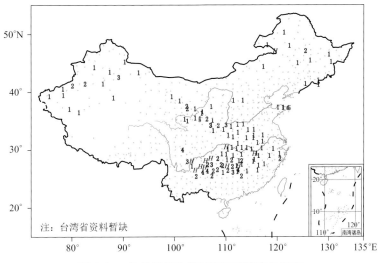

图 1.20　单站持续性低温雨雪冰冻事件频次

数字表示频次值,H 表示频次值≥6

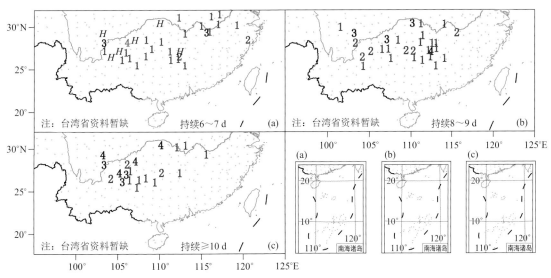

图 1.21　单站持续性低温雨雪冰冻事件持续时间分类频次分布

数字表示频次值,H 表示频次值≥6

和最低温度的平均值,P_s 和 T_s 分别为历史同期降水量和最低温度的标准差。降水量越大,最低温度越低,PT 值越大,单日冷湿特征越明显,其致灾性越强;反之,降水量越小,最低温度越高,PT 值越小,单日冷湿特征越不明显,其致灾性越弱。用单次过程中逐日冷湿指数之和表示单站低温雨雪冰冻事件强度。

依据单站持续性低温雨雪冰冻事件的强度,排名前五位的事件列于表 1.11。可以看到,单站冰冻事件前五强度事件全为 1954/1955 年过程。可见 20 世纪 50 年代中期的低温雨雪冰冻事件具有超强的致灾性。

表 1.11　单站持续性低温雨雪冰冻事件强度前五事件表

站号站名	时间	持续时间(d)	过程平均最低温度(℃)	过程总降水量(mm)	过程PT值
58208 河南固始	1954-12-26—1955-1-4	10	−7.1	88.6	48.6
57476 湖北荆州	1954-12-26—1955-1-4	10	−5.9	52.2	45.3
57193 河南西华	1954-12-25—1955-1-4	11	−11.6	28.9	44.6
57483 湖北天门	1954-12-26—1955-1-4	10	−5.5	59.8	42.3
57378 湖北钟祥	1954-12-26—1955-1-1	7	−7.3	52.1	41.9

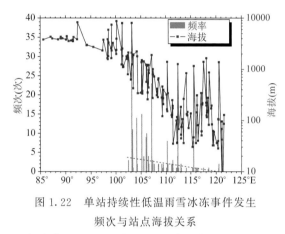

图 1.22　单站持续性低温雨雪冰冻事件发生
频次与站点海拔关系

折线代表站点海拔高度;柱状代表单站发生频次

我国西南地区属于高海拔地区,地形复杂,地形大体呈西高东低阶梯状。事件高发区地处云贵高原,其西北与青藏高原相连,北邻四川盆地,特殊的地理位置及高原地形决定了该地区低温雨雪冰冻事件的频发,且发生频次同样呈现着西多东少的分布特征。进一步分析单站低温雨雪事件冰冻发生频次与地理位置、海拔高度的关系(图1.22)可以发现,在 25°—30°N 的纬度带,海拔高度随着经度自东向西增加,且与发生频次呈正相关。南岭山脉北麓地区,由于处于冬季偏北风的迎风坡面,一旦有湿润气流,其上升凝结后则易在此处形成降水,因此该地区附近也有较高频次的事件发生。其次,山地地形起伏较大,地势由西南向东北倾斜。而青藏高原地区则由于冬季降水稀少,不能形成持续性降水而没有持续性事件发生。因此,地形抬升作用是事件高发区降水的重要因素,加之气温的垂直变化,从而使得海拔较高地区低温雨雪冰冻事件发生更为频繁。

1.4.3.2　区域持续性低温雨雪冰冻事件特征

某个区域同时有多个站点发生低温雨雪冰冻事件,无疑会加大该区域的致灾范围。尤其在我国南方地区,冬季湿度大,气温变幅快,雨雪冰冻一旦发生可能对人民的生命财产安全造成严重损害,而同样强度的一次低温雨雪事件在北方可能只是普通的天气过程。现有的区域性事件识别方法识别出的个例立足于对过程空间移动范围完整性的描述,识别出的区域移动范围很大(Zhang and Qian,2011;邓爱军 等,1989),并不能保证事件涉及的每个站点在时间上具有持续性,因而事件的致灾性得不到保证。

在吴洪宝和吴蕾(2005)识别区域性持续性暴雨方法的基础上,采用双因子综合性指标,立足于温度与降水的时间的持续性,以单站低温雨雪(冰冻)事件为基础,寻找持续时间上有重合,空间上临近的站点,构成大范围的持续性事件,即区域性低温雨雪冰冻事件。主要步骤包括:

(1)判断多个单站低温雨雪冰冻事件具有时间连续性(时间上至少有一日重合);

(2)判断空间相邻性:以两个站点之间的距离小于5°为初始邻站条件,2°为增补邻站条件;

将(1)中得到的时间上有重合的站点视作一个集合,在该集合中根据初始邻站条件确定邻站最多的站作为中心站。以中心站为中心,按照初始邻站条件识别中心站的邻站。此时的中心站及其邻站共同构成了临时核心区域,以临时核心区域各站为中心,2°为新邻站条件进行核心区域的增补,构成新的临时核心区域。增补过程循环进行,直到没有新的站点增补进来。形成最终的核心区域。

这里选择 5°作为邻站条件基于对不同阈值的试验。5°既保证了能在第一轮识别中尽可能完整地识别出一个个例所涉及的站点,又能保证不同区域的范围不至于发生重合。之后选择 2°作为增补条件,是用更高的分辨率来补充核心区域,保证新增加的站点与原站点足够接近。此外,中国大陆大部分站点之间距离也大致在 2°左右。

(3)由于在判断空间相邻性的过程中可能会剔除集合中的一些站点,需检查最终的核心区域是否依然满足时间上的重合性。

上述步骤完毕以后,核心区域中如果站点数不少于 3 个,则认为是一次区域持续性低温雨雪冰冻事件。

按照该方法识别出的个例,由于区域中每个站点都满足单站事件的条件,即至少连续 5 d低温,3 d 有降水,保证了低温雨雪维持在一个相对固定的集中区域,这样保证了持续性低温雨雪冰冻定义的同时,也保证了识别出的事件具有致灾性和一定的影响范围。

根据上述区域性事件识别方法识别出区域性低温雨雪冰冻事件个例 21 例。将有站点发生区域性事件的频次叠加,等同于将所有区域性事件发生范围叠加,如图 1.23,可以看到区域性事件的空间分布与单站事件较为一致。持续性低温雨雪冰冻事件则主要集中于长江中游以南和云贵高原北部,其事件发生高频区出现在云贵高原地区。

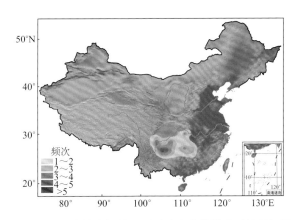

图 1.23　区域持续性低温雨雪冰冻事件影响区域叠加图

对已识别的区域持续性事件分别从持续时间、影响面积指数和强度指数(PT 值)三个方面进行描述,如图 1.24。

依据公式(1.1),在描述区域性事件强度时,用包含在区域范围内的单站事件 PT 值之和表示区域性事件强度。

计算区域事件影响面积时,使用有效网格化方法,该方法在站点资料处理中被广泛应用(Zhai et al.,2005)。这里给出计算影响面积的公式。

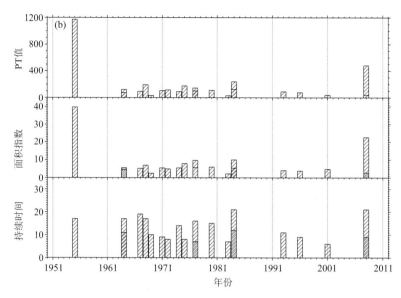

图 1.24　区域持续性低温雨雪冰冻事件各指标

$$S = \sum_{i=0}^{n} 2 \times 2 \times \frac{E_{n_i}}{T_{n_i}} \qquad (1.2)$$

其中，T_n 为任意一个 $2° \times 2°$ 的总站数，E_n 为某次区域性事件过程中落在该网格中的站点数，该次事件共影响 n 个网格。

区域事件 PT 指数包含有事件影响面积、区域范围内各个站点的持续时间，因而能反映出区域持续性事件的综合强度。影响面积越大，或（且）持续时间越长的区域持续性事件其 PT 值越大。从图 1.24 和表 1.12 可以看出，20 世纪 60 至 80 年代各项指标均反映出比其他年代更高。其中，1955 年、1957 年、1964 年、1967 年、1977 年、1984 年、2008 年有重大的低温雨雪冰冻事件，其事件持续时间更长，影响面积更大，事件强度也越大。其中，2008 年的南方大范围低温雨雪冰冻事件是近 50 年来致灾性最强的一次。由于表 1.12 描述的强度为事件平均强度，而 20 世纪 50 年代只在 1955 年发生了一次冰冻事件且强度极大，因而表 1.12 仅反映个例情况。

表 1.12　各指标量年代际变化

低温雨雪冰冻事件	1950s	1960s	1970s	1980s	1990s	2000s
发生频次（次）	1	5	6	4	2	3
平均持续时间（d）	17.0	14.8	10.3	13.8	10.0	12.0
平均影响站数（个）	49.0	6.6	8.3	7.8	5.0	11.3
事件平均强度	1172.6	102.4	121.3	124.9	83.0	185.8

由于冰冻条件的严格性，事件的降水量可能有一定的减少，但冰冻带来的潜在的事件强度却往往会造成更大的致灾性。

表 1.10 中给出的区域持续性低温雨雪冰冻事件信息统计，20 世纪 60 年代以后，2008 年

的大范围低温雨雪冰冻事件是近几十年最严重的一次；而 60 年代以前，虽然台站缺测较多，但 1954—1955 年的事件仍是一次高强度事件，所以一定程度上，该次事件可能超越 2008 年，具有最强的致灾性。

通过前文的分析，不难发现，我国北方地区没有符合指标条件的区域性低温雨雪冰冻事件的发生。在温度指标上，第 7 章采用相对阈值进行选取，从而使得对于各个站点的极端低温日的识别概率是一致的，所以降水可能是限制北方事件被识别的关键因子。图 1.25 给出了 756 个站 1951—2011 年 11 月至次年 2 月的平均降水日数空间分布，可以看到，冬季降水日数较多的站点集中分布于长江中游以南地区以及华南地区，这与前文得到的区域持续性低温雨雪事件空间分布相一致。

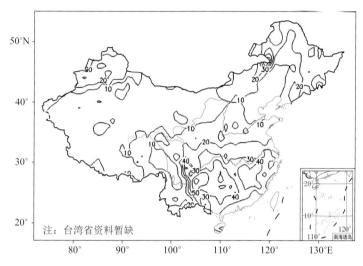

图 1.25　1951—2011 年 11 月至次年 2 月全国站点平均降水日数空间分布（单位：d）

Zhang 和 Qian(2011) 在研究区域持续性极端低温时发现，高强度极端低温事件主要集中发生于西北北部、长江中游及以南地区，所以结合前人及本研究结果，在西北北部和云贵高原各选取 17 个站点，统计分析这些站点 61 年 11 月至次年 2 月逐日平均温度距平和降水日数的关系，如图 1.26。分别对其进行高斯(Gauss)拟合，西北北部区 65.3% 的降水总站日数分布于温度正距平区，期望值为 1.47，最大值为 2170；云贵高原地区 62.8% 的降水总站日数分布于温度负距平区，期望值为 -1.74，最大值为 6463。这表明，北方冬季降水日数远少于南方，且北方地区在气温偏低时并非常有降水发生，而南方在低温情况下通常会伴有降水，这也从一定程度上证明了北方干冷、南方湿冷的气候特点。正是这种特征构成了南方地区容易造成低温雨雪冰冻事件的发生。

上述分析表明了降水是决定低温雨雪冰冻事件空间分布的关键因子，也是北方低温雨雪事件的限制条件。而对于南方，冬季降水往往伴随着低温发生，而主导南方低温雨雪冰冻事件发生的因子是什么？在这里做进一步探索。考虑我国气候的南北差异，并且根据单站事件发生频次、持续时间的空间分布特征，以 32°N 为界线，统计界线以南地区所有站点的极端低温总站日数和总降水量。

从图 1.27 中的极端低温日数的年际变化曲线可以看出，极端低温日数在 20 世纪 60 年代到 20 世纪 70 年代后期达到峰值，之后小幅下降。从 1980s 中期开始呈显著下降趋势，这与区

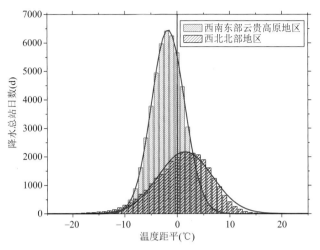

图 1.26　西南东部云贵高原区和西北北部地区
平均温度距平和降水总站日数的关系

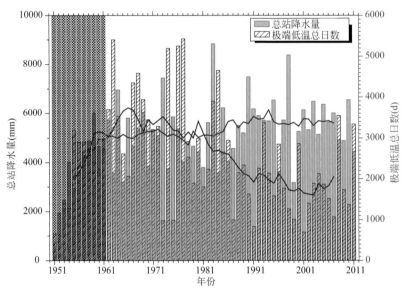

图 1.27　1951—2011 年冷季南方极端低温站日数与总站降水量年际变化
灰色柱状代表总站降水量；蓝色阴影柱代表极端低温总站日数；灰、蓝折线分别
代表两者 9 年滑动平均；1961 年前阴影区代表该区域结果具有不确定性

域性事件发生的年际变化较为一致。这样的气候变化特征与 Zhai 等（2004）研究发现较为一致，即 20 世纪 80 年代中期至今为暖季，1950s 到 1980s 早期为冷季。另外，从图中可以看出，从气温加速上升的 80 年代开始，降水量曲线也有小幅上升，也就是说降水量与温度的变化具有微弱的反相关。在此，对年单站低温雨雪事件发生频次分别与年总站降水量和年极端低温总站日数进行相关性分析，如表 1.13。可以看出，单站低温雨雪事件发生频次与年极端低温总站日数之间有很大的相关性，与年总站降水量相关性较小，甚至呈现显著的反相关。因此，南方区域性低温雨雪冰冻事件的发生与温度的关系较降水更为密切。

表 1.13　低温雨雪冰冻事件发生频次与影响因子的相关性

影响因子	低温雨雪冰冻事件发生频次					
	1950s	1960s	1970s	1980s	1990s	2000s
冷季极端低温站日数	**0.50**	**0.52**	**0.76**	**0.71**	**0.67**	**0.69**
冷季总站总降水量	0.06	**0.43**	**−0.37**	−0.19	**−0.29**	**−0.38**

注:黑体为通过 α＝0.01 显著性检验。

1.4.3.3　持续性低温雨雪冰冻事件气候变化特征

图 1.28 给出了单站持续性低温雨雪冰冻事件频次的气候变化特征。20 世纪 60 年代到 80 年代,单站持续性低温雨雪冰冻事件发生最为频繁。20 世纪 60 年代,年均发生 30.5 次;20 世纪 70 年代年均发生 31.2 次。20 世纪 80 年代初期(1980—1985 年),年均发生 35 次。而在 80 年代中期以后,持续性低温事件明显减少,仅个别年份有较高频次事件发生。单站持续性冰冻事件气候变化趋势与低温雨雪较为一致,但是对比两类事件 1955 年发生频次,大部分雨雪过程中均有冰冻存在,从而单站冰冻频次多,甚至超出了 2008 年。

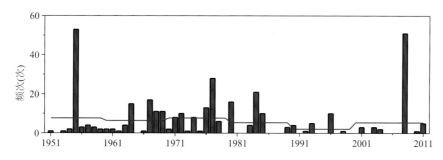

图 1.28　1951—2011 年单站持续性低温雨雪冰冻事件气候变化特征

图 1.29 给出了区域持续性事件的气候变化特征。总体上看,区域持续性低温雨雪冰冻事件在 20 世纪 60 年代至 20 世纪 80 年代初期事件发生较为频繁,20 世纪 80 年代中期以后区域持续性事件鲜有发生。1960—1985 年,冰冻事件发生 15 次,占总频次的 71.4%。近年来,在 2008 年有比较长持续时间的低温雨雪冰冻过程。从事件发生时间来看,区域持续性低温雨雪冰冻多发生在 1、2 月,90 年代以后少有在 12 月发生的事件。

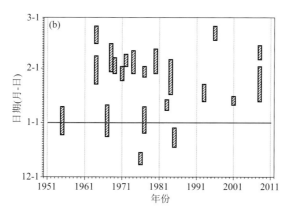

图 1.29　1951—2011 年区域持续性低温雨雪冰冻事件气候变化特征

同样,根据表 1.12 也不难看出,区域性低温雨雪冰冻事件的持续时间、影响面积和事件强度的气候变化特征与其发生频次极为一致。

1.5 本章小结

本章主要给出我国持续性降水与降水结构变化的定义,在此基础上讨论不同季节降水结构的变化特征。结果表明,1961—2015 年 WPs 的发生频次随着持续时间的增长呈现出指数衰减特征。1 d 和 2 d 的降水事件对总降水日数的贡献趋势均为 0.24%/10 a,而持续时长为 4~10 d 的事件的贡献显著的减少。我国处于东亚季风气候区域,降水分布存在显著的季节性差异。总体说来,我国越来越多的降水日数以较短持续事件形式表现出来,而较长持续事件的贡献则越来越小。

通过以夏季极端降水结构变化为例得到了我国东南部、东北北部及南部、西藏南部等区域的非持续性极端降水量增加趋势明显,内蒙古中东部、云南西南部、四川中部地区以减少趋势为主。对于持续性极端降水量,内蒙古中部至湖北东部、东北中部、四川中部、云南西南部及新疆部分地区呈减少趋势,其他地区尤其是东南沿海有显著的增加趋势。新疆、西藏中部、四川至云南、广西一带、华北大部持续性与非持续性极端降水量之比的趋势均为负,极端降水更加趋于以非持续性的形式出现;中国东部趋势为正的大值区主要集中在浙江、福建及沿海一带,这些地区更趋向于持续的极端降水的增加。4 个代表区域中,华北、西南地区的极端降水的减少是由持续性和非持续性极端降水共同减少导致的,非持续性极端降水的减少更为突出;江淮流域和华南地区与之相反,两类极端降水的增多趋势使得极端降水也趋于增多,持续性极端降水的贡献越发重要。4 个代表区域中,华北和西南地区非持续性极端降水的变化率大都低于持续性极端降水,极端降水的变化多由非持续性极端降水的变化主导;江淮流域和华南地区极端降水的变化在 20 世纪 90 年代前由非持续性极端降水主导,90 年代后,转为持续性极端降水主导。

同时,本章统一给出了区域性强降水事件的相关定义,并给出了通过相关定义识别出江淮持续性暴雨事件(25 例)、华南地区(非台风型)持续性暴雨事件(18 例)、持续性低温雨雪冰冻事件(21 例)等事件基本信息。为后续章节进一步分析其环流特征及讨论其可能机理奠定了基础。

第 2 章　江淮地区夏季持续性强降水发生机理和预报信号

2.1　概述

　　已有的研究结果显示,江淮地区是我国持续性极端降水高频发生区域之一(Chen and Zhai,2013),该地区也是中国人口最稠密、经济最发达地区之一。发生在该地区的持续性极端降水的致灾性更高,更易造成严重的人员伤亡和经济损失。由于该区域处于典型的亚洲季风区,持续性极端降水的形成机理非常复杂,涉及不同纬度、不同层次之间的相互作用,包括了不同空间尺度和不同时间尺度的扰动的相互影响。深入理解江淮地区持续性极端降水发生的机理并探索时效为 1～2 周的前兆信号将有利于为预报员提供可用的预报线索和帮助其把握关键系统的演变规律;促进模式对持续性极端降水过程描述能力的改进并进一步提升模式对该类事件的预报能力,为政府科学决策提供有力支持。

　　通常异常的大气环流稳定维持是引发持续性极端天气的最直接原因(Higgins and MO,1997)。阻塞高压和大气遥相关是稳定的大气环流异常形成和维持的最主要来源。阻塞高压能够阻挡原本向东移动的天气尺度扰动,使得天气尺度系统移动放缓甚至停滞,在某区域引发持续性的天气异常(Carrera et al. ,2004)。20 世纪 80 年代,陶诗言(1980)依据阻塞高压和对应的雨带以及分布形态,提出经向型和纬向型两类持续性暴雨的概念模型。1998 年夏季长江流域发生持续性大暴雨后,分析发现持续性异常天气出现时,亚洲中、高纬度的乌拉尔山地区,鄂霍次克海地区往往出现阻塞形势,西太平洋副热带高压总体偏强、偏西。具体而言,阻塞高压的存在利于中高纬度经向型环流的发展和稳定维持,进一步引导中高纬度干冷空气不断侵入至中国南方地区;东亚的阻塞高压的存在使得西风带中原本东移的低值扰动不断被引导至江淮地区附近,加深梅雨槽,利于降水强度的进一步加强(Liu et al. ,2008)。在前期的研究中也发现,在某些典型环流型中,伴随着某些大气遥相关频繁出现。所谓大气遥相关,指的是某一地区的扰动和其上下游地区的扰动同时或相继发生并存在动力学上的联系,存在同向或反向的变化规律。影响东亚地区夏季降水的大气遥相关波列主要有三支,即东亚-太平洋遥相关(East Asia-Pacific,EAP),丝绸之路型遥相关(Silk-Road,SR)和欧亚型遥相关(Eurasia Pattern,EU)。EAP 型是东亚地区夏季的主要模态之一。在东亚沿岸,这支波列将副热带高压,中纬度梅雨锋以及高纬度的阻塞高压同时联系起来,是对江淮地区的夏季降水影响最为显著的遥相关模态。研究指出,在东亚夏季降水的年际变率中,三种遥相关波列通常会同时起作用,特别是在 6、7 份多波列协同作用更加明显(Kosaka et al. ,2011;黄荣辉 等,2013)。在多种遥相关波列同时存在的条件下,异常天气的强度可能增强(Ogasawara and Kawamura,2007;2008;Archambault et al. ,2008)。

　　鉴于阻塞高压和大气遥相关在大气环流异常形成和维持过程中所起的重要作用,本章将分别从阻塞高压以及大气遥相关角度深入探讨江淮地区夏季持续性强降水形成的内在机理及前兆信号。依据阻塞高压形态的不同,对江淮地区持续性暴雨的环流进行客观分型,并分析各关键系统提前 1～2 周的演变发展规律及系统之间的典型配置。理清持续性极端降水开始前遥相关模态是如何发展演变的;不同的大气遥相关之间是如何相互作用、相互影响的,这种相互作用对持续性极端降水的强度和持续时间影响如何。对这些问题的回答,将有利于进一步加深对江淮持续性极端降水发生机理的理解,帮助预报员掌握持续性极端降水发生的显著前兆,进而通过对大气遥相关指数的诊断、监测和预测来预报持续性极端降水的发生;同时可以检验并改进相关模式对遥相关背景下的持续性极端降水的模拟和预报能力,进而达到较为准确地预报江淮地区的持续性极端降水并将预报时效延长至1～2 周的目的。

2.2 阻塞高压背景下江淮夏季持续性暴雨形成机理及前兆信号

第 1 章中给出了江淮地区持续性暴雨事件的定义以及江淮地区持续性暴雨个例识别的详细步骤,并且列出了 1951—2010 年发生在江淮地区的 25 个个例(如表 1.3)。通过对 25 个个例高中低层环流特征及各系统之间配置的普查以及对其总体合成分析,发现 25 例持续性暴雨发生时存在一定的共性,表现为 500 hPa 上环流形势稳定少变,中高纬度常伴随有阻塞高压活动,副热带高压西伸加强;200 hPa 上南亚高压加强东移,一些地区上空西风急流加强;整层水汽输送特征也基本一致。不同个例之间最为显著的差异在于 500 hPa 稳定环流的维持机制,即阻塞形势的不同。考虑到阻塞高压可维持较长时间,且能够对持续性天气异常的发生与维持起到关键作用,下文按照 500 hPa 阻塞形势进行环流分型,基本分成两种类型:双阻型(12个个例,占总数 48%),单阻型(7 个个例,占总数 28%)。剩余的 6 个个例与其他个例之间共性较少,因此这 6 个个例不作为研究的重点。

2.2.1 双阻型环流特征

2.2.1.1 对流层中层环流特征

25 个个例中共有 10 个典型的双阻型个例(占总数 40%),以及 2 个类似双阻型个例。用 10 个确定的个例进行合成。合成结果如图 2.1 所示,通过图 2.1a 事件日与非事件日的比较中可以看出,在持续性暴雨发生时 500 hPa 环流表现出以下几个明显特征,500 hPa 中高纬度呈现出明显的双阻形势,阻塞高压分别位于乌拉尔山地区和鄂霍次克海地区,二者之间的贝加尔湖地区为一低槽;副热带高压明显西伸南移。这些特征在二者的差值图(图2.1a 阴影)表现得更为明显:乌拉尔山地区和鄂霍次克海地区有明显的正差值,而二者之间则为负差值,分别对应着脊和槽的发展。低纬地区的正差值对应着副热带高压的西伸增强。这样的一种稳定的配置使得贝加尔湖附近槽中的干冷空气不断向江淮地区侵入,与来源于西伸加强的副热带高压南侧的暖湿空气持续交绥于江淮地区,使得该地区的温度梯度和湿度梯度均增大,最终使锋面稳定维持在此地,持续性暴雨得以发生和持续。这些异常特征都通过了 $\alpha=0.01$ 的显著性检验,说明了这些异常的显著性。需要指出的是图 2.1a 事件日中乌拉尔山地区的阻塞高压似乎没有鄂霍次克海地区阻塞高压强盛,而就单个个例而言,乌拉尔山阻塞高压的影响十分显著,强度较合成的结果而言也明显偏强。这样的结果可能由两种原因造成：第一，通过对每个个例的普查，发现乌拉尔山地区阻塞高压在持续性暴雨发生期间东西移动范围较大，不如鄂霍次克海阻塞高压稳定，这样同期合成时使得阻塞高压的振幅在不同位相情况下相互抵消，振幅变小；第二，有研究指出，在持续性强降水发生时乌拉尔山阻塞高压虽仍然存在，但其处于减弱期，这样合成时也可能造成振幅较小。乌拉尔山阻高的移动范围较大，可能部分由于此时环流处于调整期，为冷空气的南侵做好准备。另一点值得注意的是，图 2.1a 差值分布中，东亚地区从高纬度到低纬度呈现出"正-负-正"模态的分布，从事件日合成与其气候态的差值图上也可得到相似模态（图略），这样的模态反映了东亚阻塞高压发展，阻塞高压南部，即日本海东部地区低值系统加深，副热带高压加强西伸。鄂霍次克海地区的正异常以及其南部的负异常构成了一种"偶极型"阻塞，"偶极型"的出现意味着阻塞高压发展到成熟阶段并可稳定维持。这样稳定的配置使得副热带高压不易向北推进，导致源源不断的暖湿空气被输送到江淮地区。这种南北向的"正-负-正"模态可能归因于 Rossby 波能量的频散，这种能量的频散可能是西太平洋暖池对流活动异常造成（Bueh et al.，2008），也有研究认为是源自于里海的波列向下游传播（Wang et al.，2007），青藏高原上空大气热源的异常也会加强这种能量的频散，使得该"正-负-正"模态得以维持发展（Wang et al.，2011）。具体的频散机制在此不做讨论。

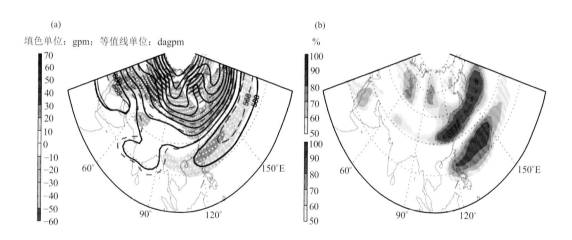

图 2.1　双阻型 500 hPa 位势高度场合成图

（a，实线为事件日高度场合成，虚线为非事件日高度场合成，阴影为二者差值，白色点填充区域代表二者差值通过了 $\alpha=0.01$ 的显著检验）；(b)系统概率分布图

双阻形势的稳定存在有利于中高纬度经向环流的维持，从而有利于位于二者之间的深槽在事件日中始终存在并向南伸展。该稳定南伸的槽引导干冷空气不断南下，对与持续性暴雨发生相联系的锋生起到了关键作用。此外，一些研究中指出，鄂霍次克海阻塞高压阻挡了源自高原北侧的短波槽的东移（Ding，1994），从而使得这些扰动进入江淮、江南地区，加强了当地的降水强度。

考虑到 500 hPa 高纬度地区的位势高度的变率远远大于低纬地区的位势高度变率，将位势高度的标准化距平合成后与图 2.1 进行比较。标准化距平合成图如图 2.2a 所示，总体而言，图 2.2a 中的异常模态与图 2.1a 中的差值模态十分相似：大值中心分别对应着双阻、槽、副热带高压的异常。且正异常中心都达到一个标准差，进一步说明了双阻型环流形势的异常。

标准化距平的合成可以帮助预报员评估典型环流对应的事件发展成为致灾性的极端事件的可能性,在实际业务中有巨大应用潜力。

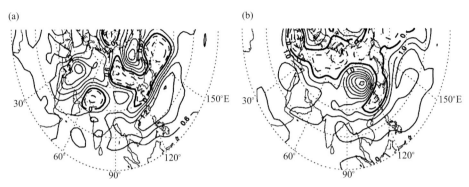

图 2.2 标准化距平合成(a)双阻型,(b)单阻型(正值用实线表示,负值用虚线表示,
0 值等值线用粗实线表示。双阻型等值线间隔为 0.3;单阻型等值线间隔为 0.5)

为了进一步验证异常模态的合理性,对事件日北半球 500 hPa 高度场做经验正交函数(EOF)分解。结果如图 2.3 所示。第一模态主要反映出了东亚阻塞以及低槽的信号,与副高的西伸加强相对应的低纬的正异常也有所体现;第二模态基本上描述出了双阻一槽的形势信号;第三模态对局部特征描述的更加细致,表现为双阻一槽,东亚阻塞南部有负异常,低纬度地区出现正异常信号。前三个特征向量共解释原场方差的 60%,用前三个模态及其相应的时间系数重建原距平场,可以看出结果与图 2.1a 中的阴影十分相似,进一步说明了通过合成得到的异常模态的可靠性。

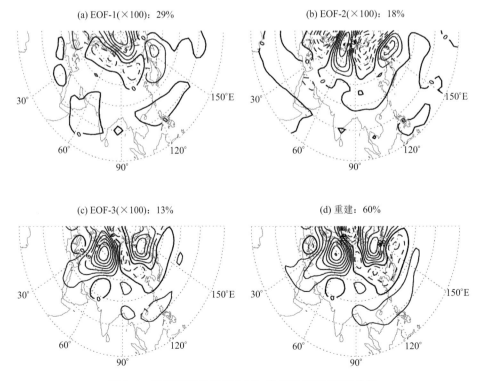

图 2.3 双阻型事件日 500 hPa 高度场距平 EOF 分解

为避免合成分析时由于某个个例极其异常导致合成的结果偏向于此个例的环流形势,本节计算了持续性暴雨发生期间各个系统出现的概率。这样的概率在一定程度上也反映了系统的稳定性。这里分别定义高值系统和低值系统。

高值系统(脊)定义为:$H^* \geqslant 10$ gpm,$H^\wedge > 0$ gpm;

低值系统(槽)定义为:$H^* \leqslant -10$ gpm,$H^\wedge < 0$ gpm。

其中,H^*为位势高度相对于气候态的偏差,即距平值,$H^\wedge$为位势高度相对于纬圈平均值的偏差,即纬偏值。

这样定义既保证了其异常性,又保证了其高低系统的性质。这里并未采用已有的阻塞高压的定义,是因为现有的阻塞高压识别方法往往会漏掉尚在发展初期的阻塞高压,或者倒 Ω 阻塞高压,通过计算发现,按照已有的定义计算的阻塞高压概率往往比真实情况低 10%～20%,这种现象在乌拉尔山地区尤为明显。

从图 2.1b 中可以看出阻塞高压以及低槽出现的概率都在 80% 左右。通过对所用的每个个例事件日环流形势的分析可以发现,在每个个例即将结束时,尤其是最后一日,双阻形势的强度会减弱,甚至会消失,伴有位置上的移动。对不同个例而言,阻塞高压和槽的位置有一定的差异,特别是东西方向上。乌拉尔山阻塞高压和鄂霍次克海阻塞高压的经度范围大致分别为 30°—75°E、110°—160°E,因此本节合成的结果表现出的是大致的阻塞高压位置。考虑到系统的移动、强度变化等因素,这样的概率可以说相当稳定。值得注意的是鄂霍次克海阻塞高压南部的低值系统出现的概率更是达到 90%,说明该系统稳定少动。该低值系统的稳定存在使得副热带高压(简称副高)稳定在偏南的位置,保证异常充足的水汽源源不断地向江淮、江南地区输送,相应地在图中对应低纬度地区,与副高相对应的高值系统的概率达到 90%以上,稳定地维持在南海北部地区。频率分布给出的结果说明,这样的异常环流模态是稳定存在的,并且为多个个例共有的特征而非仅仅适用于某个特定个例。

2.2.1.2　对流层高层环流特征

持续的高层辐散场为持续性暴雨的发生和维持提供了有利条件。图 2.4 给出了事件日、非事件日 200 hPa 位势高度、风场的合成。从事件日的合成可以看出,在 200 hPa 上,双阻形势依然存在。高度场上,高原南侧出现明显的闭合中心,急流中心分别位于南亚高压北侧以及日本海附近。通过事件日与非事件日的对比可以发现,持续性暴雨发生期间,南亚高压加强、东伸。急流在南亚高压北侧、中国东部地区明显加强。这些特征在二者差值图上表现得更为明显。由于中高层基本都出现了类似的阻塞形势,从热力学角度而言,双阻之间的低槽使得冷空气不断沿着西北—东南向侵入到江淮地区上空,加大了南北温差,使得高空锋区整体南压,表现在 200 hPa 高度场上为江淮地区上空的高度梯度加大。根据热成风原理,南北温差的加大、高空锋区的南压有利于高层纬向风在偏南位置加速,对应在江淮地区上空(110°—130°E)急流轴较非事件日而言明显偏南(事件日合成,绿线),导致了急流在该地区明显加强,使得该地区位于急流轴入口区南侧。此外,由于东亚阻塞形势的存在,上游的西风在此分成南北两支,这也有利于急流轴偏南。可以说,阻塞形势从热力学和动力学角度都使得急流偏南。而位于高原北侧的急流加强可能与高原热源异常加强有关(Wang B et al.,2008),该处急流的加强并形成风速中心使得其下游的江淮地区处于倾斜急流轴出口区南侧,使得江淮地区上空对应着强的辐散气流。南亚高压东北象限中,高压边缘的偏北风与西风急流的分离亦构成了强辐散场。以上几种辐散机制共同为持续性暴雨的发生和维持提供了非常有利的高层条件。

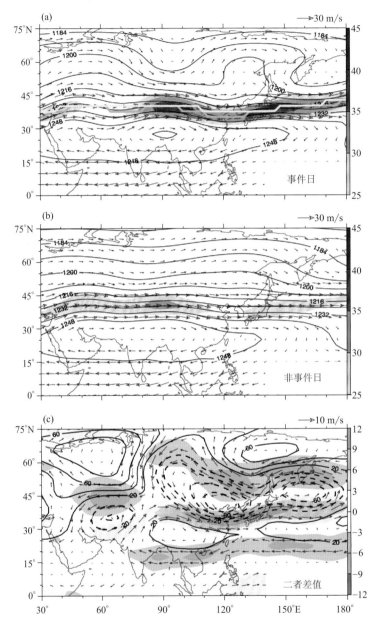

图 2.4 双阻型持续性暴雨 200 hPa 高度场(单位:gpm)、风场(单位:m/s)合成图,(a)事件日,
(b)非事件日,(c)二者差值高度场用等值线表示,风场用矢量表示。事件日、
非事件日阴影代表纬向风风速;差值图中阴影代表纬向风差值

现将 200 hPa 位势高度大于 12520 gpm 的部分定义为南亚高压主体(Zhang et al.,
2010),考虑到夏季急流强度的减弱,将纬向风速大于等于 25 m/s 定义为西风急流(Schie-
mann et al.,2009),计算持续性暴雨发生时二者的概率。从图 2.11a 中可以看出,持续性暴雨
发生时,200 hPa 南亚高压主体稳定在高原南侧,西风急流稳定存在于高原北侧、中国东部到
日本海一带,概率均可以达到 90% 以上,说明持续性暴雨发生时基本上都配合有稳定的高层

辐散存在。

2.2.1.3　水汽输送异常

持续性强降水与异常充足水汽的稳定输送密切相关。从图 2.5 中可以看出,无论是事件日还是非事件日,水汽输送通道基本一致,只是路径的位置和输送的强度有明显差异。水汽来源主要由三支组成,分别来自经由阿拉伯海、孟加拉湾的西南季风,副热带高压南侧的东南季风,以及二者在南海汇聚结合南海地区的越赤道气流形成的南风。另外还有一支来源于西南季风在孟加拉湾地区向北运动经由高原南侧向东偏转由西边界输入江淮、江南地区,Xu(2004)定义这支水汽为"Big Turning(大转弯)",但这支水汽贡献相对于其他三支而言较小。

考虑到不同事件的水汽输送强度可能不同,但方向大致一致,采用水汽通量的方向的标准差来衡量水汽输送的稳定性。计算方案如下。

$$D\text{-angle} = \sqrt{\frac{\sum\limits_{t=1}^{t=N}\left[\text{angle}(t) - \overline{\text{angle}}\right]^2}{N}} \tag{2.1}$$

其中,D-angle 代表通量方向标准差,N 代表总的时间样本数,angle(t)代表某事件日的水汽通量角度,$\overline{\text{angle}}$ 代表所有事件日水汽通量角度的平均值。显然,方差越小则代表水汽输送越稳定。

从图 2.5 中可以明显看出事件日时,由副高南缘的东南风和南海的南风输送的水汽比较稳定,标准差在 30°左右,而相同路径在非事件日时的标准差大于 90°,说明非事件日水汽输送较为凌乱和离散。这两支稳定的水汽输送保证了向中国南方地区输送的水汽高度稳定和有组织化,均方差小于 30°。如此稳定的水汽源源不断地输送到江淮地区,满足了持续性暴雨发生的水汽条件。另一支方向标准差小于 30°的水汽输送位于孟加拉湾附近的高原南侧地区,与"Big Turning"相对应。而事件日的西南季风输送较非事件日而言并未表现出明显的更加稳定的特征。

从事件日与非事件日差值图(图 2.5c)上可以清楚地看出,异常的水汽输送主要来源于 110°—150°E 的异常反气旋南侧,该异常反气旋表征了副热带高压的西伸,其形成和发展可能与低频振荡的传播有关(Yang et al.,2010),具体在此不作讨论。另外经由高原南侧向东输入江淮、江南地区的水汽异常也有一定贡献。西南季风输送的水汽输送没有明显的变化,甚至有减弱的现象。水汽输送的稳定性分析和差值图上所体现的强度差异的一致性说明,在持续性暴雨发生期间,由副热带高压异常造成的东南季风水汽的异常输送为主要的异常水汽输送机制。

通过对事件日与非事件日整层大气的可降水量的差值的分析可知(图 2.6),在事件日由强的正异常可降水量(Precipitable Water,PW)组成的稳定的"大气河"(Neiman et al.,2008;)出现在异常反气旋的北侧。这条正异常 PW 带呈纬向带状分布,与江淮地区的准静止锋相当吻合。同时,该异常"大气河"也与异常反气旋北边缘的异常增强的水汽输送相一致。这也进一步说明了西太平洋上出现的异常反气旋对异常水汽输送的主导作用。

通过对低层(1000～700 hPa)、中层(700～500 hPa)和高层(500～300 hPa)的水汽输送情况的分析(图略)可以得出与整层积分类似的结论。副高南侧的水汽输送异常在低层更为明显,低层的异常输送占到总的异常水汽输送比重也最大。而由于青藏高原以及云贵高原的阻

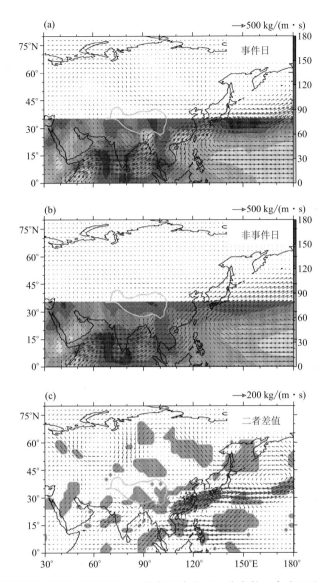

图 2.5 双阻型整层积分水汽输送,(a)事件日合成、(b)非事件日合成以及(c)二者差值
事件日和非事件日图中阴影代表 35°以南地区水汽通量的均方差;差值图中的
阴影代表纬向通量和经向通量均通过 $\alpha=0.01$ 的显著性检验的地区。差值图中的点
代表受影响站点。图中粗实线代表青藏高原轮廓

挡,经由高原南侧向东输送的异常水汽在低层并没有出现,在中层上更为明显。中层的这支异常水汽其实有两部分组成,一为中层西风对水汽的输送,二为低层西南季风在孟加拉湾地区向北偏折遇高原阻挡爬升至中层汇入西风气流中。由于高层的水汽含量较少,因此高层对异常水汽贡献很小。

通过事件日和非事件日的对比发现,在事件日中水汽基本被阻挡在了江淮、江南地区(34°N 以南),而在非事件日,水汽明显继续向着更北的纬度输送。通过风场的合成以及相应的涡度计算来分析其原因(图略)。结果表明,在事件日,由于东亚"偶极"阻塞的作用,阻塞高压南侧出现异常气旋性环流(110°E 以东,35—40°N),副高北侧西风明显加强,不利于南风继续北进,即使得副高稳定偏南。此时位于贝加尔湖附近的槽中的冷空气取西北东南路径侵入到江淮、江南地区,同样使得水汽难以继续向北输送,冷暖空气持续交汇于此,梅雨锋稳定维持,最终形成持续性暴雨。

从图 2.6 中的受影响站点分布可以看出,双阻型影响的区域主要位于江淮地区,江南北部地区。

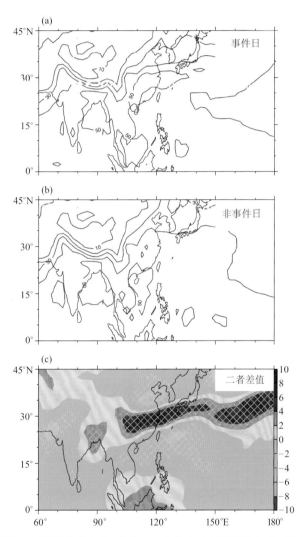

图 2.6　双阻型整层大气可降水量(PW,单位:mm)合成,(a)事件日合成、(b)非事件日合成以及(c)二者差值(差值图中带有网格线的阴影代差值通过了 $\alpha=0.01$ 的显著性检验的地区)

2.2.1.4　大气热源异常

图 2.7 给出了持续性暴雨期间视热源的异常状况。从差值图中可以看出,持续性暴雨期间,大气热源异常加强主要发生在江淮、江南北部,孟加拉湾北侧地区。而南海以及西太平洋地区则出现大气热源负异常。通过大气视热源与视水汽汇(图略)的量值和垂直分布比较可知,这些异常主要是由于凝结潜热的异常造成,大气热源异常加强的地区对流强盛,水汽凝结潜热大,而南海以及西太平洋地区由于副高的西伸以下沉运动为主抑制了对流的发展,因此出

现了大气视热源的负异常。

　　实际上,持续性暴雨期间,高低层的系统可以通过热源的异常耦合起来。江淮地区由于持续性暴雨的强上升运动和充足的水汽供应导致的大量凝结潜热释放加热了上空的大气,使得该地区上空南北温度梯度加大,西风在此加速,急流南侧辐散加强。同时潜热释放使得高层等压面隆起,辐散加强;异常加强的凝结潜热释放导致的高层出现正变高也有利于南亚高压向东移动,进一步加强了高层的辐散。辐散的加强导致江淮地区上空向南的回流加强,与南海以及西太平洋地区的下沉运动构成了间接环流圈,导致南海及西太平洋地区低层出现正变压,有利于副高西伸和在此维持;同时正变压和副高的西伸导致此地区南北气压梯度加大,有利于低层西南风加速,利于低层暖湿空气向着对流区域输送。使得江淮地区大气层结的不稳定性维持甚至加大、进一步加强和维持江淮地区的上升运动和凝结潜热的释放,有利于强降水在此维持。高低层系统之间形成了一种正反馈机制,各变量之间的因果关系并非本节研究重点,在此不做讨论。

　　此外,孟加拉湾北部的凝结潜热释放的加强(图 2.7c)也有利于副热带高压的西伸(Guan et al.,2009)。

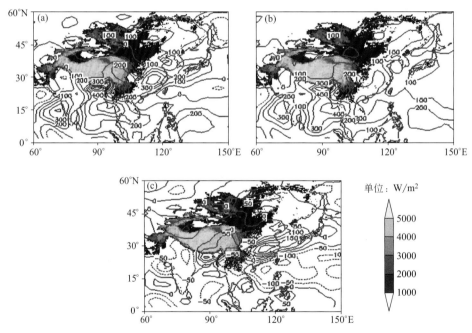

图 2.7　双阻型持续性暴雨大气视热源合成(a)事件日合成,(b)非事件日合成,
(c)二者差值(图中阴影代表地形,单位:m,等值线代表热源,单位:W/m^2)

2.2.2　单阻型环流特征

2.2.2.1　对流层中层环流特征

　　25 个个例中有 6 个典型单阻型个例(占总数 24%)以及 1 个类似单阻型个例,用 6 个确定的个例进行合成,个例信息见表 1.3(第 1 章)。从图 2.8a 事件日与非事件日的对比可以看出,持续性暴雨发生时,副热带高压西伸,偏南,该型中的副热带高压位置比双阻型的副热带高

压位置更偏南一些；贝加尔湖南侧出现阻塞高压或者高压脊，其东侧东亚地区为一深槽，南伸到江南地区，这样的西高东低结构与 2010 年造成 3000 多人死亡的巴基斯坦持续性强降水期间的中高纬度环流配置非常相似(Galarneau et al.，2012)。这些特征在二者差值图上表现更为明显。这样的配置使得贝加尔湖南侧的高压脊前东亚深槽后部的偏北风携带的干冷空气源源不断地向南侵入江南地区，与南方来的暖湿空气持续交绥，二者之间形成辐合、变形场，导致锋生，稳定的对峙最终导致持续性暴雨发生。巧合的是单阻型异常环流与 Maddox 等(1979)的研究中的典型"天气尺度暴雨事件"的环流形势非常相似。正如 Maddox 等(1979)的研究中所指出，500 hPa 上缓慢移动的槽以及与之对应的地面的准静止锋面使得强降水持续 2～3 d，使得美国几个州的范围受到影响。此外，这种西高东低的稳定环流型与严重霜冻天气的典型环流形势也高度相似。这些发生在世界不同地区的高影响事件的典型异常环流的相似性更进一步说明了单阻型环流对致灾的持续性异常天气的触发和维持效应。

单阻型的 500 hPa 高度场标准化距平合成如图 2.2b 所示，最为明显的异常信号分别对应贝加尔湖南侧的阻塞高压，阻高东侧的深槽，以及西伸的副热带高压，与图 2.8a 的异常信号非常相似，其绝对值都大于 1 个标准差，特别是与阻塞高压对应的异常信号，其异常可以达到 3.5 个标准差以上，说明了单阻型环流的极端异常性。

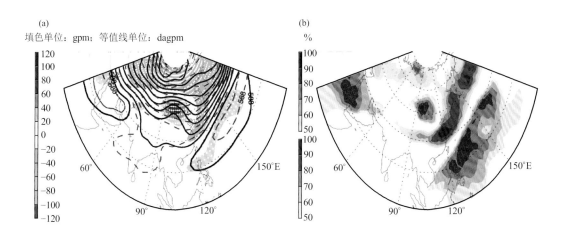

图 2.8　单阻型 500 hPa 高度场合成图，(a)事件日和非事件日 500 hPa
高度场合成以及二者差值，(b)高低值系统概率分布
阴影和等值线所代表的意义与图 2.1 相同

为了进一步确认合成结果的合理性，对单阻型事件日 500 hPa 高度场距平同样做了 EOF 分解，结果如图 2.9 所示。第一模态主要反映了贝加尔湖南侧阻塞高压的发展，其东侧的槽的信号并不明显(图 2.9a)。第二模态更加偏重对细节的描述，表现出阻高及其东侧槽的发展，副热带高压异常信号也在图中有所体现(图 2.9b)。前两个模态基本上已经捕捉到了西高东低的信号，共占方差贡献的 56%，用前两个模态进行事件日的高度场距平的重建，得到的结果如图 2.9c 所示，其特征与图 2.8a 中的阴影非常相似，验证了合成得到的异常模态的合理性，确实是事件日高度场上反映出的主要模态。

同样计算了单阻型 500 hPa 高低值系统的概率，结果如图 2.8b 所示，贝加尔湖南侧的高值系统与其东侧的低值系统出现的概率都达到 90% 以上，非常稳定；在低纬度地区，与副高相对应的高值系统概率也达到 90% 以上,稳定地维持在南海北部地区。概率分析说明该种配置并非由某单一异常个例造成,而是具有一定的普适性。

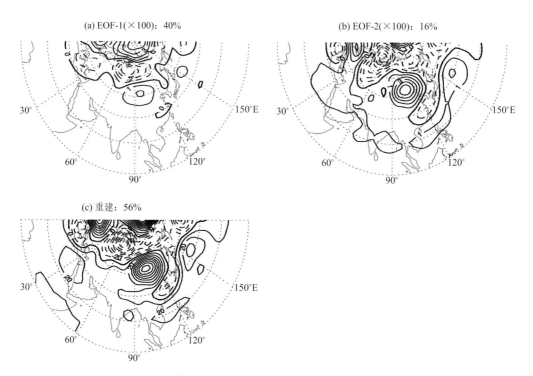

图 2.9　单阻型事件日 500 hPa 高度场距平 EOF 分解

2.2.2.2　对流层高层环流特征

从图 2.10 中可以看出,事件日的 200 hPa 的环流单阻形势的西高东低的结构仍然在。较双阻型而言,单阻型的 200 hPa 南亚高压位置更偏南偏东,高压主体范围较大,不如双阻型集中。就急流而言,并没有出现双阻型高原北侧急流增强的现象,反而出现了高原北侧急流减弱的现象。在 80°—130°E,由于贝加尔湖附近阻塞高压的存在,使得西风在该区域内分成了南北两支,导致事件日西风急流轴较非事件日明显偏南,且比双阻型的急流轴更加偏南,这种现象在江南地区上空(110°—130°E)最为明显。急流轴的偏南使得该区域位于急流入口南侧。急流在中国东部到日本海地区明显加强,这种加强主要是由于东亚深槽(负差值区)以及南亚高压的东伸使得二者之间的高度梯度加大造成。从热力学角度而言,深槽引导冷空气向南侵入到江南地区上空,造成南北温度梯度加大,锋区南压,高层西风加速。

从差值图上可以发现,持续性暴雨发生期间在中南半岛上空存在一个异常反气旋,代表南亚高压偏南偏东,其东北象限的偏北风以及西风急流的分离构成了强辐散,加之江南地区位于高空西风急流入口南侧,有利于上升运动的发展。从图 2.11b 中可以看出,南亚高压的主体虽不如双阻型集中,但概率最大区出现在高原南侧,急流的最大概率区则出现在中国东部到日本海一带。概率均在 90% 以上,相当稳定。

2.2.2.3　水汽输送异常

从图 2.12 中可以看出,单阻型持续性暴雨发生时的水汽输送路径大致同双阻型一致,但

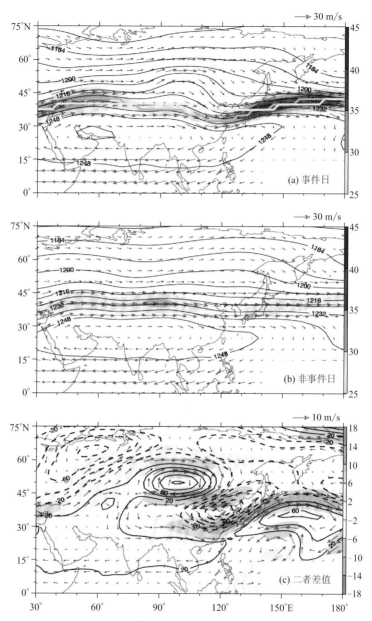

图 2.10　单阻型持续性暴雨 200 hPa 高度场(单位:gpm)、风场(单位:m/s)合成图，
(a)事件日，(b)非事件日，(c)二者差值(等值线和阴影所代表的意义与图 2.4 中相同)

各支水汽路径的位置均明显偏南,略偏东。异常水汽主要来源于西太平洋上的异常反气旋环流,但该反气旋环流位置较双阻型的情况明显偏南,反映了副热带高压明显西伸偏南。实际上,这支异常水汽输送主要发生在低层,而在中层经由高原南缘向东的异常水汽输送也对水汽的异常输送有一定的贡献。需要指出的是,这支异常水汽输送来源于西南季风在印度半岛西侧的北折而不像双阻型时北折发生在孟加拉湾附近。此外,单阻型事件日期间,与越赤道气流相联系的水汽输送在 45°E 地区附近稍有加强(图 2.12c)而非像双阻型期间减弱。高层由于水汽含量较低,其异常水汽输送对总的异常输送贡献很小。

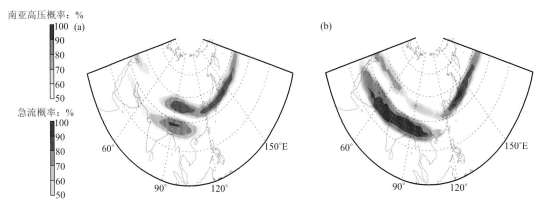

图 2.11 事件日 200hPa 南亚高压与西风急流概率,(a)双阻型情况,(b)单阻型情况
红色代表南亚高压,蓝色代表西风急流

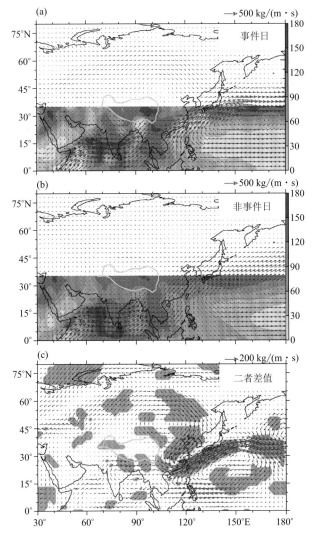

图 2.12 单阻型整层积分水汽输送(a)事件日合成、(b)非事件日合成以及(c)二者差值
阴影,矢量以及等值线代表的意义与图 2.5 中相同

单阻型的水汽输送稳定性如图 2.12 所示,水汽通量方向标准差在 30°左右的地区分别为西太平洋地区、南海到中国南侧地区以及高原南侧地区,与双阻型情形大致相同。但这些稳定的水汽输送的位置较双阻型有较为明显的偏南。此外,45°E 附近与越赤道气流相联系的水汽输送在事件日期间明显更加稳定,标准差小于 30°,这可能与这支气流的增强有关。

与双阻型情形类似,一条纬向分布的高异常 PW 带位于异常反气旋北侧(图 2.13),但这条异常的可降水量带较之双阻型而言明显偏南,与南移的准静止锋相对应。

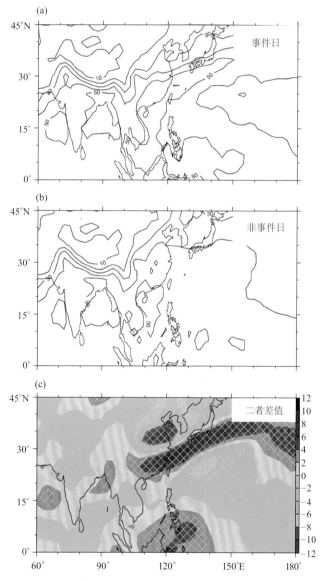

图 2.13 单阻型整层大气可降水量(单位:mm)合成,(a)事件日合成、(b)非事件日合成以及
(c)二者差值,差值图中带有网格线的阴影代差值通过了 $\alpha=0.01$ 的显著性检验的地区

通过对风场的合成分析可以发现(图略),阻塞高压东侧的低槽引导冷空气向南深入到江南地区,东北风与偏西风之间形成了气旋性切变,使得江南地区出现异常气旋环流,加强了江南地区的西风,阻挡水汽进一步北进。冷槽带来的冷空气与异常反气旋带来的暖湿空气持续

交汇于江南地区,使得锋面稳定于此,最终形成持续性暴雨。

从图 2.12 中的受影响站点的分布来看,单阻型的影响范围较双阻型明显偏东偏南,位于江南东部、南部地区,这与各主要影响系统的偏东偏南有关。

2.2.2.4 大气热源异常

图 2.14 给出了单阻型持续性暴雨期间视热源的异常状况。从差值图中可以看出,与双阻型情况相似,持续性暴雨期间,大气热源异常加强主要发生在江淮、江南北部,孟加拉湾北侧地区,而南海以及西太平洋地区则出现大气热源负异常。但这些异常信号的位置均较双阻型偏南。通过大气视热源与视水汽汇(图略)的量值和垂直分布比较可知,这些异常同样是由于凝结潜热的异常造成,大气热源异常加强的地区对流强盛,水汽凝结潜热大,而南海以及西太平洋地区由于副高的西伸,以下沉运动为主抑制了对流的发展,因此出现了大气视热源的负异常。持续性暴雨发生区域——江南地区及其南侧副高控制区域仍然存在双阻型时期的高低层反馈机制。值得注意的是除了副热带高压地区出现了大气热源的负异常外,江南地区北侧也同样出现了较强大气热源的负异常,表明该地区也存在下沉运动,对应低层出现正变压,出现北风异常,加强了北风,该加强的北风异常在图 2.12c 差值图上同样很明显,加强的北风将低层锋区推进到江南地区并在此维持,这可能是单阻型持续性暴雨影响范围偏南的原因之一。

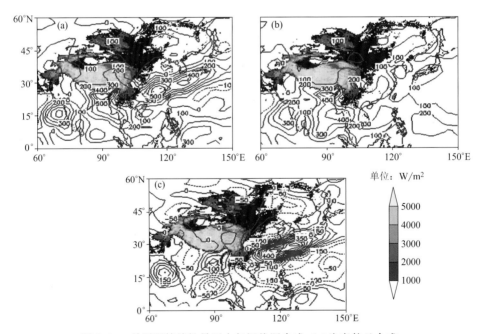

图 2.14　单阻型持续性暴雨大气视热源合成,(a)为事件日合成,
(b)为非事件日合成,(c)为二者差值(图中阴影代表地形,单位:m,等值线代表热源,单位:W/m²)

2.2.3　时效为 1～2 周的前兆环流信号

上一小节对江淮地区持续性暴雨发生时的典型环流特征进行了较为深入的分析,得到了高中低层各关键系统的异常特征及各个系统之间的结构配置。各个系统的持续性在上一小节

系统稳定性的分析中也有所体现,那么对应着致灾性的持续性暴雨的异常大气环流的前期特征如何? 各个系统是如何发展、演变的? 能否提前较长时间(1～2周)捕捉到较为清晰、显著的异常环流信号? 这些问题都将在本小节中进行讨论。在江淮地区持续性暴雨典型个例中,双阻型个例占主导。因此,本小节重点讨论双阻型个例的前兆环流信号。

　　本小节中将采用合成分析方法,对各要素场距平、原始场进行合成。将对双阻型个例提前21 d(3周)进行合成,以期能在提前1～2周尺度上找到可用的、较为显著的信号。此外,也对各要素场的标准化距平进行合成,进一步评估前期异常信号的极端性及其引发致灾事件的可能性。最后,对各要素场的低频信号的各个位相进行合成,以进一步验证通过距平和标准化距平的合成得到的异常信号的时效性。

2.2.3.1　对流层中层环流特征

　　用来进行前期合成的双阻型个例与同期合成用到的个例一致,见表1.3(第1章)。500 hPa位势高度场及其距平场合成结果如图2.15所示。这里给出了事件日提前12日到事件发生第三日的合成结果,因为通过对提前21天到事件发生日合成的信号分析发现提前12日起各个系统的强度开始稳定的增强,因此认为提前12日起,有较为稳定的信号。

　　从图2.15中可以看出,从day−12到day−7,有正的距平信号从40°E向60°E移动,且强度一直在增强,对应着乌拉尔山阻塞高压的东移发展;东亚地区,正的距平由高纬地区向西南移动,并逐渐与90°～120°E处中高纬度的正距平合并,使得正距平进一步增强,对应着鄂霍次克海阻塞高压的发展;位于两个阻塞高压之间的槽(负距平),由于其南侧正距平的存在,被局限在高纬地区,不能向南伸展;副热带高压非常缓慢的向西移动。从day−6到day−1,乌拉尔山阻塞高压继续增强,并向高纬度伸展;鄂霍次克海阻塞高压也继续增强,并缓慢向西侧移动;而二者之间的槽也由于其南侧的正距平的消失而向南伸展,伸入到40°N以南地区,不断引导冷空气南侵;与此同时,鄂霍次克海阻塞高压东南侧的负距平也随着阻塞高压向西移动,不断发展,鄂霍次克海阻塞与其南侧的负距平组成的"双阻型"阻塞逐渐形成。同时,副热带高压加快西伸,在day−3时到达120°E。从day−12到day−1阻塞高压的演变过程可以清晰地看到阻塞高压的存在和发展对于经向环流的维持和发展的重要作用。事件开始的前三日(0～2日),双阻发展成熟,槽进一步南伸,副高稳定在江淮地区南侧,冷暖空气开始不断交汇,加大了温度梯度和湿度梯度,准静止锋形成,持续性暴雨开始。

　　提前两周到事件发生,500 hPa的环流形势基本维持稳定,各系统基本在原地增强发展,移动性不大,即波动的相速度不大;但却有几次明显的强度上的增强(day−9以后),这样的强度的增强可能与能量向下游频散有关,为了进一步分析能量的频散路径,给出500 hPa经向风的经度-时间剖面图(图2.16)。从图中可以看出,系统的相速度最大只有5°/d,而能量向下游的频散速度可以达到15°/d～25°/d。东亚沿岸的阻塞高压的增强发展可以追溯到day 21前的120°W附近的地区;乌拉尔山阻塞高压的增强可以追溯到提前10日左右的60°W附近的地区。从图中可以清晰地看出day−5以后,两个阻塞高压的相速度近乎为0,保持准静止状态。另外的一些研究也表明,持续时间较长的强降水事件往往与其上游距离非常远处的能量的下游频散密切相关。而这样的用霍夫默勒图(Hovmöller)来诊断Rossby波能量频散的方法尽管有很大的潜力,但在日常应用中却似乎被大大低估了。

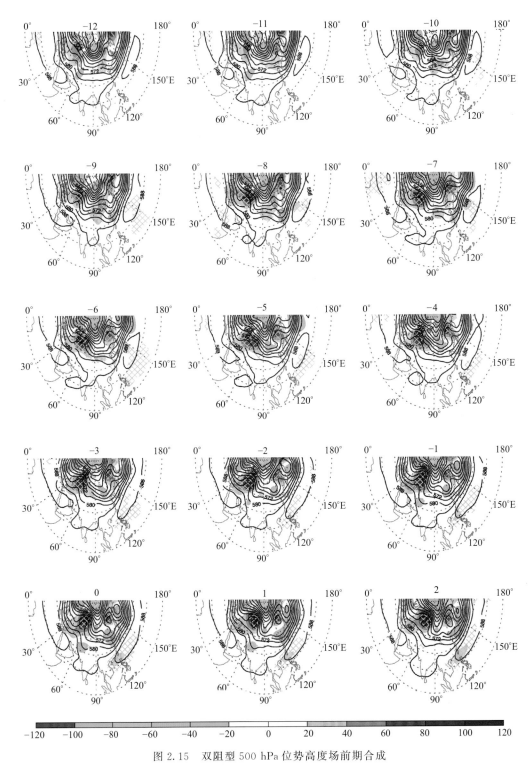

图 2.15　双阻型 500 hPa 位势高度场前期合成

等值线代表位势高度场,单位:dagpm;阴影代表位势高度距平,单位:gpm;灰色网格线代表距平
通过了 $\alpha=0.05$ 的显著性检验;合成从提前 12 d 到事件发生第三天(−12～2);等值线间隔 4

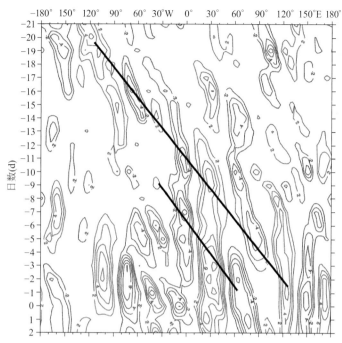

图 2.16　双阻型 500 hPa 经向风(45°—65°N 平均)时间-经度剖面图
红色等值线代表正值,蓝色等值线代表负值,单位:m/s;黑色粗实线代表能量频散方向

图 2.17 给出了 500 hPa 高度场标准化距平合成图,各系统的发展、移动规律与距平合成非常一致。需要指出的是从 day−8 开始,乌拉尔山附近地区出现了超过 1.8 个标准差的正距平,并在 day−4 发展成为超过 2.1 个标准差的正距平,并继续增强为 2.4 个标准差的正距平且一直维持到事件发生。在事件开始前(day−1),鄂霍次克海地区也出现了超过 1.5 个标准差的正距平,并继续发展。与副热带高压的异常活动相对应的低纬度的正距平信号一直维持着 1.2 个标准差左右的强度。因此可以说,平均而言二阻塞高压对应的正距平逐渐发展达 1.8 个标准差以上,且南海北部地区出现 1.2 个标准差以上的正距平,这样的配置极有可能造成具有很强致灾能力的持续性强降水。

2.2.3.2　对流层高层环流特征

通过上一小节的分析可知,对流层高层的稳定的辐散与持续性暴雨的发生和维持联系紧密。而南亚高压以及急流位置上的变动似乎比强度上的异常对辐散场的形成更加重要,因此这里给出 200 hPa 风场高度场的合成来主要分析其位置变动。通过对事件日开始前三周逐日的 200 hPa 风场和位势高度场的分析发现,200 hPa 并未出现如 500 hPa 上提前 10 日以上的前期信号,而是在事件开始前 5 日左右出现了较为明显的信号。这里给出事件日开始前 7 日到事件日第 3 日的风场和位势高度场合成(图 2.18)。此处以 12500 gpm 等值线代表南亚高压的范围。可以清楚看出,从 day−5 开始,南亚高压明显向东移动,伴随着西风急流的东移。day−3 开始,12500 gpm 等值线东伸过 120°E,江淮地区上空的散度开始逐渐增强;至 day−1,东伸的南亚高压,南亚高压北侧的西北—东南走向的西风急流轴,以及东海上空的急流的存在,使得江淮、江南地区的辐散达到最强,并在事件日维持(day 0~2),为持续性暴雨的发生和维持提供了有利的高层辐散条件。

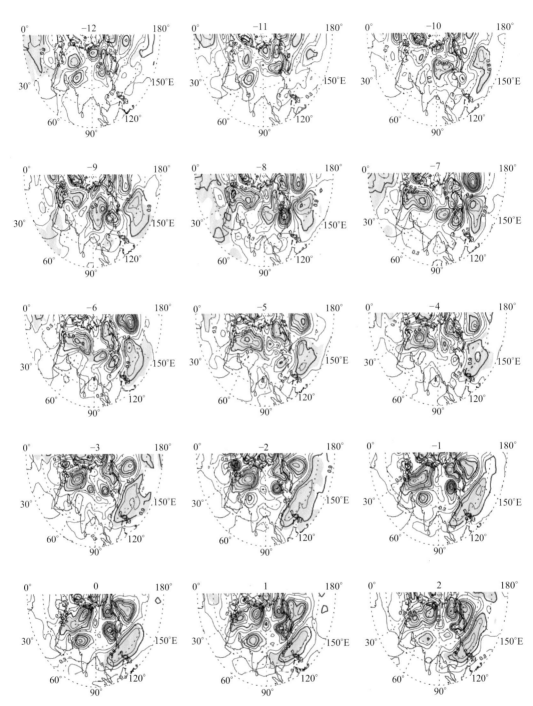

图 2.17 双阻型 500 hPa 位势高度标准化距平前期合成

红色等值线代表正的标准化距平；蓝色等值线代表负的标准化距平；

阴影代表标准化距平通过 $\alpha=0.05$ 的显著性检验；

合成图从提前 12 天到事件发生第三天（$-12\sim2$）；

等值线间隔为 0.3，±0.9 和 ±1.8 均用粗线表示

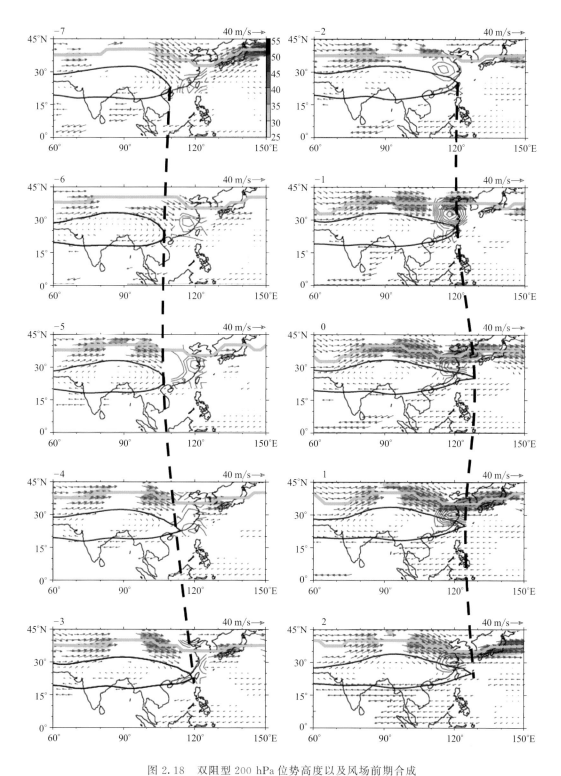

图 2.18　双阻型 200 hPa 位势高度以及风场前期合成

黑色粗实线为 12500 gpm 等值线;风场用矢量表示,只画出风场距平通过 $\alpha=0.05$ 显著检验的原始风场;

红色实线为散度($\times10^{-6}$,s^{-1});阴影为纬向风速值(m/s);绿色粗实线代表当日急流轴的位置

2.2.3.3 对流层低层环流特征

图 2.19 给出了事件日提前 7 日至事件日第 3 日 850 hPa 风场、风场距平合成,以及相应的涡度、标准化水汽通量强度异常计算结果。这里用涡度来衡量 850 hPa 副热带高压的演变情况,标准化水汽通量强度衡量异常水汽输送的强度。如图所示,day−7 到 day−6,江淮地区南侧由异常气旋控制,与副热带高压相对应的负涡度主体(以涡度−1 等值线为标准)位置位于 130°E 以东(图略)。从 day−5 开始,江淮地区的异常气旋减弱,同时菲律宾东侧出现明显的异常反气旋,并逐渐向西北地区移动,加强;异常气旋的减弱可能与非绝热冷却造成的静力稳定度增加有关(Tsou et al.,2005);对应着原始场上负涡度带的西南移动,至 day−3 时,已经移至 120°E。day−2 至 day−1,异常反气旋进一步向西北移动,并明显增强,其北边缘异常加强的西南风已经到达江淮地区南侧。异常加强的西南风无疑会加强低空急流,一方面向江

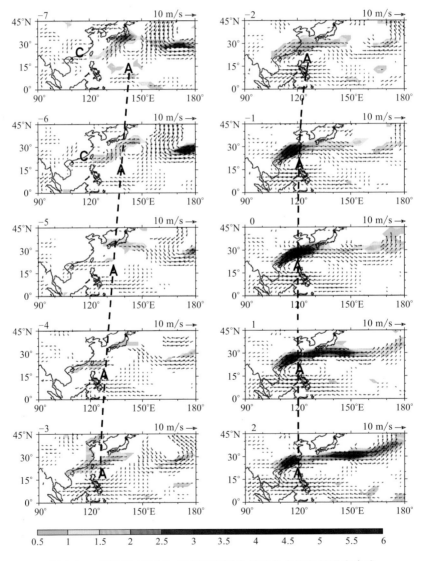

图 2.19 双阻型 850 hPa 风场距平以及标准化水汽通量强度合成

风场距平用矢量表示,风场距平只画出通过 $\alpha=0.05$ 显著检验的距平;
标准化水汽通量强度用阴影线表示,标准化水汽通量强度阴影间隔为 0.5

淮、江南地区输送大量的水汽,满足持续性暴雨所需的水汽条件;另一方面低层出现大量的暖湿空气使得当地的静力稳定度降低,为持续性暴雨的发生准备好了层结条件。至 −1 d 时,异常通量强度已经超过 4 个标准差以上;对应原始场上,副高进一步西南移动,移至 110°E 以西。至事件日开始(第 0 日),异常水汽通量进一步增强,达到 5 个标准差以上,异常反气旋的模态已经发展成为事件日时的典型模态(图 2.5),150°E—180° 出现了明显的异常气旋,意味着此时"双阻型"阻塞已经发展成熟。原始场上表现为副高北侧的西南风明显增强,这样一种稳定模态提供了持续性暴雨所需的大量水汽。超过 4 个标准差以上的水汽通量强度也说明了文中的持续性暴雨的极端异常性。

2.2.4　前兆信号时效性的来源

通过合成分析可以看出,500 hPa 环流提前 2 周左右出现了较为明显的信号,而在 200 hPa 和 850 hPa 前期信号在提前一周左右才较为明显。这些信号由弱转强实则对应着降水受到抑制到降水迅速发展增强的过程,考虑到江淮地区的强降水自身往往具有明显的低频振荡特征,如准双周振荡(10~20 d),季节内振荡(20~50 d),将用于合成的 10 个个例影响地区进行降水的区域平均,之后通过对区域平均序列进行小波 10~20 d 和 20~50 d 滤波发现,这两个频段的低频振荡的峰值与持续性暴雨发生的时段十分吻合,且振幅较大,说明持续性暴雨可能与这两个频段的低频振荡密切相关。且该两低频振荡半周期分别为 1 周和 2 周左右,与合成分析的结果又较为吻合,因此 500 hPa 中高纬度的异常信号可能主要与季节内振荡相联系,而 850 hPa 和 200 hPa 的信号可能与准双周振荡联系更为紧密。为了验证这一猜想,下面将对各层要素场距平用巴特沃斯(Butterworth)滤波技术(Murakami,1979)进行 10~20 d 滤波和 20~50 d 滤波后进行不同位相的合成(Mao et al.,2009):以 1954 年的个例为例,考虑到降水序列剧烈的振荡,对降水序列进行滤波时采用以 6 阶高斯函数导数作为小波基函数的小波滤波方法(Torrence and Compo,1998),结果如图 2.20 所示,将一个完整的低频振荡分成了 9 个位相,之后将不同个例的同一位相进行合成。第 1 位相对应降水谷值,代表降水受到抑制,第 3 位相对应降水从负位相向正位相的转换,第 5 位相对应降水峰值,第 2、4 位相代表发

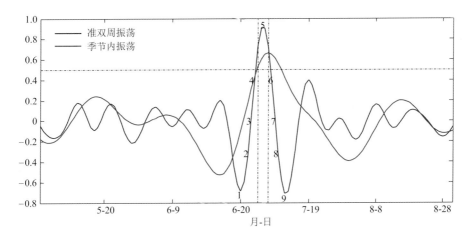

图 2.20　1954 年 5—8 月持续性暴雨发生地区标准化区域平均日降水序列 6 阶高斯小波滤波
蓝线为 10~20 d 滤波(准双周振荡),红线为 20~50 d 滤波(季节内振荡),垂直的虚线分别
对应 7 月 4 日和 7 月 7 日为持续性暴雨起始日期,水平虚线为 0 和 0.5 标准差

展阶段。本节为了尽可能突出低频信号特征,只将持续性暴雨时段与低频振荡的峰值相吻合且低频振荡峰值大于 0.5 个标准差的低频振荡周期用于合成。

如表 2.1 所示,有些年份的持续性暴雨受到准双周和季节内振荡共同调节,而有些年份只受其中一个分量影响。

表 2.1 双阻型持续性暴雨个例强低频振荡发生年份

准双周振荡	1954	1955	1974	1989	1996	1999	2006
季节内振荡	1954	1955	1974	1991	1996	1998	

2.2.4.1 对流层中层环流特征

图 2.21 给出了准双周和季节内振荡的前 5 个位相的合成,可以清晰地看出,在季节内振荡合成中(右列),第 1—2 位相由于 90°—120°E 地区正距平的存在,高纬度的负距平难以向南伸展。该正距平使得位于乌拉尔山地区以西的正距平向东移,东亚高纬度正距平向西南移动,这与合成分析中 500 hPa 高度场距平 day−12 到 day−7 的特征非常相似。第 3 位相开始,90°—120°E 处的正距平消失,合并到乌拉尔山附近正距平和鄂霍次克正距平中,使得后两者发展增强,位于二者之间的高纬度的负距平得以向南伸展,鄂霍次克正距平东南侧负距平在增强。到了第 4 位相双阻型已经基本形成,且负距平已经伸展到 40°以南地区,这与合成分析中 day−6 到 day−1 的特征相似。到第 5 位相时,南伸的负距平进一步加深,表征冷空气活动加强。这样的距平变化的一致性以及提前时间的一致性说明导致持续性暴雨发生的 500 hPa 中高纬度双阻型环流的演变可能与季节内振荡关系更为紧密。

而准双周振荡的合成中,尽管第 4—5 位相似乎也有双阻模态的显现,但二者之间的中纬度地区出现了正的距平异常,这样不利于冷空气的南下。值得注意的是,第 4—5 位相,西太平洋到中国南部地区出现了显著的正距平异常并向西发展,这与合成分析中副高的变化相似,暗示了 500 hPa 低纬地区的副热带高压可能主要受到准双周振荡的影响。

2.2.4.2 对流层高层环流特征

图 2.22 给出了 200 hPa 风场和高度场的准双周和季节内振荡的前 5 个位相的合成,在准双周振荡合成图(左列)中,东亚地区的正变高从第 1 位相到第 5 位相逐渐向西南方向移动,与此相伴随的是源自 90°—120°E 区域的负变高(第 1 位相)逐渐向东南方向扩展并加强。这样东南高西北低的模态逐渐向中国东部—日本海一带发展,二者之间的异常变高梯度随之向东南方向扩展并加强,正西风异常向东南方向发展(第 3—5 位相),最终加强了中国东部到日本海一带的西风,使得江淮地区位于急流轴入口区南侧,有利于高层辐散的加强,进而为上升运动的发展提供了有利条件。此外,东亚地区正变高的西南扩展也有利于作为高值系统的南压高压向东移动,向其靠拢,这可能就是合成分析中描述的南压高压逐渐东移的原因。

而中国华北地区上空的西北—东南向的西风急流轴的形成与季节内振荡关系更为紧密(第 3—5 位相)。随着高纬度的槽的不断向南移动,槽底部的西风正异常也逐渐南移,最终加强了华北地区上空的西风急流。因此,可以说双阻型 200 hPa 南压高压和中国东部到日本海一带急流的异常主要以准双周振荡为主,而华北地区上空急流的加强主要受季节内振荡的影响。

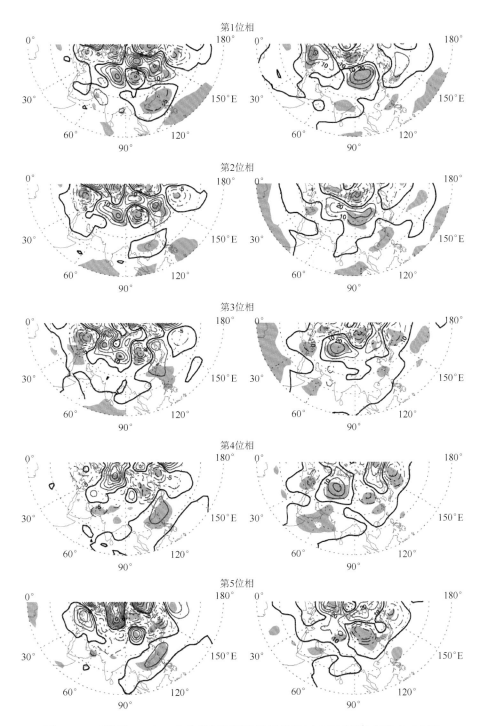

图 2.21   双阻型 500 hPa 位势高度距平准双周振荡(左)和季节内振荡合成(右)

等值线(单位:gpm)表示滤波后的距平合成,实线代表正距平,虚线代表

负距平,0 线加粗;准双周振荡等值线间隔为 5,季节内振荡等

值线间隔为 10;阴影代表距平通过了 $\alpha=0.05$ 的显著性检验

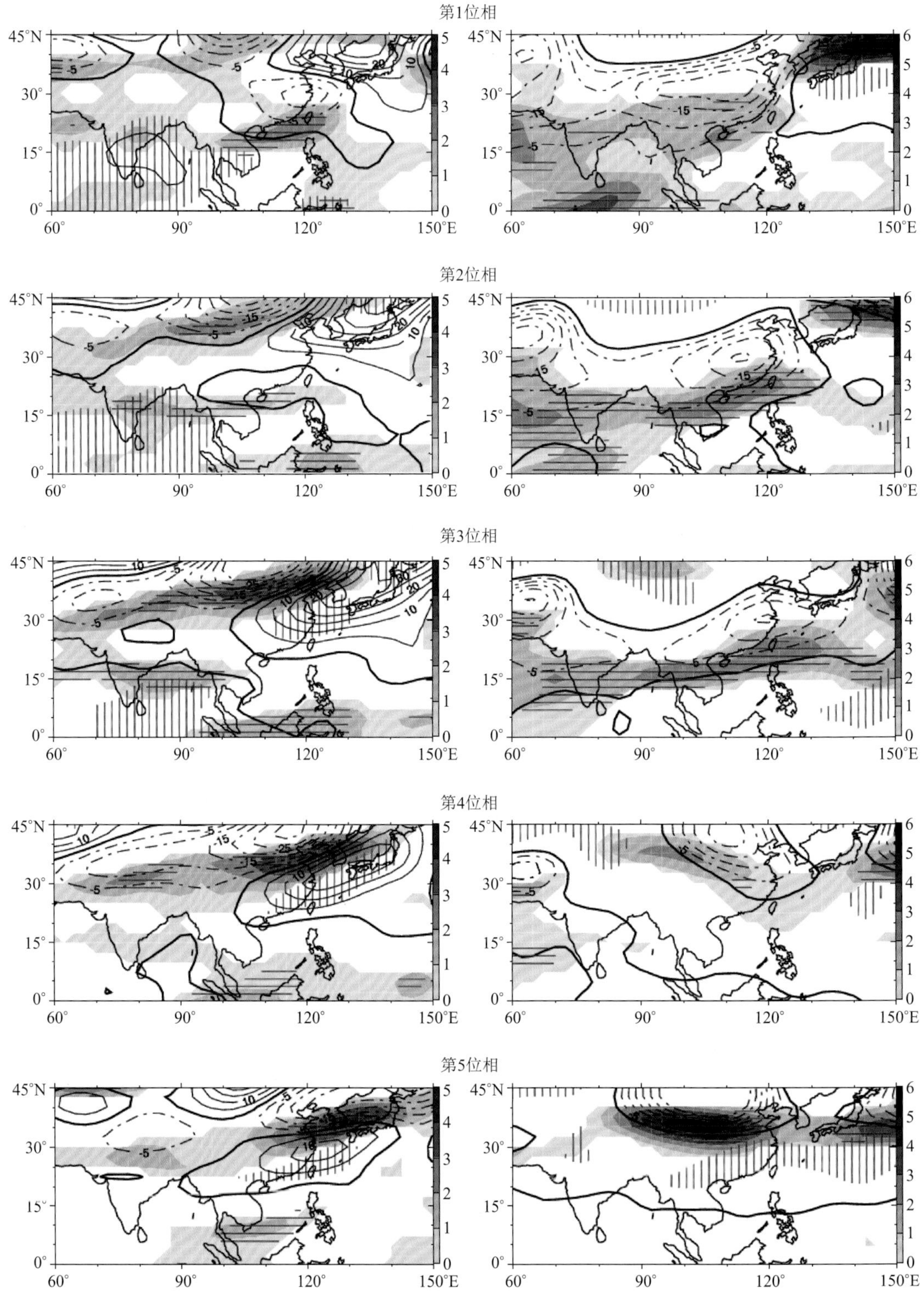

第1位相

第2位相

第3位相

第4位相

第5位相

图 2.22 双阻型 200 hPa 位势高度距平(单位:gpm)和纬向风距平(单位:m/s)准双周振荡(左)和
季节内振荡合成(右)等值线表示位势高度距平合成,实线为正距平,虚线为负距平,0 线加粗;
等值线间隔为 5;阴影为纬向风距平合成;高度距平通过了 $\alpha=0.05$ 的显著检验用垂直红线
标记,纬向风距平通过了 $\alpha=0.05$ 的显著检验用水平红线标记

2. 2. 4. 3　对流层低层环流特征

图 2.23 给出了 850 hPa 风场和高度场的准双周和季节内振荡的前 5 个位相的合成,在准

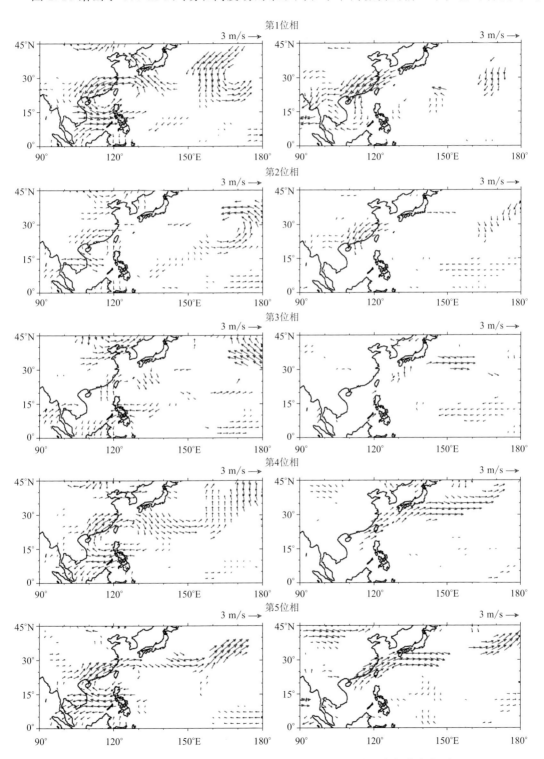

图 2.23　双阻型 850 hPa 风场距平准双周振荡(左)和季节内振荡合成(右)

用风场距平用矢量表示,只画出通过了 $\alpha=0.05$ 的显著性检验的风场距平

双周振荡合成图(左列)中,江淮地区南侧在第 1 位相受异常气旋控制,该异常气旋在第 2 位相明显减弱,第 3 位相在菲律宾东北侧海域出现异常反气旋,第 4—5 位相该异常反气旋进一步西北移动并加强,这与合成分析得到的结果非常一致。

而季节内振荡的合成(右列)虽然也大致符合上述发展过程,但信号较弱,且各异常系统的位置均较为偏东。因此可以说,850 hPa 的风场异常主要受到准双周振荡的调节。

2.3　遥相关背景下江淮夏季持续性极端降水形成机理及前兆信号

本小节将着重介绍能够对江淮地区夏季持续性极端降水造成显著影响的大气遥相关模态,并在已有的研究结论中挖掘这些大气遥相关在月内尺度(sub-monthly,1～2 周)上对江淮地区持续性极端降水形成和维持的可能影响和预报潜力。根据 Chen 和 Zhai(2013)的统计,江淮地区的持续性极端降水事件(非台风影响)多发生在 6—7 月,此时段也恰是该区域的典型梅雨时段(Ding and Chan,2005)。因此,6—7 月将作为本节的重点研究时段。

2.3.1　EAP 遥相关对江淮地区持续性极端降水的影响

2.3.1.1　湿 EAP 遥相关引起的大气环流异常

典型 EAP 遥相关维持时段和同时发生的强降水时段的组合事件在下文中被称为典型"湿 EAP 事件"。在第 1 章中给出了典型湿 EAP 事件的识别方法,并给出了 1961—2010 年 20 例典型的"湿 EAP 事件"(如表 1.4,第 1 章)。在下文中,day 0 表示"湿 EAP 事件"开始的第一天,即表 1.4(第 1 章)中的开始日期,day d 表示第 d 天提前于(负值)或落后于(正值)开始日。在合成分析之前,每个个例的环流特征都经过了人工分析检验,以保证个例之间的环流高相似性以进一步减小合成分析的结果误差。此外,分析中还对 20 个个例中的部分个例进行了多组随机组合合成,得到的结果与 20 个个例整体合成的特征高度相似,增加或排除某几个个例并不能对合成结果造成显著影响。

(1)对流层中层环流异常

EAP 遥相关型的完整模态主要在对流层中低层显现出来,而在高层则主要表现为中高纬度系统的一种准正压结构(Kosaka and Nakamura,2006;2010),因此在本小节主要分析中低层的波动活动特征和 EAP 模态的演变特征。500 hPa 上,在事件开始前 7 d,鄂霍次克海地区和乌拉尔山地区分别有一个脊存在,其强度超过平均值 1 个标准差以上(图 2.24),二者中间夹着一个宽广的浅槽,为 Rossby 波能量的向下游频散提供了有利的纬向延伸的西风波导(Hoskins and Ambrizzi,1993)。相应地,沿着这支西风波导,可以明显地识别出自乌拉尔山以西地区向下游东亚地区频散的波通量(Takaya and Nakamura,2001)。这样纬向分布的脊-槽-脊的环流型与所谓的西欧-日本型波列(West Europe-Japan,E-J)非常相近,在 EAP 模态形成前上游能量向东频散的现象也在其他研究中有所提及(Bueh et al.,2008;Sato and Taka-hashi,2006)。在 day−7,东亚中纬度地区并没有出现明显的负的高度距平。之后,从 day−6 到 day−3,低于正常值 1 个标准差的负距平逐渐从 170°E 向西移动,并且移动过程中强度变化不大。到了 day−4,该负距平已经移动到了日本南部。与此同时,西太平洋副热带高压(用 588 dagpm 表示)逐渐西伸,并到达 120°E。在此期间,上游不断有从乌拉尔山以西向下游东亚地区频散的能量,使得东亚阻塞高压得以维持。而乌拉尔山以西的脊本身逐渐减弱并缓慢向西南方向撤退。在 day−4,从低纬度地区向极频散的能量已经能够清晰地识别出来,这样的能量频散主要与副热带高压西伸造成的菲律宾附近对流受到抑制而引发的非绝热冷却有关。自此之后,由于副高的进一步西伸和加强,与 EAP 波列相关的向极传播的波活动通量显著增强(day−2 至 day 2)。低纬度向极传播的波通量和来自上游的东向频散的波通量的强烈辐合造成了高纬度鄂霍次克海阻塞高压的进一步发展;同时,向极传播的波通量和来自上游的东南向的波通量的辐合使得中纬度的低值系统迅速发展,其强度达到低于正常值 2 个标准差。在 day 0,图 2.25 中所示的典型 EAP 模态完整形成,并持续多日。

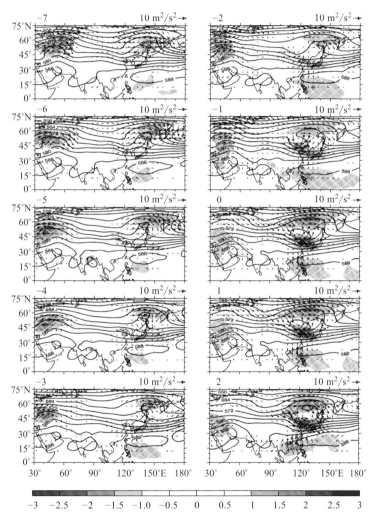

图 2.24　典型 EAP 模态合成的 500 hPa 位势高度(等值线,间隔 4 dagpm);
标准化高度场距平(阴影,间隔 0.5 个标准差;矢量为按照 Takaya 和 Nakamura(2001)
推导计算的波活动通量(单位:m²/s²),仅标记出通过显著性检验的波通量
白色交叉线区域表示距平通过了 $\alpha = 0.05$ 的显著性检验

上游的脊维持在乌拉尔山以西,并未表现出向东向高纬度伸展的特征。这与典型双阻型中乌拉尔山阻塞高压稳定维持在乌拉尔山以东且向高纬度伸展的特征显著不同(Chen and Zhai,2014a)。相反,湿 EAP 典型个例中的乌拉尔山脊表现为明显减弱且向南减弱。为了进

一步对比,图 2.25 给出了双阻型持续性暴雨(Chen and Zhai,2014a)期间的中高纬度大尺度系统的演变特征及相应的波活动通量的传播。总体来看,双阻型事件中中高纬度的波传播似乎是一种全球尺度的波动,各个异常中心的维持时间均较长,具体到欧亚大陆,乌拉尔山附近的阻塞高压较湿 EAP 事件中位置偏东,且其早期(day-7 到 day-5)呈现出东北—西南方向的走向,由于该位置处于极锋急流以北,这样的异常中心取向表明其处在发展阶段,将会从平均气流中吸收能量维持自身的发展(Holton,2004)。而到了降水临近前,该阻塞高压逐渐转为正南—北向,表征该系统已经发展到峰值,强度达到最强,并进一步向东向高纬度伸展,此时的乌拉尔山阻塞高压相当于欧亚大陆的一个波源,源源不断地将波能量向下游频散,促进东亚阻塞高压的发展和维持。此时乌拉尔山阻塞高压处于"中性"时期,并未出现减弱的现象。这种异常稳定的模态使得双阻型暴雨事件的预报时效可以达到两周(Chen and Zhai,2014b)。而典型湿EAP 事件中,其上游的脊在事件开始前一周就呈现出西北—东南走向,这是一种典型的衰减模态,相应的该脊逐渐减弱西南撤,并未向东伸展,这种现象在 850 hPa 上更为明显(图 2.26)。

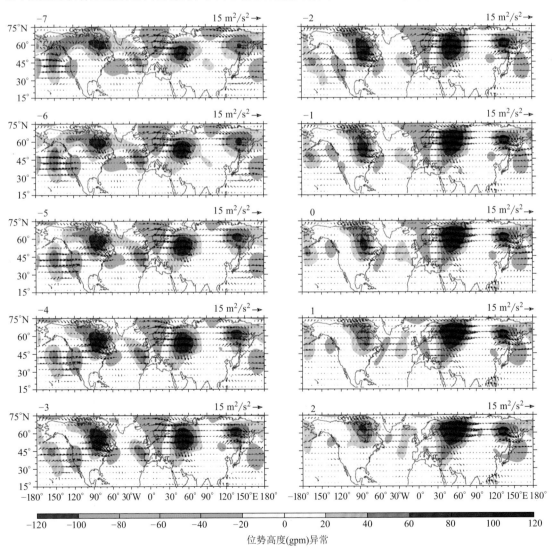

图 2.25　合成的"双阻型"持续性暴雨事件前期及同期 500 hPa 位势高度异常(阴影)及相应的波通量(矢量)。双阻型个例选自 Chen 和 Zhai(2014a)

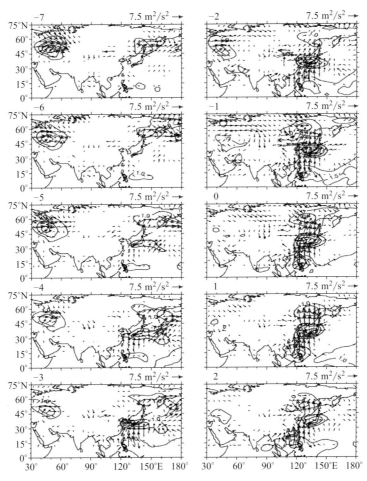

图 2.26　合成的 850 hPa 标准化高度场距平(等值线,间隔 0.5 个标准差;红色表征正
距平,蓝色表征负距平;矢量表示按照 Takaya 和 Nakamura(2001)的推导计算的波活
动通量(单位:m²/s²)。每幅图左上角标记的数字代表的意义与图 2.24 相同

　　图 2.24 非常明显地表现出自 day−7 开始,典型的 Ω 型阻塞高压在鄂霍次克海附近开始
发展,在时间上领先于 EAP 模态的发展。这样稳定持续多日的鄂霍次克海阻塞高压维持了中
高纬度的经向环流,为后续的 EAP 模态的发展和相应强降水的形成提供了有利的环流条件。
同时,逐渐加强的鄂霍次克海阻塞高压使得主要的西风急流带在 day−2 时明显向赤道方向移
动。因此,江淮地区上游盛行西北气流,引导中高纬度的干冷空气向江淮地区侵袭,有利于江
淮地区的锋生过程。源源不断的干冷空气与西伸加强的副热带高压引导的暖湿空气之间的持
续交绥加强了江淮地区的温度和湿度的梯度,促进了准静止梅雨锋的生成。此外,鄂霍次克海
阻塞高压的存在阻挡了原本东移的短波槽,使得这些扰动在南移的西风带中不断地向江淮地
区移动,加强了局地的梅雨锋,局地的降水也因此而加强。

　　在对流层低层(850 hPa)上(图 2.26),乌拉尔山西侧脊的发展过程与 500 hPa 上非常一
致,表现为逐渐减弱并向东南移动的特征。但其与下游的东亚阻塞高压的动力联系并不如
500 hPa 那么明显。在对流层低层,副高异常引发的非绝热加热异常对向极频散的波能量
的触发作用更加明显,具体表现为从 day−6 到 day−2,随着菲律宾东侧的正高度异常的西

伸加强,向极传播的波通量逐渐显现、加强,边界不断向北突破。至 day−4 到 day−3 时,向极传播的波能量已经到达 45°N 附近,造成中纬度的低值系统不断西移,并逐渐加强。day−2 到 day−1 阶段,向极传播的波能量已经到达东亚高纬度地区,对高纬度的正的高度异常的位置起到了调节作用,使其位于鄂霍次克海西侧地区。到事件开始时(day 0 到 day 2),副高达到最强盛状态,超过正常状态 2 个标准差左右,激发了更强的向极传播的波通量,进一步加强了中纬度的低值系统和高纬度的阻塞高压。三个系统之间的动力学联系非常清楚地被有组织的波活动通量表现出来。在对流层低层,上游系统的作用似乎不如中层那么显著,这说明 EAP 遥相关模态的形成并不取决于上游的能量频散,而是更多地由来自低纬度的能量传播的贡献。

(2)对流层低层风场和水汽输送异常

对流层低层的源源不断的水汽输送是持续性极端降水发生的必要条件之一,因此十分有必要分析低层的风场异常以及造成的水汽输送的异常。从图 2.27 中可以清楚地看到,一个异常的反气旋自事件开始前 7 日开始从 150°E 向西移动,自 day−5 开始,中纬度亦出现向西移动的气旋异常。这对气旋/反气旋在向西移动的途中强度也在发展。在 day−4,异常反气旋的西边界已经到达了 120°E,其北侧的水汽输送的强度超过正常 1.5 个标准差以上。之后继续加强的异常反气旋和持续加深的气旋导致二者之间的水汽输送强度进一步加强,异常程度超过其正常气候平均态 3 个标准差以上。中纬度异常气旋引导的偏北气流和低纬度异常反气旋引导的西南气流之间的强烈辐合使得水汽辐合中心出现在江淮地区的略偏南位置(蓝色等值线)。很显然,江淮地区持续性极端降水发生所需的异常充足的水汽主要由与副高西伸相关的异常反气旋贡献,而并非来自孟加拉湾的异常加强的西南气流。在典型湿 EAP 事件维持时期(day 0 到 day 2),异常气旋和反气旋之间出现了进一步增强的水汽辐合,其异常程度超过正常值 3.5 个标准差,已达到极端异常级别。值得注意的是湿 EAP 事件对应的异常反气旋在事件开始前主要以向西移动为主,并未出现很多研究中提及的明显的西北方向移动(Yang et al.,2010)。

(3)对流层高层环流异常

图 2.28 描述了典型湿 EAP 事件的对流层高层(200 hPa)环流的前期和同期的特征,可以看出高层环流的基本发展规律与 500 hPa 环流较为一致,特别是中高纬度地区。这表明在中高纬度地区 EAP 模态表现出一种准正压的结构。这样的准正压结构在沿着 EAP 的中心经度 120°E 的垂直剖面上表现得更为清楚(图 2.29),各个关键系统随着纬度略微向北倾斜。在 30°N 以北地区,典型 EAP 模态在中高层也有所体现,且可以维持相当的强度,而在 20°N 以南地区,其异常中心主要位于 500 hPa 以下,到高层异常中心强度则迅速衰减。这也验证了用低层环流来定义 EAP 指数的合理性。中纬度的低值系统出现了明显的向西移动的特征,到事件开始时其强度低于正常值 3 个标准差。随着中间的低值系统的发展,西风急流轴被迫逐渐向南移动(粗绿色实线),并最终稳定在江淮地区略北侧到日本一带。相应地,江淮地区恰好位于西风急流入口区的南侧,而该区域由于西风的加速往往存在着强的高层辐散。此外,中纬度的异常气旋的加深使得江淮地区到日本一带的高度梯度进一步加强,促进西风急流的进一步加速(图 2.28,图 2.30),也就进一步加强了江淮地区上空的辐散。在此期间,南亚高压也出现了明显的东伸现象(黑色等值线,12520 gpm)。在这种环流配置下,东伸的南亚高压东北象限的偏北风与其北侧西风急流之间的分离提供了另一种高层辐散机制(Chen and Zhai,2014a)。从

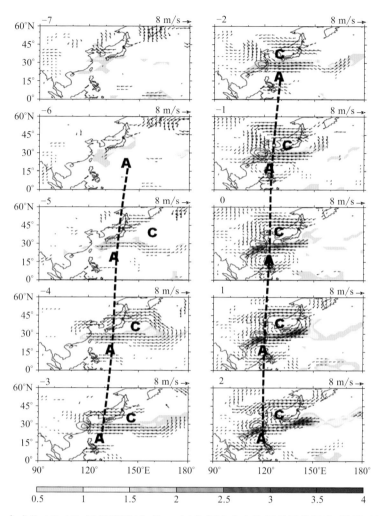

图 2.27　合成的 850 hPa 风场距平(矢量,m/s)和标准化水汽通量异常强度(阴影,间隔 0.5 个
标准差)(只有在置信度为 95% 水平上的显著的风场显示在图中;水汽通量散度用蓝色等值线表示,
只显示辐合区,数值从 −2 到 −8 单位(10⁻⁸ s⁻¹,间距为 2);字母 A 和 C 分别用来标记
异常气旋和反气旋的位置;粗虚线用来描述异常反气旋/气旋的传播方向)

另一种观点来看,很显然中纬度的异常气旋系统并非是由急流北侧的风切变造成,而是由东侧移动过来。当湿 EAP 事件基本形成时,江淮地区北侧的偏北气流结合气旋性异常会向江淮地区输送正涡度平流,额外的正涡度同样会在江淮地区上空形成辐散。上述的多源高层辐散有利于上升运动的维持和发展,进而在江淮地区形成持续性极端降水。在图 2.28 中,除了典型的 EAP 遥相关模态,从 day−4 起,沿着西风急流轴,同时分布着一支较弱的"−+−"波列,这支波列通常被称为 SR 波列或西亚-日本波列(Enomoto et al.,2003)。Iwao 和 Takahashi (2008)的研究表明,欧洲地区附近的阻塞高压可以同时激发两只向东传播的波列,一支沿着极锋急流,另一支向东南方向传播。这与图 2.30 中表现出的特点非常相似,通过波通量的传播路径可以看出,乌拉尔山以西的高值系统似乎充当了波源,其向东南方向频散的能量促成了沿着中纬度西风急流带传播的扰动的形成,并对 EAP 模态在东亚中纬度地区的中心起到了增强作用。特别是事件开始前 1 日到事件持续时,沿着西风急流带传播的波通量十分明显,且到事

件的后期(day 2),上游的波通量明显减弱甚至消失,而波通量在东亚中纬度地区出现了明显的汇合,直接促成了对流层高层的 EAP 模态中纬度中心的强烈发展。对流层高层,东亚地区与 EAP 遥相关相联系的波通量在中高纬度似乎是向南传播的,而非低层的由低纬度向北传播,这样的现象与吴捷等(2013)和 Kosaka 和 Nakamura(2006)的研究得到的结论较为类似,这也是 EAP 遥相关发展趋于成熟的标志。以上分析说明高层 EAP 波列的准正压结构的形成与中低层的典型结构的形成在机理上有很大不同,很有可能受到了不同波列的调制作用,这一点将在下文中进一步展开分析。

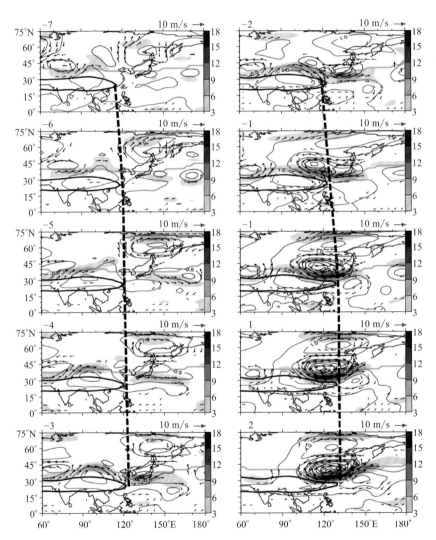

图 2.28　合成的 200 hPa 风场距平(矢量,m/s),纬向风速度距平(阴影,m/s),标准化高度距平(等值线,蓝色表示负距平,红色表示正距平,间隔 0.5 个标准差),以及南亚高压特征等值线(黑色等值线,12520 gpm)(只有在置信度为 95%水平上的显著的风场及纬向风速距平显示在图;每个经度上纬向风的最大值连线组成急流轴,即粗绿色实线。粗虚线用来描述南亚高压特征线(12520 gpm)的传播方向)

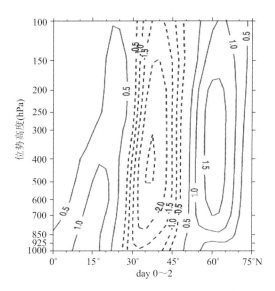

图 2.29　典型湿 EAP 事件发生时(day 0～2)标准化位势高度沿 120°E 纬度-高度剖面图

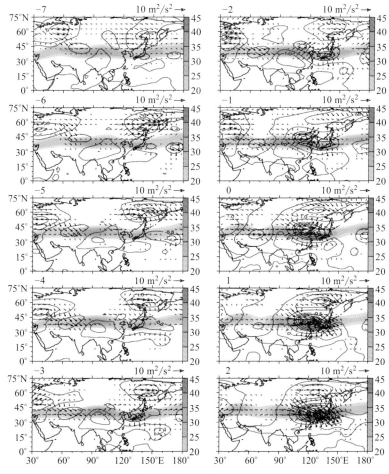

图 2.30　合成的 200 hPa 纬向风速度(阴影,m/s),标准化高度距平(等值线,蓝色表示负距平,红色表示正距平,间隔 0.5 个标准差),波通量(矢量,m²/s²)

2.3.1.2 典型干、湿 EAP 遥相关的影响差异对比

上述分析细致地描述了典型湿 EAP 事件高中低层的环流演变特征,波动活动异常,水汽的辐合机理以及上升运动的触发机制。一个值得继续讨论的问题是,是否出现了典型 EAP 遥相关模态就一定能在江淮地区引发持续性极端降水?对这个问题的回答将有助于更加清楚地认识 EAP 遥相关对江淮地区持续性极端降水发生的触发机理,并能确定各个系统之间的有利组合形势,从而为预报员提供更加清晰准确的时效为 1 周左右的前期预报信号。为了达到这个目的,将选取另外的典型个例进行对比分析。第 1 章中给出了典型"干 EAP 事件"的定义,在 1961—2010 年共识别出 11 例典型的"干 EAP 事件",如表 1.5(第 1 章)所示。

总体来说,干 EAP 事件的环流模态与湿 EAP 事件的环流模态基本一致,同样表现为副高西伸,中纬度梅雨槽加深,高纬度存在阻塞高压。通过对比发现,二者最显著的差异在于副热带高压的南北位置和鄂霍次克海阻塞高压的强度(图 2.31a)。具体来讲,尽管在干 EAP 典型事件中,副热带高压也伸展到 120°E 以西,但其位置相较于湿事件中显著偏南,其脊线大致位于 15°N 左右。因西太平洋异常反气旋是持续性极端降水的主要水汽输送者,这也就造成暖湿空气很难被输送到江淮地区,造成该地区的降水较其气候态显著偏少(图 2.31b)。在干 EAP 事件中,高纬度的鄂霍次克海阻塞高压显著偏弱(图 2.31a 中的阴影)。在干 EAP 事件形成前期,由于上游乌拉尔山附近的高值系统的缺失(图 2.32 中 60°E 以西绿色网格线),纬向的波通量传播非常弱也并未表现出如典型湿事件时期的高度有组织性的特征。鄂霍次克阻塞高压也就相应地发展得非常缓慢,到事件前 1 日(day−1),当与 EAP 模态有关的向极频散的能量传播到高纬度时,该阻塞高压才正式建立起来。该阻塞高压较弱的原因也可能与上游的瞬变扰动活动较弱有关(Nakamura and Fukamachi,2004)。值得关注的是,在 EAP 遥相关维持期间(day 0 到 day 2),干事件和湿事件中上游的乌拉尔山地区附近的环流场并没有显著的差异,鄂霍次克阻塞高压的强度也相差不大(图 2.32,day 0~2)。这种现象说明,上游乌拉尔山地区附近的高值系统对鄂霍次克海阻塞高压早期的发展起到至关重要的作用,而与 EAP 模态相关的能量的经向频散才是鄂霍次克海阻塞高压正式形成和维持的主导条件。另一个显著的差别在于在干事件中,事件开始前,副热带高压的西移非常缓慢,到事件开始前 1 日其西界才伸展到 120°E 左右。副高的这种差异在对流层低层表现得更加明显。实际上,在干事件开始前一周左右,在南海北侧有一个异常的气旋维持强度逐渐减弱,向菲律宾东侧和东北侧输送大量的水汽,至 day−3 这个异常的气旋才减弱至消失。这个异常气旋的存在一方面直接阻碍了东侧反气旋的向西移动;另一方面,其输送的水汽在菲律宾以东形成辐合,导致凝结潜热释放增多,利于激发出 EAP 遥相关的负位相,这种负位相的经向"气旋-反气旋-气旋"三极子结构在早期的低层风场异常中表现得非常明显(图 2.33,day−8 到 day−6)。在高纬度地区存在一个异常的气旋,这样的气旋同样也会阻碍鄂霍次克阻塞高压的早期发展,这也是干事件和湿事件东亚阻塞高压发生显著差异的重要原因之一。低纬度的异常气旋减弱消失后,被异常反气旋所取代,但这个异常反气旋相较于典型湿事件中要弱得多并且位置上明显偏南。这就导致了丰沛的水汽主要被输送到华南到日本南部一带。因此,在典型干 EAP 事件中,尽管中纬度的低值系统依旧能够将干/冷空气引导至江淮地区北侧,由于副高南移造成的水汽缺失使得水汽难以在江淮地区辐合,这导致了暖/湿层明显位于离江淮地区较远的南侧(图 2.34)。而且,高度有组织化的加强的南风分量在干事件形成前也没有出现。以上的结果造成相当位温的梯度并没有逐渐增强(对比图 2.34 的 day 0~2 和其他日数),持续性极端降水所必需的

准静止锋并未能够在江淮地区附近形成。同时,在高层也未能发现明显东伸的南亚高压(图略)。最终导致在典型湿事件中出现的暖湿空气沿着向北倾斜的准静止锋强烈上升并未在典型干事件中出现。基于以上分析,有理由得出结论:副热带高压的南北位置是 EAP 遥相关型触发和维持江淮地区持续性极端降水的决定性因子。

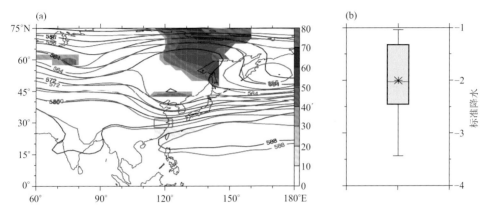

图 2.31　典型干 EAP 事件的环流合成(a)和降水分布(b)(黑色等值线为如图 2.25 中所示的湿 EAP 事件的位势高度场合成,蓝色等值线为干 EAP 事件的位势高度场合成(等值线间隔为 4 dagpm);二者的差值(湿事件-干事件)的显著(通过 $\alpha=0.05$ 的显著性检验)异常用阴影(单位:gpm)表示

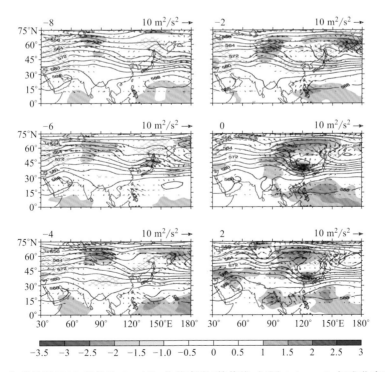

图 2.32　合成的干 EAP 事件的 500 hPa 位势高度(等值线,间隔 4 dagpm);标准化高度场距平(阴影,间隔 0.5 个标准差;箭头表示按照 Takaya 和 Nakamura(2001)的推导计算的波活动通量(单位:m^2/s^2)。绿色交叉线区域表示干湿事件的差异(湿事件－干事件)通过了 $\alpha=0.05$ 的显著性检验)

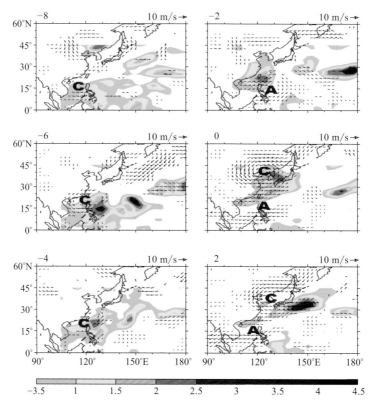

图 2.33　合成的典型干 EAP 事件中 850 hPa 风场距平（矢量，m/s）和标准化水汽
通量异常强度（阴影，间隔 0.5 个标准差）（只有在置信度为 95％水平上的
显著的风场显示在图；字母 A 和 C 分别用来标记异常气旋和反气旋的位置）

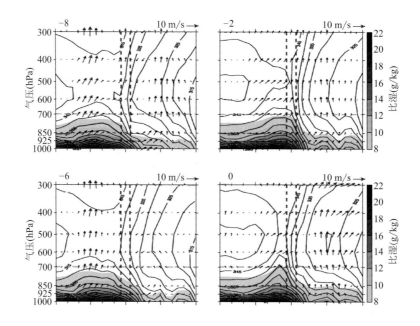

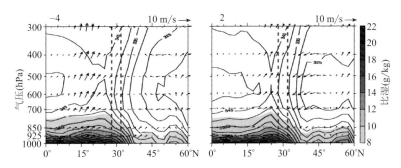

图 2.34　典型干 EAP 事件中,沿 120°E 的合成的相当位温(等值线,间隔 5 K),
相对湿度(阴影,间隔 2 g/kg),以及风场(v 分量 m/s 和 ω 分量,-0.01 Pa/s)。竖直红色虚线
标示江淮区域。绿色虚线标示 700 hPa 等压面,相当位温的 355 K 特征等值线用红色粗实线突出

在干事件中,由于水汽输送的位置和辐合位置偏南,主要位于华南南部到日本南部一带,因此干 EAP 事件非常有可能在这一带造成持续性极端降水;而同时,中纬度加深的低槽将源源不断的冷空气引导至江淮地区,将会在该地区造成夏季持续性低温,形成短暂的"冷夏"天气,这样的同时发生的极端事件都可归因于干 EAP 模态,其更细致的形成机理并不在本节的主要讨论范围之内。

以上的各个关键系统的演变,包括其移动轨迹和强度变化,各关键系统的组合,和以波活动通量形式表现的波能量的频散特征总结在图 2.35 的概念图中。

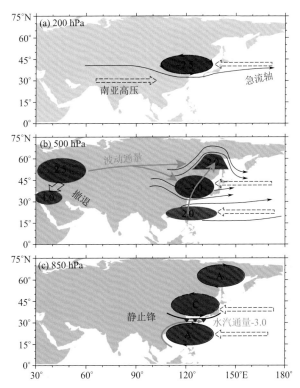

图 2.35　能够在江淮地区造成持续性极端降水的典型 EAP 遥相关型概念模型
虚箭头刻画各个关键系统的传播轨迹;红色代表正高度场距平(单位:gpm),蓝色代表负距平,
其上面的数字表示标准化高度场距平强度;字母 A 和 C 分别代表异常反气旋和气旋

2.3.2　多遥相关相互作用对江淮地区持续性极端降水的影响

第 1 章中根据不同遥相关背景下江淮地区持续性极端降水的定义,分别识别出 8 例 EAP 遥相关独立影响江淮持续性极端降水事件(如表 1.6,第 1 章)和 13 例 EAP 遥相关、SR 遥相关和 EU 遥相关同时存在条件下的江淮地区持续性极端降水事件(如表 1.7,第 1 章)。本章要解决的关键科学问题是为何多遥相关同时存在的条件下,持续性极端降水会显著延长;各遥相关影响江淮地区极端降水的物理过程是怎样的。

在 EAP 遥相关单独影响下(图 2.36),从提前一周到事件开始时,高纬度上游地区并无明显的异常信号,流线以准水平状态为主,环流经向度很小。东亚阻塞高压早期发展缓慢,基本是在中国东北到日本一带中纬度地区原地发展,上游汇入的波能量非常微弱。从 day−6 到 day−2 的时段内,中纬度 30°—120°E 范围内也维持着平直的西风气流。中高纬度的平直流场并不利于上游的低值扰动向东南/南侵入江淮地区。EAP 遥相关的发展演变规律与前面的合成结果较为一致,主要表现为西移的特征。伴随着副热带高压的西移,逐渐在其北侧激发出同样向西移动的中纬度低值系统和高纬度的高值系统。而从 day−6 开始,地中海附近地区逐渐出现浅槽并缓慢向东发展,到事件开始时(day 0)该低值系统稳定在地中海东侧,与 EAP 遥相

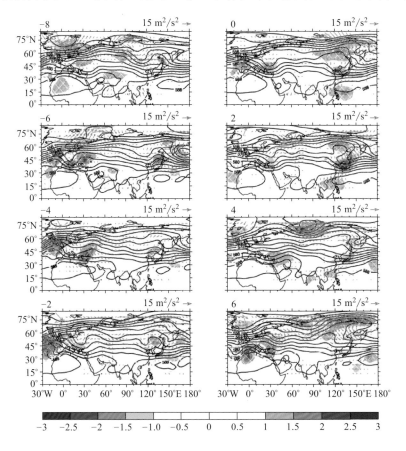

图 2.36　EAP 遥相关单独作用下的江淮持续性极端降水事件对应的 500 hPa
标准化高度距平(阴影),位势高度场(等值线,单位:dagpm,间隔为 4),波活动通量
(矢量);通过了 $\alpha = 0.05$ 的显著性检验的异常用白色网格线突出表示

关的中纬度低值中心在中纬度构成了两边低,中间为一宽广的弱脊,该弱脊进一步抑制了上游的低值扰动向下游的传播。EAP 遥相关的三极子模态基本由西移的系统造成,上游的系统对该遥相关的影响可以忽略不计。随着事件的结束(day 4 到 day 6),副热带高压迅速减弱东撤,东亚中纬度低值系统随之消失,东亚地区的三极子模态消失。对流层高层(图 2.37),独立 EAP 遥相关事件的环流演变规律与 500 hPa 类似。可以清晰地看到高原上空在提前一周左右出现显著的负距平,使得南亚高压维持在偏西位置,这是早期 SR 正位相的一种体现(图 1.16,第 1 章,day−8 到 day−6)。该异常低值系统迅速减弱,东亚中纬度上游地区也无其他显著异常系统。对流层高层,事件开始之后的中高纬度的东南方向频散的波通量表征 EAP 遥相关已经发展到成熟位相(Kosaka and Nakamura,2006;吴捷 等,2013),这与前文的分析是一致的,表明 EAP 遥相关成熟位相的此种波通量的传播特征取决于其本身的动力学过程,与其他遥相关波列无关。在 EAP 遥相关单独作用下,对流层高层的南亚高压表现出缓慢东伸的迹象,在事件维持期间,其东界刚刚伸展到 120°E 附近。在事件开始日,南亚高压与急流轴之间的配合也未达到最有利条件。随着降水的发展和维持(day 2~4),南亚高压逐渐东伸至 120°E,急流核心区东移,使得江淮地区处于急流入口区南侧,这说明南亚高压和急流不仅为持续性极端降水提供辐散条件,其自身的移动和发展也可能受到降水释放的凝结潜热的影响(Ko-

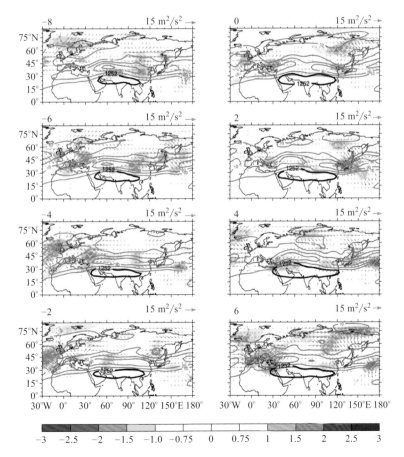

图 2.37　EAP 遥相关单独作用下的江淮持续性极端降水事件对应的 200 hPa 标准化高度
距平(阴影),U 风场(灰色等值线,单位:m/s,间隔为 10),波活动通量(矢量),南亚高压
特征线−1252 dagpm;通过了 α=0.05 的显著性检验的异常用白色网格线突出表示

dama，1999；Lu and Lin，2009；Sun et al.，2010）。南亚高压的最东界出现在事件开始后第四日，伸展到 120°E 以东地区，事件结束后南亚高压逐渐西撤。单独 EAP 遥相关影响下，低层风场的异常发展特征与第 3、4 章的特征基本一致，表现为低纬度异常反气旋和中纬度气旋相伴随向西移动（图 2.38），导致江淮地区南侧的水汽逐渐积累，水汽输送强度超过正常值 2 个标准差以上，在风场和水汽的配合下，江淮地区逐渐形成了准静止锋（相当位温梯度迅速加大），持续性极端降水发生。在 day 4 时，低纬度异常反气旋及其北侧的异常气旋的强度明显减弱，这造成了虽然水汽输送依旧维持，但北方并无相应的干冷空气配合，相当位温的梯度迅速变小，准静止锋消散，持续性极端降水过程结束。

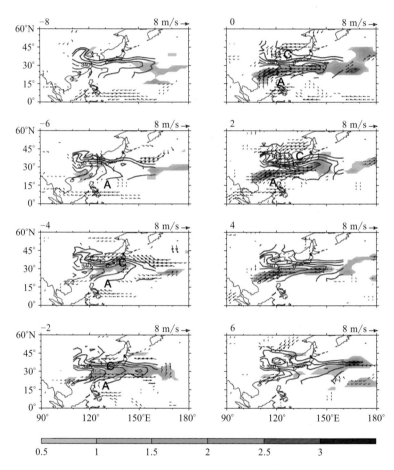

图 2.38　EAP 遥相关单独作用下的风场异常（矢量），相当位温（等值线，单位：K），
标准化水汽通量异常强度（阴影）；仅通过显著性检验的风场异常显示
出来；字母 A 和 C 分别表示异常反气旋和异常气旋的中心

　　EAP 遥相关单独作用的个例和典型干 EAP 事件中，上游乌拉尔山地区附近均没有明显的脊，但 EAP 遥相关单独作用的个例中副高位置却明显偏北能够引起持续性极端降水。这说明副热带高压的南北位置并不决定于上游乌拉尔山脊和 EU 遥相关存在与否。在这些单独作用个例中，基本没有 SR 遥相关和 EU 遥相关的影响，但 EAP 遥相关的三极模态依旧能够发展形成。因此 SR 和 EU 并不能决定 EAP 能否形成（Kosaka and Nakamura，2006）。

　　三支波列同时存在的情况下,与 EAP 遥相关单独作用的情况明显不同(图 2.39)。早期,上游乌拉尔山以西地区存在明显的脊,在脊的西侧不断有能量向下游频散,极大地促进了东亚阻塞高压的早期发展,在同一时刻,多波列同时存在条件下东亚阻塞高压要远远强于独立 EAP 遥相关事件。乌拉尔山脊在 day−2 时达到峰值,之后逐渐减弱。高纬度两个脊的存在使得高纬度地区的环流经向性加大。东亚沿岸地区,关键系统也是以西移为主,副热带高压西界在 day−4 时已经伸展到 120°E 以西,引起的非绝热加热异常作为波源(波通量散度为正,粉色点)向极频散能量。至 day−2 时,已在东亚中纬度地区激发出显著的异常低值系统,并继续向高纬度频散能量,导致东亚阻塞高压的进一步发展。此时,随高层 SR 波列的发展,500 hPa 中纬度地区亦由前几日较为平直的西风气流发展为短波槽-脊交替分布。到事件发生日(day 0),中纬度的波动特征更为明显,向极传播的波通量变强,使得东亚地区中高纬度的系统进一步发展,此类事件中 EAP 遥相关的各个关键系统均比独立 EAP 遥相关事件中更强。强三极子模态维持了 5 d 以上,至第六日副高强度逐渐减弱并向东撤退。在 200 hPa 上(图 2.40),乌拉尔山以西的脊的作用更为明显,其作为上游的波源,一方面向东频散能量,一方面向东南方向频散能量,这种特征在 day−4 时最为明显,东南向频散的能量在高原北侧和印度北侧分别激发出正距平和负距平(day−2),组成 SR 的负位相,并在事件开始后达到峰值,伴随着明显的

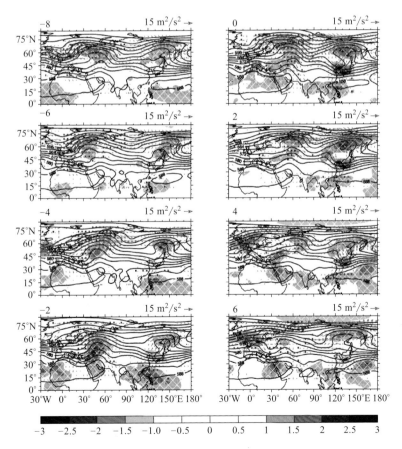

图 2.39　三支遥相关共同作用下的对应的 500 hPa 标准化高度距平(阴影),位势高度场(等值线,单位:dagpm,间隔为 4),波活动通量(矢量);通过了 $\alpha=0.05$ 的显著性检验的异常用白色网格线突出表示;波通量辐散区,即波源区,用粉色点表示

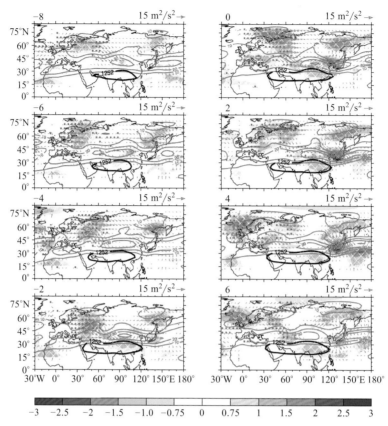

图 2.40　三支遥相关共同作用下的江淮持续性极端降水事件对应的
200 hPa 标准化高度距平(阴影),U 风场(灰色等值线,单位:m/s,间隔为 10),
波活动通量(矢量),南亚高压特征线—1252 dagpm;通过了 $\alpha = 0.05$ 的显著
性检验的异常用白色网格线突出表示;波通量辐散区,即波源区,用粉色点表示

波通量沿西风急流传播(day 0~2)。在经度-时间剖面图上(图 2.41),SR 更为明显,其以准静止波的形式存在,相速度大致为 1°E/d,这与上一章低频分析中的快速东传的波动显著不同。各个中心存在明显的事件上的超前-滞后关系,各正负中心可连成一条直线,且各中心在波能量到达后均出现了明显增强现象。如 70°—90°E 的正距平,在 day−10 已经存在,当上游波能量传播到该位置,该异常出现明显增强,其他异常中心亦出现相似情况,这验证了各个系统之间通过波能量频散形成的动力学联系(Sato and Takahashi,2006)。由 SR 波列负位相的发展在高原北侧引发的正距平也有利于引导南亚高压的东伸,南亚高压在 day 0 时达到最东侧,东伸到 130°E 附近。而高原北侧的正距平在独立 EAP 遥相关事件中并没有出现,相反,该地区为负距平(图 2.37),说明该正距平与 SR 的存在密切相关。对比 850 hPa 的风场异常和水汽输送异常(图 2.42 和图 2.38),可以发现多遥相关型同时存在个例中,在事件开始后 4 d 时,江淮地区附近的相当位温的梯度要明显强于独立事件中的梯度,这说明准静止锋在多遥相关同时存在时,维持时间显著延长,这主要是由于异常反气旋和异常气旋的强度在多遥相关同时存在的事件中更强,维持时间更长,最终导致强降水持续时间明显延长。

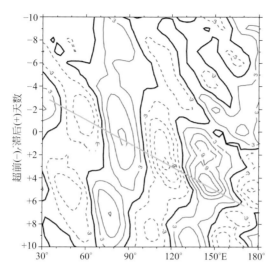

图 2.41　三支遥相关同时存在条件下，200 hPa V 分量（单位：m/s）异常的经度-时间剖面（35°—45°N）；
正距平用红色实线，负距平用蓝色虚线；绿色粗实线连接各个异常中心

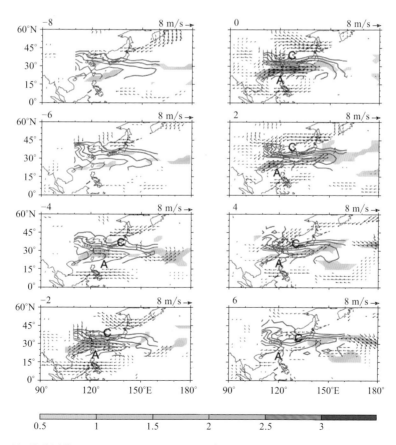

图 2.42　三支遥相关共同作用下的风场异常（矢量），相当位温（等值线，单位：K），标准化水汽通量异常强度
（阴影）；仅通过显著性检验的风场异常显示出来；字母 A 和 C 分别表示异常反气旋和异常气旋的中心

通过前文的对比发现,EU 存在的主要作用是促进东亚阻塞高压的早期发展以及维持高纬度地区的经向环流形势。经向环流维持有利于上游地区短波槽频繁向东亚地区移动(图 2.43a),移动到 110°E 附近时,由于东亚强盛阻塞高压的阻挡,这些短波槽将被向南引导至东亚中纬度地区,汇入中纬度西移的低值系统中。这种上游低值系统的汇入效应在图 2.39(day−2 到 day 0)中表现得非常明显,上游流线以西北—东南向的深槽的形式伸展到中国东北—日本一带,并在事件后期逐渐演变为切断低压形式,相对应的阻塞高压也发展为具有闭合中心的强高值系统。这与独立 EAP 遥相关的情形明显不同,在独立 EAP 遥相关形成时,中纬度上游的低值系统则表现为一个浅槽,事件维持阶段主要以东侧西移的系统汇入为主,因此中纬度低值系统位于阻塞高压的东南侧,并呈现出东北—西南向,其强度明显弱于多遥相关同时存在条件下的中纬度系统。此外,由于上游乌拉尔山附近的阻塞高压的存在,在事件形成并维持阶段,上游地区出现明显的东南方向的能量频散,与低纬度来自菲律宾附近的向极能量频散辐合,造成中纬度低值系统的强烈发展和并维持时间更长。

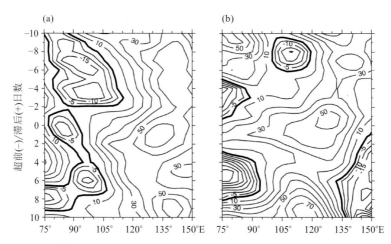

图 2.43　500 hPa 高度距平(单位:gpm)的经度-时间剖面(47.5°—65°N);正距平用红色实线,
负距平用蓝色实线;(a)为三支波列共同作用情况;(b)为 EAP 单独作用情况

SR 波列的主要作用是在高原以北触发正距平,并进一步加强东亚中纬度的异常气旋。其对副高的异常似乎也没有直接影响。对 SR 波列的讨论一般局限在对流层高层(200 hPa 或 250 hPa,Enomoto et al.,2003)。实际上,该波列在对流层中层(500 hPa)亦有所体现,如图 2.44 所示,在 day−4 开始,从 0°—30°E 地区逐渐向下游地区频散能量,沿着急流轴激发新的扰动或加强原有扰动。自 day−2 开始,SR 波列在 90°—110°E、35°—45°N 区域触发了显著的正高度距平,该正距平区域位于副热带高压的西北侧,在流线场上以弱脊形成存在(图 2.39,day−2),该区域的正变高(压)利于与东亚低纬度的正距平向西北方向移动,因此正距平呈现出明显的西北—东南走向。SR 以准静止波的形式维持,该区域的显著正距平也维持到事件开始一周后才逐渐减弱。这也正是多遥相关波列共同作用下副热带高压在南海北侧维持时间较长的重要原因之一。同样地,SR 正位相在青藏高原北侧地区激发出的异常气旋有利于南海地区异常气旋的维持并向西移动,使得 EAP 负位相得以长久维持,迟迟不能向正位相转化,这正是干 EAP 事件中副高西伸缓慢的原因。东亚地区 120°—150°E 的低值系统的形成机理更为复杂,该异常系统的中心与上游的各个系统的中心在时间上的超前-滞后关系并不完全吻合 SR 波列的传播,因东侧西移的系统亦对该低值系统的形成有重要影响。但显然,由于 SR 遥相关的存在,无论是对流层中层还是高层,东亚中纬度的低值系统均表现出形成早,事件维持阶段强度强,并且维持时间长(至 day 6)。

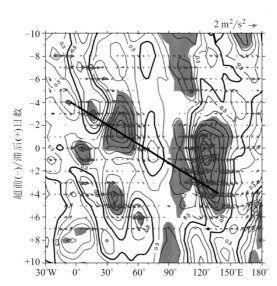

图 2.44　三支遥相关共同作用下的 500 hPa 标准化高度距平(等值线)和波作用通量(绿色矢量)
的经度-时间剖面(35°—45°N);正距平用红色实线,负距平用蓝色实线,
0 线黑色加粗,阴影表征通过了 $\alpha = 0.05$ 的显著性检验的距平

　　从能量学角度而言,在三支遥相关同时存在时,乌拉尔山附近的脊偏北部分可以从极锋急流中提取平均有效位能进而转化为其扰动有效位能(图 2.45,阴影,正负值之和净值为正),进一步促进与 SR 联系的下游扰动的形成和加强。下游东亚地区的扰动一旦形成,亦可以从基本气流中提取平均有效位能使得扰动得以维持。而乌拉尔山脊偏南部分从副热带西风急流中提取平均有效位能转为其扰动有效位能,进一步激发东南方向频散的波通量,在下游引起 SR 的扰动。在 60°E 附近的扰动将持续从急流出口区北侧提取基本气流的动能转化为扰动动能,而该地区恰恰是 SR 的源地(图 2.40、图 2.41),因此下游的扰动得以依次出现。而正是由于上游不断有能量的频散,不断激发东亚中纬度地区的扰动,该扰动出现后将从西风急流中提取平均动能和平均有效位能,二者均能促进其维持。对比多遥相关事件和 EAP 独立事件,事件维持时(day 0~2),东亚中纬度异常气旋的维持机制在两种事件中是相似的,这也说明了 EAP 的形成并不是由其他两支遥相关波列决定的。到了事件后期(day 4),独立事件中由于上游没有能量的持续频散,东亚中高纬度地区扰动的能量将转向维持持续性极端降水所需要的有效位能,扰动本身迅速减弱至消失;而多遥相关事件中,由于 60°E 附近扰动对下游扰动的激发作用,东亚中纬度地区依然有扰动形成,并继续从基本气流中获得能量使其自身维持,这也就意味着 SR 的存在有利于 EAP 的维持。从扩展的 E-P 通量(Hoskins et al.,1983)的特征看,60°E 附近的 E-P 通量以向南指向的径向矢量为主,表明该地区主要是由于急流轴北侧基本气流随纬度递减与扰动之间的相互作用造成的正压动能的转化。类似地,在东亚中纬度地区,急流轴南侧的 E-P 通量指向北,急流轴北侧的 E-P 通量指向南,二者与基本气流的径向梯度相配合,造成该区域的正压能量转化

在急流轴两侧均为正,并且正值中心与斜压能量转化的正值中心在位置上重叠,利于该地区异常气旋的维持,这种有利条件可以持续到 day 6。而由于中纬度异常气旋基本上为正东—西向系统,造成 E-P 通量的纬向分量为指向西侧,而此处恰位于基本气流的急流出口区,因此 $(v'^2-u'^2)\dfrac{\partial u}{\partial x}>0$,亦有利于基本气流的动能向扰动动能转化。概括而言,从能量学的角度解释三支遥相关波列的相互作用过程为,EU 有利于 SR 波列的形成和维持,EU 和 SR 进一步在东亚地区激发了中高纬度扰动,持续不断地被激发出来的扰动将从平均基本气流中获得能量使得 EAP 型强度更强、维持时间更长。

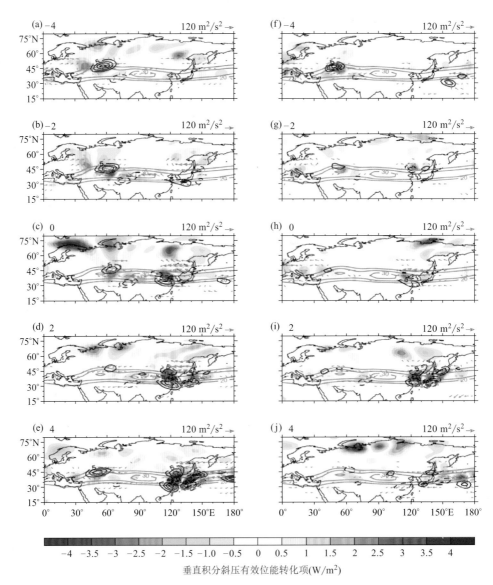

图 2.45　三支遥相关同时作用(左列)和 EAP 单独作用下(右列)的整层积分的正压动能转化项(黑色等值线,实线为正值,虚线为负值),整层积分的斜压有效位能转化项(阴影),扩展的 E-P 通量(矢量,Hoskins et al.,1983),气候平均状态下的纬向风分量(基本气流,灰色等值线,单位:m/s)

表 2.2 给出不同遥相关之间的超前-滞后相关系数。为了尽量保证相关分析中的样本数，同时保证分析时段集中在事件发生前后，序列构建时选取事件开始日前 15 日以及事件开始之后 15 日，共 31 日。可以清楚地看出，EU 的发展显著领先于 EAP 和 SR，超前相关系数的最大值出现在 day−6。而在事件同期，EU 对 EAP 并无直接的显著影响。EU 波列对 SR 波列的影响似乎更持久，可以维持到事件开始日。这从机理上理解为早期 EU 遥相关西中心（脊）作为波源，一方面向东频散波能量，促进 EAP 的中纬度阻塞高压的发展；一方面向东南方向频散波能量促进 SR 的扰动的出现。以往的研究同样表明，除了地中海东侧的对流活动异常的激发作用，EU 的上游的脊同样可以激发 SR(Kosaka et al.，2012；Hong and Ren，2013；Iwao and Takahashi，2008)。在 EU 共同影响下，SR 和 EAP 基本是同时发展的，这在图 1.16（第 1 章）中亦有所体现。若将遥相关与降水直接联系起来，发现 EU 并不直接作用于降水，EAP 和 SR 均能促进江淮地区降水显著增强。但偏相关分析表明（表 2.3），去除 SR 的影响后，EAP 依旧能够显著贡献于江淮地区的强降水的发生，相关系数仅表现为略有减小；但如果去除了 EAP 的影响，SR 与降水的关系则会显著变弱，且不能通过显著性检验。这说明 EAP 才是导致江淮地区持续性极端降水的决定性因素。其他两支遥相关则需要通过影响 EAP 型进而间接影响江淮地区的持续性极端降水。这也验证了本章开始阶段个例划分时，分为 EAP 单独影响型和三遥相关共同影响型的合理性。

表 2.2　各遥相关指数超前(负值)/滞后(正值)相关系数

	−7	−6	−5	−4	−3	−2	−1	0	1	2	3	4	5	6	7
EU/EAP	0.82	0.85	0.83	0.76	0.66	0.55	0.42	0.28	0.07	−0.09	−0.23	−0.34	−0.45	−0.54	−0.60
EU/SR	−0.84	−0.88	−0.86	−0.82	−0.74	−0.64	−0.54	−0.43	−0.29	−0.17	−0.03	0.12	0.30	0.46	0.60
SR/EAP	0.51	0.27	−0.01	−0.28	−0.50	−0.67	−0.78	−0.85	−0.86	−0.79	−0.66	−0.46	−0.20	0.08	0.38

注：灰色表示通过显著性检验的相关系数。

表 2.3　各遥相关指数与降水指数的相关系数，最后两列分别表示 EAP、SR 与降水去除彼此的偏相关系数

PRECIP	EAP	SR	EU	EAP-SR	SR-EAP
	0.83 *	−0.71 *	−0.19	0.61 *	−0.01

注：* 表示通过显著性检验的相关系数。

2.4　本章小结

持续性极端降水因其持续时间长，影响范围广，强度大而具有高致灾性，对持续性极端降水的机理和预报研究是当前国际大气科学领域的热点和前沿问题之一。若能将预报时效延展到有决策意义的 1～2 周，将为政府的科学决策提供有力的科学支撑并提升当地民众的防灾减灾能力，同时这也是当前国际大气科学界"无缝隙预报"的努力目标之一。因此，开展持续性极端降水的机理研究并探索其时效为 1～2 周的显著前兆信号具有重要的科学意义和较高的应用价值。

本章在月内尺度上(sub-monthly)，以阻塞高压和大气遥相关作为切入点，依据阻塞高压

形态的不同,对江淮地区持续性暴雨的环流进行了客观分型,并分析了各关键系统提前 $1\sim2$ 周的演变发展规律及系统之间的典型配置。同时也分析了夏季东亚地区的主要遥相关模态,即 EAP、SR 和 EU 对江淮地区的持续性极端降水的触发机理。追踪各遥相关在持续性极端降水开始前 $1\sim2$ 周的关键系统的移动路径和发展规律。后续的工作剥离了不同遥相关对持续性极端降水的不同影响,更加细致地讨论了各个遥相关之间的相互作用过程及其对强降水的持续时长和强度的影响。加深了对遥相关影响江淮持续性极端降水的机理认识,也为提高模式对持续性极端降水过程的模拟和预报能力奠定了理论基础。

第 3 章　华南夏季持续性
强降水天气系统结构配置

3.1　概述

　　江淮地区和华南地区是中国受持续性强降水影响最显著的两个区域,以温度高、湿度大、雨量大为主要特征。前者主要出现在 6 月中旬至 7 月中旬的江淮梅雨期间(Chen,2004;丁一汇 等,2007),后者持续时间长,按其降雨量的分布特征和降雨的性质,通常分为前汛期(4—6 月)和后汛期(7—9 月)。华南前汛期降水与大尺度西风带的锋面系统、低空急流、南支槽等的影响有关,后汛期以热带辐合带、热带气旋等热带天气系统的降水为主。关于华南地区降水的气候学研究,大多集中在华南地区的降水总量、频次、雨日、降水强度,以及旱涝变化上(罗艳艳 等,2015)。在全球变暖的背景下,极端事件频发 (Roy and Balling, 2004;Zolina et al., 2010),降水的时空分布发生了明显变化。研究表明中国近 50 年来年总降水量虽然没有明显的极端化倾向(翟盘茂和潘晓华,2003),但降水日数越来越少,平均降水强度越来越大。一些学者也指出,近 50 多年来华南地区极端降水事件趋于频繁(何编和孔照渤,2010)。华南地区年降水量在 1992 年经历了一次由减少趋势到增加趋势的突变,近 40 年华南夏季(6—8 月)降水量的增加主要是由极端降水量的增加引起,降水日数的减少主要是由小雨日数的减少造成,华南地区 4—10 月的极端持续性强降水有 76.5% 发生在夏季(Wu et al.,2016)。相比于对降水量、降水发生频率、降水强度等的认识,对华南夏季降水的分布是集中还是分散的认识还不清楚。

　　在华南持续性强降水的成因研究方面,有很多前汛期暴雨的典型个例分析成果。研究表明,华南前汛期持续性强降水与欧亚中高纬地区的环流形势(王东海 等,2011)、西太平洋副热带高压(鲍名,2008)、南亚高压、高空急流和低空急流以及与南半球冷空气活动均有紧密联系;持续性强降水过程与热带季节内振荡向北传播到华南有关;地形对华南持续性强降水也有一定影响(何珏 等,2013)。一些研究进一步认识到,华南持续性强降水是多尺度天气系统相互作用的结果,是在有利的大尺度环流背景下,由多个中小尺度系统不断产生、加强并持续影响造成(倪允琪 等,2006)。对于持续性的高影响天气,即使是极具经验的预报员利用最先进的数值模式的输出结果,也很难做出较为准确的预报(Root et al.,2007)。认识造成持续性高影响天气的环流型则可以在一定程度上弥补模式预报的不足,为预报员提供相关的预报依据。基于此,近年来一些学者开始关注华南持续性强降水过程的分型研究。广东省前汛期连续暴雨过程的两种类型,认为 500 hPa 高度场上中高纬地区维持稳定的“西阻”和“东阻”形势、低纬地区维持稳定的东高西低形势,有利于出现连续性暴雨过程。林爱兰等(2013)进一步分析指出广东前汛期持续性强降水不仅存在过去所认识的“三槽两脊”和“两脊一槽”的天气形势,还存在一种“高纬阻塞−中纬平缓型”的天气形势。胡亮等(2007)分析了华南持续性强降水过程发生时的水汽条件、不稳定能量和抬升条件,结合爆发时间,将持续性强降水大致分成 3 类:其中 3 月中旬至 5 月上旬和 5 月中旬至 7 月中旬的两类均以西南低空急流作为对流系统上升的机制,7 月下旬至 10 月上旬的一类属于热带气旋(TC)型,无西南低空急流。鲍名(2007)将我国持续性强降水大致分为渤海辽西型、北方经向型、南方锋面型和华南低压型,其中南方锋面型中的华南锋面型主要发生在前汛期的 5—6 月,华南低压型主要发生在后汛期(7—9 月),主要由 TC 在华南登陆后造成。刘蕾等(2014)发现初夏华南持续性强降水在不同频发阶段具有不同的大尺度环流特征。这些研究成果对提高华南持续性强降水成因的科学认识很有意义,但也存在一些不足。如持续性强降水的分型很少采用客观方法系统性地进行总结,带有一定的人为主观性;研究更多的关注于华南前汛期持续性强降水过程,对于后汛期的持续性强降水过程笼统的归纳为 TC 型,与实际情况不完全相符;大多数研究主要偏重于某一等压面的大尺度环流背景分析,没有形成完整的高、中、低层天气系统配置模型。而恰恰是不同层次,各个系统的组合性异常才使得持续性强降水的发生概率较小并且具有高致灾性(Müller et al.,2009)。

以往的研究还发现,大气遥相关型造成的长时间的环流异常可以触发持续性极端天气(Hurrell,1995;Hurrell and Loon,1997;Archambault et al.,2008)。夏季的遥相关型的研究始于 Huang(1987),他们发现了菲律宾以东洋面到北美的遥相关波列,提出了太平洋-日本遥相关型(Pacific-Japan Pattern,P-J)和东亚-太平洋遥相关型(EAP),都指出了东亚气候和西北太平洋气候之间的联系是通过遥相关建立的,同时该遥相关型的形成与西太平洋及菲律宾附近的对流加热异常有关。Lau(1992)与 Lau 和 Weng(2003)的研究证明了北半球夏季存在这一遥相关型,并指出该遥相关型对东亚地区影响最为显著。EAP 型遥相关往往反映 3 个关键环流系统的变化,即鄂霍次克海高压系统(OK 系统)、梅雨槽系统(EA 系统)、西太平洋副热带高压系统(WP 系统)。中国夏季江淮流域降水异常通常与 500 hPa 上东亚地区出现的这 3 个位势高度异常场密切相关。在以往的 EAP 遥相关的研究中,主要是基于月尺度及以上尺度来研究的。对于天气尺度的 EAP 型的研究甚少,基于天气尺度的 EAP 型来研究华南持续性降水的更少。Chen 和 Zhai(2015)统计了 EAP 型发生时江淮地区出现持续性极端降水的个例,并且基于 EAP 型的正负位相建立了江淮地区持续性极端降水发生的概念模型。然而,该研究仅仅对长江中下游地区和 EAP 型之间的关系进行了研究,没有对中国其他地区的降水与EAP 之间的关系进行讨论。

鉴于持续性降水和非持续性降水均能从不同侧面反映降水的特性,它们是降水性质变化和极端事件研究的一部分内容,本章首先研究了华南汛期(4—9 月)、前汛期和后汛期持续性和非持续性降水的变化,并对其中发生突变的前汛期非持续性降水量变化的可能原因进行初步分析;其次参考信息熵的概念建立降水集中度指数(Q 指数),以此来表征不同时间段、不同地区降水集中程度的特征,分析华南夏季降水的集中度变化及降水持续性特征;再利用客观分型方法对华南夏季非台风型持续性强降水过程进行分型,分析不同类型持续性强降水过程的环流特征及其高、中、低层天气系统配置,给出相应的概念模型;最后分析了 EAP 遥相关与华南持续性降水的关系,揭示了 EAP 对华南持续性降水的影响,并且从热带对流活动的角度对华南型 EAP 事件发生的背景进行分析。

3.2　华南汛期持续性和非持续性降水的变化

3.2.1　气候特征和年际变化特征

3.2.1.1　气候特征

把华南地区总降水分解为持续性降水(PP)和非持续性降水(NPP)两种类型。定义当某站连续 3 d 或 3 d 以上日降水量≥0.1 mm 时为一次持续性降水过程,若只出现 1 d 或连续 2 d 出现日降水量≥0.1 mm,则定义为一次非持续性降水过程。据此统计华南汛期(4—9 月)持续性降水和非持续性降水的气候特征。

统计结果表明,华南区域(广东省、广西区、海南省和福建省 26°N 以南的地区共 63 个国家气象观测站平均)各月均以持续性降水为主(图 3.1),持续性降水量占总降水量的贡献为 67%(12 月)~88.5%(6 月),其中前汛期持续性降水量占总降水量的 42.4%,而后汛期持续性降水量占总降水量的比重为 41.3%。

在很多季风区,降水量的年变化是单峰型分布(Zhou et al.,2008),而华南地区持续性降水量和非持续性降水量的年变化均为双峰型分布。但华南地区持续性降水量的主峰出现在 6 月,而非持续性降水量的主峰出现在 5 月,两类降水量的次峰均出现在 8 月。华南持续性降水量的年变化规律类似于 Bai 等(2007)的连阴雨的研究结论。

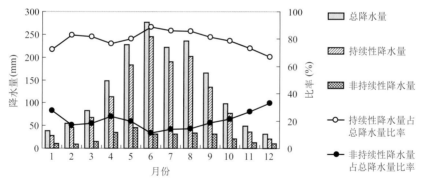

图 3.1　华南区域总降水量(TP)、持续性降水量(PP)和非持续性
降水量(NPP)的逐月变化及 PP、NPP 占 TP 比率的逐月变化

3.2.1.2　年际变化

小波分析不仅可以检测出降水变化中不同周期的局部特征,还能清楚地看出各周期随时间的变化,有助于详细了解降水的变化特征。对华南汛期两种类型降水量进行了 Morlet 小波分析。图 3.2 表明,汛期两种类型的降水量均以 2~5 a 的显著周期振荡为主,但是它们的变化并不同步。其中持续性降水量在 20 世纪 70 年代前、中期表现为准 2 a 的显著振荡,20 世纪 90 年代以后则为准 4 a 的显著振荡(图 3.2a)。而非持续性降水量从 20 世纪 60 年代中期至 70 年代中期是准 2 a 的显著振荡,90 年代之后为准 5 a 的显著振荡(图 3.2c),并伴随着 90 年代之后降水量的显著增加(图 3.2b)。华南前汛期和后汛期影响降水的系统不同,因此进一步对前汛期和后汛期两种类型降水量进行小波分析,了解两类降水的振荡有何不同(图略)。可以发

现,华南汛期持续性降水量和非持续性降水量的周期变化均更接近于前汛期的变化。说明华南
汛期这两类降水量的变化主要受年际尺度变化影响,特别是受前汛期降水量年际尺度变化的
影响。

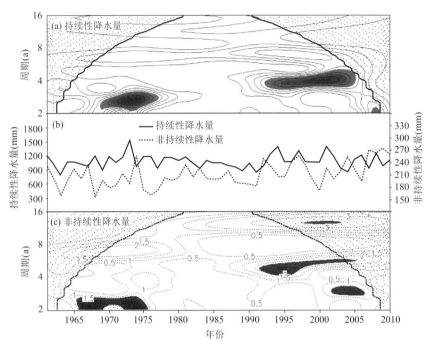

图 3.2　1961—2010 年(a)华南汛期持续性降水和(c)非持续降水的小波分析图和(b)持续性降水、
非持续性降水的逐年变化。小波分析图中等值线表示小波功率谱,阴影区表示通过了 $\alpha=0.05$ 的
显著性检验,点虚线区域表示边界效应影响区域

3.2.1.3　持续性和非持续性降水的变化趋势

1961—2010 年,华南汛期持续性降水量总体呈现弱的增加趋势,增加的速率为
5.4 mm/10 a(相当于 0.5%/10 a)。汛期非持续性降水量则呈现出显著的增加趋势,增加
的速率达到 9.4 mm/10 a(相当于 4.4%/10 a)。表 3.1 给出华南区域不同时段这两类降水
的变化趋势。

华南前汛期持续性降水量以每 10 a 减少 2.7 mm 的速率下降(相当于−0.5%/10 a),
然而前汛期非持续性降水量以每 10 a 增加 7.8 mm(相当于 6.9%/10 a)的速率在显著增
加。前、后汛期降水量在年际和年代际尺度上的变化并不相同(图 3.3、图 3.4)。其中前汛
期持续性降水量在 20 世纪 60 年代前期、80 年代中期至 21 世纪初基本处于降水量偏少的
阶段,这个时期包含了降水量明显偏少的 1963 年和 1995 年(最少值为 257.7 mm,出现在
1963 年),从 20 世纪 70 年代中期至 80 年代初和 21 世纪初中、后期为持续性降水量偏多阶
段,降水量特多的 1973 年和 2008 年都出现在此时期,其中 1973 年为峰值年,达到
766.4 mm。前汛期非持续性降水量从 20 世纪 60 年代初至 90 年代初进入较长时间的偏少
时期,之后转入偏多时期。

1961 年以来华南后汛期两种类型的降水量均为弱的增加趋势(表 3.1),其中后汛期持续
性降水量以 8.1 mm/10 a(大约 1.5%/10 a)的速率增加;后汛期非持续性降水量以 1.6 mm/

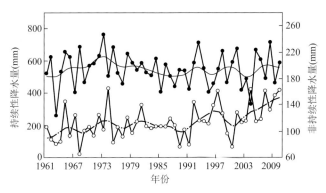

图 3.3　1961—2010 年华南前汛期持续性降水量(实心圆点实线)、
非持续性降水量(空心圆点实线)的变化细实线和粗虚线分别
代表持续性降水量和非持续性降水量的二项式 11 点滤波

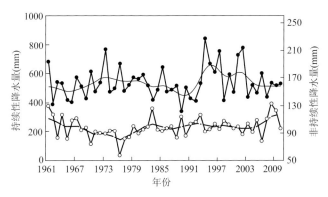

图 3.4　同图 3.3,但为后汛期的情况。

10 a(大约 1.6%/10 a)的速率增加。从 20 世纪 60 年代初至 70 年代初和 80 年代至 90 年代初持续性降水量处于相对偏少时期,期间 1989 年为最少的一年,仅 338.8 mm;从 20 世纪 70 年代中期至 80 年代前期和从 90 年代中期至 21 世纪初前期处于持续性降水量偏多的时期,期间的 1994 年为最多的年份,达到 844.7 mm。非持续性降水量在 20 世纪 60 年代前、中期和 80 年代之后处于偏多阶段,60 年代后期至 80 年代前期处于偏少阶段,期间 1976 年和 2008 年分别达到最少值和最多值。

表 3.1　华南汛期持续性和非持续性降水的变化趋势一览

	汛期(4—9 月)			前汛期(4—6 月)			后汛期(7—9 月)		
	TP	PP	NPP	TP	PP	NPP	TP	PP	NPP
降水量趋势:$b1$(mm/10 a)	14.8	5.4	<u>9.4</u>	5.1	−2.7	<u>7.8</u>	9.7	8.1	1.6
年平均降水量:$a1$(mm)	1296	1084	212	660	546	114	538	98	
降水百分率趋势:$b2$(%/10 a)	1.1	0.5	<u>4.4</u>	0.8	−0.5	<u>6.9</u>	1.2	1.5	1.6
相对于汛期降水量趋势:$b3$(%/10 a)		<u>−0.5</u>	<u>0.5</u>	−0.1	−0.6	<u>0.5</u>	0.1	0.1	0.0

注:$b2=b1/a1×100\%$。有下划线的数据表示变化趋势通过了 $\alpha=0.05$ 的显著性检验。

利用 M-K 方法和 T 检验方法检测发现,汛期和前汛期的非持续性降水量均在 1992 年前后发生突变,后汛期非持续性降水量和汛期各阶段(包括前汛期、后汛期、汛期)的持续性降水量均未发生突变。

1992 年之后华南汛期非持续性降水量的显著增加主要是由于华南前汛期非持续性降水量的显著增加。与此形成鲜明对比的是,华南汛期持续性降水量的弱增加主要是由于华南后汛期持续性降水量的缓慢增加所致。

华南各地两种类型降水量的变化趋势具有不同的空间分布特征。其中各地前汛期持续性降水量均没有显著的变化趋势(图 3.5a)。前汛期接近 20% 的站点的非持续性降水量出现显著增加趋势,特别是在广东省和福建省的沿海地区。后汛期持续性降水量仅仅在福建省南部沿海的局部地区有显著增加趋势,在广西壮族自治区的一些地区则呈减少趋势(图 3.5b)。后汛期大约有 8% 的站点的非持续性降水量有显著增加趋势,主要出现在广西壮族自治区的沿海地区、海南省的中部山区和广东省南部的一些地区。

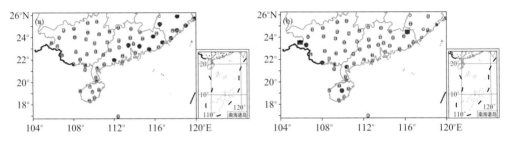

图 3.5　华南前汛期(a)和后汛期(b)持续性降水量(黑色)和非持续性降水量(红色)的变化趋势的空间分布空心圆表示没有显著的变化趋势,实心圆表示是显著上升趋势,实心方块表示显著下降趋势

图 3.6 给出了 1961—2010 年两种类型降水量相对于总降水量贡献率的变化。其中汛期持续性降水量的贡献率有显著的减小趋势,其速率大约为 -0.5%/10 a(表 3.1)。汛期非持续性降水量的贡献率有显著的增加趋势,大约每 10 a 增加 0.5%。前汛期持续性降水量相对于整个汛期降水量的贡献率有微弱的下降,而前汛期非持续性降水量的贡献率以 0.5%/10 a 的速率显著增加(图 3.6a)。后汛期两种类型降水量的贡献率的变化均不显著(图 3.6b)。

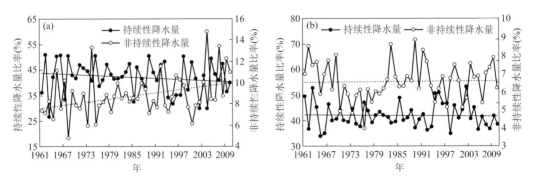

图 3.6　1961—2010 年前汛期(a)和后汛期(b)持续性和非持续性降水量相对于汛期降水量贡献率变化实线和虚线分别表示持续性降水量和非持续性降水量的趋势线

3.2.2　前汛期非持续性降水显著增加的可能原因分析

从以上分析可知,1961 年以来华南区域汛期(4—9 月)降水量的最重要特征之一是前汛期(4—6 月)非持续性降水量有显著的增多趋势,因此从影响系统的因素重点分析其变化的可能成因。华南前汛期降水在南海季风爆发前主要是副热带季风降水,属于锋面性质的降水,季风爆发后主要为热带夏季风降水,为对流性降水,其划分的气候平均时间在 5 月 24 日。因此推测是否前汛期锋面降水增加或对流性降水增加导致了华南前汛期非持续性降水量的显著增加。

锋面降水变化与北方冷空气与低纬度暖湿气流的汇合变化有关。参考 Yang 等(2002)的做法,选取北风作为冷空气的描述指标。鉴于前汛期非持续性降水量的突变发生在 1992 年前后,因而重点分析 1961—1991 年和 1992—2010 年两个时期的情况。图 3.7a 给出了前汛期这两个时期经向风的差值图(后者减前者)。可以看出,从华南地区到南海的大部分海域差值均为负距平,其中华南的西部地区差值还通过 $\alpha=0.05$ 的显著性检验。这意味着自 1992 年以来高纬度地区的冷空气对华南地区影响增加而低纬度地区的暖湿气流对华南地区影响减少。对华南地区前汛期 100°—120°E 范围内的 850 hPa 经向风的时间-纬度剖面图(图略)的分析,也支持这一时期北方冷空气增加、南方暖湿空气减少使华南地区冷暖空气汇合减弱的结论。这种情况下不利于华南持续性降水的出现,华南降水以非持续性降水为主。图 3.7b 给出了华南前汛期非持续性降水量与同期 850 hPa 的(20.0°—27.5°N,100°—117.5°E)区域平均的经向风变化曲线,可以看出两者之间关系密切,基本呈反向关系,计算其相关系数达到 -0.46,相关通过 $\alpha=0.01$ 的显著性检验。线性趋势分析表明,华南地区 850 hPa 经向风有显著减小趋势,进一步证实了这一时期南方暖湿气流的影响已经减弱。华南地区前汛期的经向风与同期华南各站点的非持续性降水量也有负相关关系,在福建省和广东省的很多站点这种负相关关系通过显著性检验(图 3.7c),并且其相关的空间分布类似于前汛期非持续性降水量变化趋势的空间分布(图 3.5a)。

对流性降水与大气层结稳定性有关。利用假相当位温的高低层之差来判断层结的不稳定性,即定义 $\Delta\theta_{se}=\theta_{se850}-\theta_{se500}$;当 $\Delta\theta_{se}>0$ 时表示层结为对流性不稳定。当 $\Delta\theta_{se1992-2010}-\Delta\theta_{se1968-1991}>0$ 时表示 1992 年以来的 19 a 大气对流性不稳定较之前的 24 a 增强。图 3.7d 给出了 1992—2010 年和 1968—1991 年华南前汛期大气稳定度的空间差异。从图中可看出,华南的大部分地区大气稳定度的差值为正,这意味着 1991 年之后华南地区大气不稳定性较 1991 年之前增加。在华南的东南部沿海地区和南海地区,这两个时期大气不稳定度的差异显著(通过了 $\alpha=0.05$ 的显著性检验)。在整个 1968—2010 年,前汛期华南区域平均的大气稳定度呈现出显著的增加趋势(图 3.7e),其差异通过了 $\alpha=0.01$ 的显著性检验,即 1968 年以来华南前汛期大气趋于更加不稳定。在此期间,前汛期华南区域平均的大气稳定度和同期华南区域平均的非持续性降水量之间呈现出弱的正相关关系。这种相关关系在空间分布上,则表现为在华南东部沿海的一些地区和西部沿海的个别地区出现显著正相关关系,说明在这些地区对流不稳定性可能促进了它们的非持续性降水量的增加(图 3.7f)。

综上所述,20 世纪 60 年代以来华南前汛期非持续性降水量的增加可能主要是由于北方冷空气影响增多而南方暖湿气流影响减少所致,华南前汛期大气稳定度的下降可能也是前汛期非持续性降水量增多的有利背景。

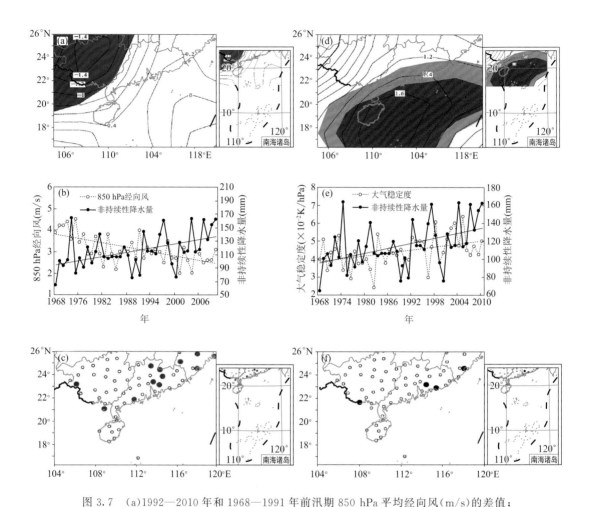

图 3.7 (a)1992—2010 年和 1968—1991 年前汛期 850 hPa 平均经向风(m/s)的差值;
(b)华南地区前汛期非持续性降水量(mm)及其 850 hPa 平均经向风(m/s)的逐年变化;
(c)华南各站非持续性降水量与 850 hPa 平均经向风相关的空间分布;
(d)1992—2010 年和 1968—1991 年期间华南前汛期大气稳定度(×10⁻² K/hPa)的差值;
(e)华南前汛期非持续性降水量及其大气稳定度(×10⁻² K/hPa)的逐年变化;(f)华南各站
非持续性降水量与大气稳定度相关的空间分布。(a)和(d)中的阴影区域表示通过 $\alpha = 0.05$ 的
显著性检验;(c)和(f)中的红点和黑点分别表示负相关显著和正相关显著,空圆圈表示相关不显著

3.3 华南夏季降水的集中度变化

3.3.1 降水集中度的定义

基于 Shannon(1948)熵的概念,把降水集中度 Q 定义为:

$$Q = 1 + \sum_{i=1}^{N} \frac{1}{\ln N}[P_i \times \ln P_i] \tag{3.1}$$

$$P_i = \frac{R_i}{R} \qquad (3.2)$$

公式(3.1)中 i 表示天数，$N=92$(夏季天数)，P_i 指的是逐日降水对某一年整个夏季的降水贡献率。公式(3.2)中 R_i 代表逐日降水量。$R = \sum_{i=1}^{N} R_i$ 表示夏季降水总量。P_i 值的范围在 $0\sim1$，某年夏季 P_i 总和为 1。当 $P_i=0$ 时，代表第 i 天对整个夏季没有降水贡献，即该日降水量为 0；当 $P_i=1$ 时，代表第 i 天的降水贡献了整个夏季的降水；当 $P_1=P_2=\cdots=P_i=\frac{1}{i}$，代表每天的降水贡献都是相等的。所以，$P_i$ 代表了降水贡献率。

当 Q 指数小(接近 0)时，代表降水分散在更多的雨日内。如果总降水量大(小)，容易发生干期(湿期)。当 Q 指数大(接近 1)时，代表降水集中在少数的雨日内。如果总降水量大(小)，容易发生持续性强降水(干期)。将 Q 指数和总降水量结合有利于清晰的表达降水的持续性情况(表 3.2)。

表 3.2　Q 指数和降水总量(R)的关系及意义

	降水结构	湿期或者干期
Q 值高+R 值大	集中	更多的强降雨日数
Q 值高+R 值小	集中	更多的干期
Q 值低+R 值大	分散	更多的湿期
Q 值低+R 值小	分散	更多的干期

3.3.2　华南夏季降水集中度变化

图 3.8 给出了 1961—2010 年中国整个夏季降水、Q 指数值以及二者趋势的空间分布。从图 3.8a 可以看出，夏季总降水量从东南向西北递减。降水量相对较高的地区位于中国东南地区、西南地区南部以及华南西南部地区，而降水量低的地区位于西北地区大部。然而，Q 值大的地区位于西北地区大部以及黄河以北地区(图 3.8b)。表明有限的降水量集中在少数的雨日内，容易导致干期的发生。相反，Q 值小的地区位于青藏高原东部、西北地区东部、西南地区大部以及华南地区，这些地区降水分散。从图 3.8c 1961—2010 年全国夏季降水的变化趋势可以看出，中国东南部地区、西北地区大部、青藏高原、江淮大部以及华南东南部降水都是呈增长趋势，而其他地区降水呈减少的趋势。从图 3.8d 1961—2010 年全国夏季 Q 指数的变化趋势可以看出，华南大部地区和西南大部地区 Q 指数呈增加的趋势，说明这些地方的夏季降水结构趋于集中。

如图 3.8，1961—2010 年夏季华南地区是全国夏季降水总量最大的区域，降水总量和 Q 指数都呈增加的趋势。在这样一个大的气候背景下，下面将对华南地区近 50 年夏季降水结构变化作更进一步的分析，进而探索华南夏季持续性降水的变化特征。从图 3.8a 可以看出，1961—2010 年华南大部夏季降水量在 $600\sim800$ mm，其中华南北部以及东北部降水量在 $400\sim600$ mm，华南南部部分地区即广东沿海地区和广西沿海地区降水量在 $800\sim1000$ mm，部分地区可以达到 1000 mm 以上。总体呈现出两广沿海地区降水较多，其他地区降水相对少

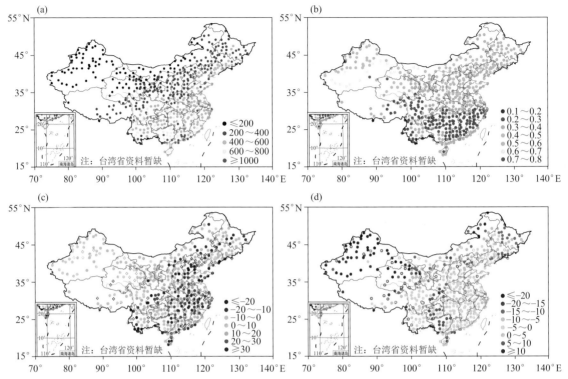

图 3.8　1961—2010 年中国夏季总降水量(mm)分布(a),Q 值分布(b),总降水量变化趋势(1 mm/10 a)分布 (c)和 Q 值变化趋势(0.01/10 a)分布(d)(打叉的点代表通过了 $\alpha = 0.05$ 的显著性检验)

的现象。从降水集中度指数 Q 的分布来看(图 3.8b),华南大部地区 Q 值在 0.2～0.4,Li 等 (2017)的研究指出,全国夏季 Q 值在 0.1～0.8,Q 值越大代表越集中,Q 值越小代表越分散, 从而说明华南大部地区降水是分散的,降水均匀分布在整个夏季,即雨日较多。其中华南北部 大部地区 Q 值在 0.2～0.3,说明华南北部大部地区夏季降水较为分散。而广东沿海地区、广 西西部和沿海地区以及海南大部 Q 值在 0.3～0.4,说明这些地区降水相对集中。图 3.8c 和 图 3.8d 是利用 Kendall's tau 非参数化检验的方法计算得到的降水和 Q 指数的变化趋势。从 图 3.8c 可以看出,1961—2010 年华南大部地区夏季降水量是增多的,占所有站点的 82.6%。 其中华南中北部地区以及华南南部沿海地区降水增加较为明显,大约为 20～30 mm/10 a。只 有零星几个站降水呈减少的趋势。而从 1961—2010 年华南夏季降水集中度指数 Q 值的变化 趋势分布可以看出(图 3.8d),华南大部地区 Q 指数都呈现增加的趋势,说明这些地区夏季降 水呈现集中的趋势,而这些地方的降水量也是呈增多趋势的,说明更多的降水量集中在更少的 雨日内,导致单日降水强度增加了。这种变化更明显的地区出现在广西区的大部地区,这些地 区降水集中度增加的更明显,约 5～10 mm/10 a,同样降水量也是增加的,说明强降水甚至极 端降水出现的几率呈增加的趋势。另外,广东省一些沿海地区降水集中度指数 Q 呈减少的趋 势,占所有站点的 11.6%,说明这些地区降水呈现分散的趋势,这和陆虹等(2012)指出的华南 大部地区夏季极端降水频次呈增加的趋势的研究结论一致。

　　前面分析了华南夏季降水量和降水结构分布的空间分布特征,那么华南夏季降水和降水 结构的年际变化和长期趋势特征是怎样的呢?

　　图 3.9 给出了华南 1961—2010 年逐年的夏季降水总量、变化趋势、降水集中度指数 Q、变

化趋势的分布情况。从图中可以看出,Q 指数的值在 $0.26\sim0.37$,50 a 平均值为 0.32。夏季降水总量的值在 $470.63\sim1087.45$ mm,50 a 平均值为 727.77 mm。二者都呈现增多的趋势,说明整个华南地区夏季平均降水总量是增多的,并且呈现集中的趋势,即更多的降水量出现在更少的雨日内,从而降水强度增加了,易发生局地洪涝灾害。这说明华南地区夏季降水量呈增多趋势,雨涝范围也呈增大趋势。尤其是 20 世纪 90 年代以后,Q 指数增多趋势更加明显,说明 90 年代以后降水更加集中了。此外,降水趋于集中往往表明降水变得更加持续了,即持续性降水增多了。

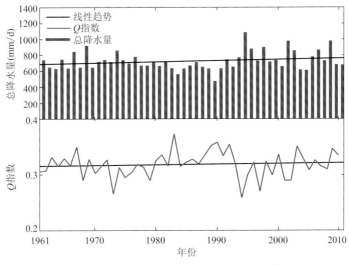

图 3.9　华南 1961—2010 年夏季总降水量(蓝色柱)和
降水集中度年际变化(红色折线)及变化趋势(黑色直线)

3.3.3　华南夏季降水的持续性特征

上节给出了华南夏季降水的集中程度变化情况,总的来看华南夏季降水是趋于集中的。一般来说降水集中代表了连续降水的增多,那么在华南夏季降水趋于集中的背景下,华南夏季降水的持续性是如何变化的? 首先,选取 1 mm 以上的降水进行分析。选择阈值为 1 mm 是因为既可以排除微量降水,又能涵盖所有降水量级,进而能够更加细致、客观地分析华南降水结构的变化。

图 3.10a 给出了不同持续时间的降水过程出现概率和不同持续时间的降水过程对所有雨日的贡献率的分布情况。其中,不同持续时间的降水过程出现的概率等于不同持续时间的降水过程发生的频次与所有降水过程发生的频次总量的比值。另外,不同持续时间的降水过程对所有雨日的贡献率等于不同持续时间的降水过程发生的频次与总雨日的比值。从图 3.10a 的不同持续时间的降水过程出现概率分布可以看出,对于 1 mm 降水的情况,不同的持续时间的降水过程发生的概率随持续时间的增多而减少。持续 1 d 的降水过程发生的概率大约为 40%。降水持续时间超过 11 d 的降水过程发生概率相对于所有雨日小于 5%。持续 1 d 和持续 2 d 的降水过程对所有雨日的贡献率大约不到 40%。持续 $3\sim7$ d 的降水过程对所有雨日的贡献率超过了 50%。而持续更长时间的降水过程占所有雨日的 10% 左右。图 3.10b 代表不同持续时间的降水过程对所有雨日的贡献进行标准化以后的时间演变,值得注意的是,在计算所有雨日时对其做了 5 a 滑动平均。从图 3.10b 中可以看出,1978 年以前长持续时间的降

水过程(≥3 d)的贡献值是正异常的,而短持续时间的降水过程(<3 d)的贡献值是负异常的。但是 1978—1992 年与前面完全相反,长持续时间的降水过程的贡献变为负异常,短持续时间的降水过程的贡献值是正异常。1992 年开始,长持续时间的降水过程的贡献变为正异常,短持续时间的降水过程的贡献值是负异常。说明 1992 年以后,长持续时间的降水过程呈增多的趋势。图 3.10c 显示 1961—2010 年不同持续时间的降水过程发生的概率以及对总雨日的贡献的线性趋势。从图中可以看出,持续时间为 5～6 d 以及 9 d 以上的降水过程呈增加的趋势,其他持续时间的降水过程为减少的趋势。从上述分析可以发现,华南地区长持续时间的降水过程呈增多的趋势,而短持续时间的降水过程呈减少的趋势。

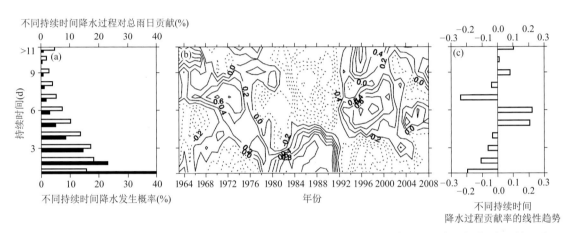

图 3.10　1961—2010 年华南地区夏季降水量为 1 mm 的不同持续时间的降水过程发生概率(实心柱)及对总雨日贡献(空心柱)(a),不同持续时间的降水过程对总雨日贡献经过标准化距平和 5 a 滑动平均的时间演变(b),不同持续时间的降水过程发生的概率及对总雨日贡献的线性趋势(c)

　　进一步从华南地区夏季 1961—2010 年雨日的变化趋势来看(图 3.11a),华南中东部地区雨日是呈增多的趋势,而华南西部地区以及东部的部分地区雨日呈减少的趋势。从短持续时间的降水过程变化趋势来看(图 3.11b),华南大部地区都呈减少的趋势,只有广西区的西部地区和北部地区以及广东省的西部地区短持续时间的降水过程呈增多的趋势。而从长持续时间的降水过程变化趋势的分布来看(图 3.11c),广西壮族自治区的大部地区、海南省的大部地区、广东省的东部地区和福建省的南部地区都呈增加的趋势,其他地区呈减少的趋势。结合前文分析可知,华南降水集中度指数 Q 呈增加的趋势(降水趋于集中),这很可能是由于短持续时间降水减少而长持续时间降水增多造成的。

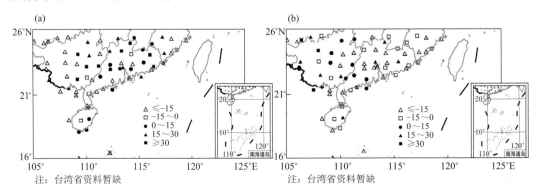

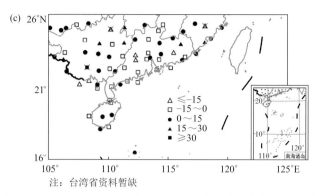

图 3.11　1961—2010 年华南地区夏季降雨量为 1 mm 的雨日变化趋势(a)、短持续时间的降水过程(<3 d)
的变化趋势(b)、长持续时间的降水过程(≥3 d)的变化趋势(c)，打叉的点代表通过 $\alpha=0.1$ 的显著性检验

从前面分析可以看出，近 50 年华南地区大部夏季短持续时间降水的降水过程是呈减少的趋势，而长持续时间降水的降水过程是呈增多的趋势。从不同持续时间降水过程的频次分布可以看出(图 3.12)，持续 3 d 和持续 4 d 的降水过程在 20 世纪 90 年代呈现微弱的增长趋势。而持续 5 d 及以上的降水过程存在明显的年代际特征。在 20 世纪 60 年代到 80 年代和 90 年代以后这两个时段出现的频次较高。20 世纪 90 年代开始呈增多的趋势。从表 3.3 也可以看出，从 20 世纪 90 年代开始，不同持续性降水过程呈现增多的趋势。进一步验证了华南夏季降水集中的背景下，持续性降水是呈增多的趋势。

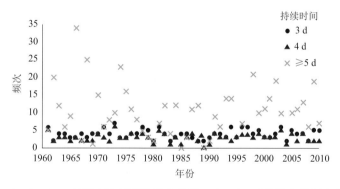

图 3.12　1961—2010 年华南地区夏季降水持续 3 d、4 d、5 d 及以上的频次分布特征

表 3.3　1961—2010 年华南地区持续性降水变化特征(单位：频次)

持续时间	1961—1970	1971—1980	1981—1990	1991—2000	2001—2010
3 d	37	44	33	44	40
4 d	28	32	24	33	28
≥5 d	129	92	63	121	109
总量	194	168	120	198	177

进一步对华南夏季降水进行分级，对降水 25 mm 以上，50 mm 以上两个量级进行分析。选择 25 mm 和 50 mm 是因为这两个阈值是在华南区域平均后选择的，这种情况下单站降水量大部都会超过 25 mm 和 50 mm，这样包含了强降水和极端降水的情况，能够分析华南强降水和极端降水的结构变化情况。但是强降水和极端降水不作为本节的研究重点，所以仅在持

续性降水特征部分给出分析,以期更清楚地认识华南地区不同等级降水的持续特征。

对于 25 mm 降水的情况,从图 3.13a 可以看出,持续 1 d 的降水过程出现的概率约为 58%,对总雨日的贡献率在 78% 左右。持续 1 d 和 2 d 的降水过程对所有雨日的贡献率超过 90%。可见,对于 25 mm 降水,短持续时间的降水过程占主导地位。在年际变化上,1976 年以前持续 2 d 或者 2 d 以上的降水过程的贡献值是正异常的,而 1 d 持续时间的降水过程的贡献值是负异常的。但是 1976—1992 年与前面完全相反。从 1992 年开始,持续 2 d 或者 2 d 以上的降水过程的贡献变为正异常,尤其是长持续时间的降水过程的贡献更大,而 1 d 持续时间的降水过程的贡献值是负异常(图 3.13b)。从不同持续时间降水过程的变化趋势可以看出(图 3.13c),长持续时间的降水过程呈增加的趋势,短持续时间的降水过程为减少的趋势。

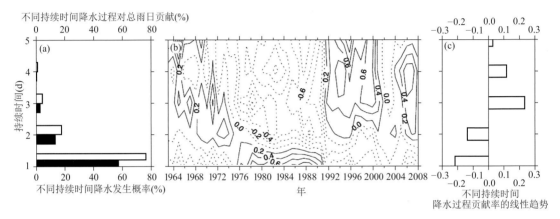

图 3.13 与图 3.10 相同,但为 25 mm 降水量的降水过程

从 1961—2010 年华南地区夏季雨日的变化趋势来看(图 3.14a),华南大部地区大于等于 25 mm 降水的雨日是呈增多的趋势,只有广西的西北部地区、海南的大部地区雨日呈减少的趋势。从短持续时间的降水过程变化的趋势来看(图 3.14b),华南大部地区都呈增多的趋势,只有海南省的大部地区、广西壮族自治区的西北部地区和福建省的南部地区呈减少的趋势。而从长持续时间的降水过程变化趋势的分布来看(图 3.14c),广东省的东南沿海地区、福建省的南部地区以及广西壮族自治区的东部地区都呈增加的趋势,其他地区呈减少的趋势。可见,无论是雨日、短持续时间的降水过程还是长时间的降水过程,广东省的沿海地区和广西壮族自治区的东部地区都呈现增多的趋势,说明这些地区的短时强降水和持续性强降水都呈现增多的趋势。而广西壮族自治区的西部地区和海南省的大部地区,都呈现减少的趋势,说明这些地区强降水日数,短时强降水和持续性强降水都呈现减少的趋势。

对于 50 mm 降水的情况,从图 3.15a 可以看出,持续 1 d 的降水过程出现的概率约为 85%,对总雨日的贡献率在 75% 左右。持续 2 d 或者 2 d 以上的降水过程出现的概率约为 30%。从图 3.15 可以看出,1972 年以前持续 2 d 或者 2 d 以上的降水过程的贡献值是正异常的,而 1 d 持续时间的降水过程的贡献值是负异常的。但是 1972—1990 年与前面完全相反,持续 2 d 或 2 d 以上降水过程的贡献变为负异常,1 d 持续时间的降水过程的贡献值是正异常。从 1990 年开始,持续 2 d 或 2 d 以上降水过程的贡献变为正异常,1 d 持续时间的降水过程的贡献值是负异常。从图 3.15c 中可以看出,持续时间为 2~3 d 的降水过程呈增加的趋势,持

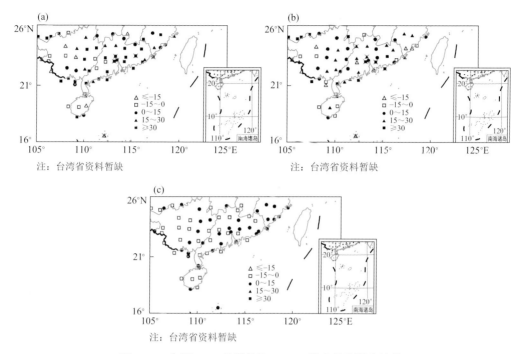

注：台湾省资料暂缺

图 3.14 和图 3.11 相同但为 25 mm 降水量的降水过程

续时间为 1 d 的降水过程为减少的趋势。一般来说对于 50 mm 的降水已经算是极端降水了，由此可见华南持续 2～3 d 的极端降水频次是增加的。陆虹等（2012）也指出自 20 世纪 80 年代中后期起，华南极端强降水频次有由少变多的趋势。

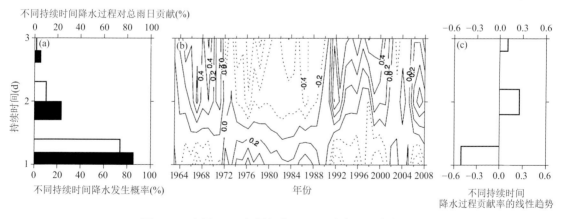

图 3.15 和图 3.10 相同但为 50 mm 降水量的降水过程

在空间分布上，华南大部地区大于等于 50 mm 降水的雨日是呈增多的趋势（图 3.16a），只有广西壮族自治区中部和西部地区以及海南省北部部分地区呈减少的趋势。并且华南大部地区的短持续时间的降水过程的变化趋势也都呈增多的趋势，同样广西壮族自治区中部和西部地区以及海南省北部部分地区呈减少的趋势（图 3.16b）。但从长持续时间的降水过程变化趋势的分布来看（图 3.16c），华南大部地区呈减少的趋势，广东省东部、福建省南部、广西壮族自治区南部和海南省南部地区都是呈增多的趋势。可见，华南地区大部强降水的日数是增多的,而且无论是短持续时间的降水过程还是长时间的降水过程,广东东部地区、福建省南部地区和海南省南部地区都呈现增多的趋势,说明这些地区的短时极端降水和持续性极端降水都呈现增多的趋势。这与赖欣等(2010)指出大范围的暴雨强度增加趋势主要发生在华南地区的结论一致。而在广西区西部地区和海南省北部地区短持续时间的降水过程和长持续时间的降水过程都呈减少的趋势,说明这些地区短时极端降水和持续性极端降水呈现减少的趋势。

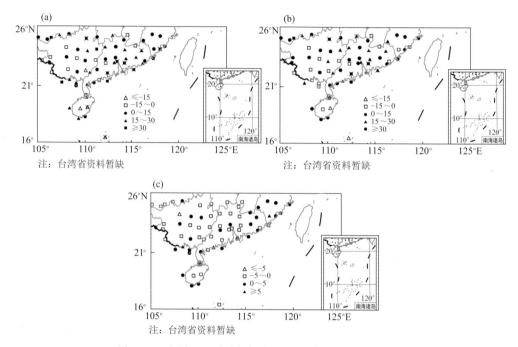

图 3.16　和图 3.11 相同,但为 50 mm 降水量的降水过程

从上述分析可以看出,1961—2010 年夏季华南地区无论是降水量为 1 mm、25 mm还是 50 mm,持续 1 d 降水的降水过程都是在减少的,而持续多日降水的降水过程都在增多,说明夏季华南持续性降水是增多的。这也正是华南地区降水结构趋于集中的重要表现。

3.4　华南夏季持续性强降水过程的天气系统配置

3.4.1　环流分型方法

根据 1.4 节的定义,选取出华南夏季非热带气旋(TC)型持续性强降水过程。利用层次聚类分析方法对所有非 TC 型持续性强降水期间逐日 700 hPa 纬向风场进行环流分型。根据预报员的经验,(10°—50°N,70°—130°E)的区域范围内集中了影响华南暴雨的主要大尺度天气系统,包括中纬度槽、西太平洋副热带高压、西南季风、热带辐合带等,因此环流场分型时主要考虑该区域的相似性。环流场选取 700 hPa 纬向风场,主要基于以下原因:(1)华南地区地处低纬,低纬地区风场的变化对降水的影响比高度场更为敏感;(2)850 hPa 风场受青藏高原的影响失真,选取 700 hPa 风场更合适;(3)低纬度地区以纬向风为主。

层次聚类的基本思路是:首先定义样本(本文中的样品为强降水过程对应的逐日 U-700 hPa 场)间的距离和类与类之间的距离。一开始将 n 个样品各自成一类,然后将距离最近的两类合并,重新计算新类与其他类的距离,再按最小距离归类,直至所有的样品都归为一类(黄嘉佑,2000)。

本节在聚类分析中,采用欧氏距离表征样品之间的差异,采用最短距离法来归类。聚类分析结果发现,华南夏季非 TC 持续性强降水过程大致可以分为两大类,以下简称为夏季Ⅰ型(共有 5 次过程)和夏季Ⅱ型(共有 6 次过程)。然后利用合成分析方法确定每种类型持续性强降水过程高、中、低层中各行星尺度系统中的异常系统,并与该类过程中的非持续性强降水日相比较,结合水汽输送异常特征确定其关键影响系统建立不同类型持续性强降水过程的概念模型。非持续性强降水日定义为持续性强降水过程所在当月的所有非持续性强降水日,即去除了当月所有持续性强降水过程后所剩下的其他日数。整层水汽计算公式见公式(3.3),式中 ps 为地表面气压,ptop 为大气层顶气压。由于 NCEP-Ⅱ再分析资料比湿资料只到 300 hPa,因此 ptop 取 300 hPa,300 hPa 以上的水汽带来的误差可以忽略不计(Zhou,2003)。

整层水汽垂直积分公式如下:

$$Q_u = \frac{1}{g} \int_{ptop}^{ps} qu \, dp, \quad Q_v = \frac{1}{g} \int_{ptop}^{ps} qv \, dp \tag{3.3}$$

3.4.2　华南持续性强降水过程的时间分布和空间分布型

根据 1.4 节的定义,选取出华南夏季非 TC 型持续性强降水过程分析。1951—2010 年华南区域内共有 44 次持续性强降水过程发生,出现在 4—10 月。其中非 TC 型持续性强降水有 17 次,约占总数的 38.6%,4—8 月和 10 月均有出现,其中 6 月为高峰月,达到 7 次,7 月为次高值月,达到 4 次,8 月和 10 月各有 2 次,4、5 月各 1 次。TC 型持续性强降水共有 27 次,约占总数的 61.4%,只出现在 7—10 月,8 月为高峰月,达到 11 次,9 月为次多月,达到 8 次,7 月和 10 月分别为 4 次(图 3.17)。可见在后汛期的 7 月,华南非 TC 型持续性强降水过程次数仍占很大比例,8 月和 10 月非 TC 型持续性强降水过程也时有发生。

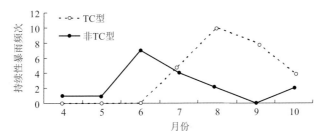

图 3.17　1951—2010 年华南区域持续性强降水频次的逐月分布

聚类的结果发现,夏季每个非 TC 型暴雨过程都可以先聚成一小类,说明各个过程每天的大气环流的持续性都非常好。其次,夏季两类持续性强降水的出现时间和空间分布形态有所不同。夏季Ⅰ型全部出现在初夏 6 月,持续性强降水主要出现在广西、广东和福建三省的沿海地区,雨带大致呈东北—西南向的带状分布。夏季Ⅱ型可出现在夏季的各个月份,以 7 月出现最多；与夏季 I 型相比,持续性强降水具有"西进、南扩、东缩"的特点,主要出现在广西东南部和北部地区、海南岛南部地区(图 3.18)。

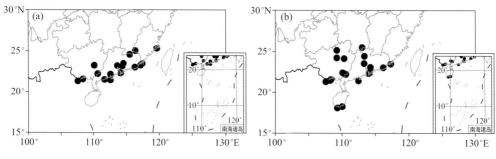

图 3.18　不同类型持续性强降水落区示意图(a)夏季 I 型,(b)夏季 II 型

3.4.3　华南夏季持续性强降水的行星尺度天气系统配置

因春季和秋季持续性强降水过程的个例均较少,以下主要分析夏季的两种非 TC 型持续性强降水的情况。

3.4.3.1　高层主要系统

高层最主要的行星尺度天气系统是南亚高压和西风急流。取 200 hPa 高度场上南亚高压特征等高线为 1252 dagpm(Zhang et al.,2010),纬向风风速≥25 m/s 处为西风急流。参考张端禹等(2015)定义南亚高压的类型,即当南亚高压中心位于 90°E 以西为西部型,位于 90°E 以东为东部型,位于 90°E 附近或有几个强度相当的中心呈东西向分布则为带状型。据此分析高层的环流形势。

夏季 I 型的南亚高压属于带状型分布;西风急流较强,急流中心超过 35 m/s,急流轴平均位置在 35°N 附近,华南北部的急流轴略向北倾斜,两广和福建地区出现较为明显的偏西北气流辐散(图 3.19a)。与该型的非持续性强降水期相比,持续性强降水期间南亚高压 1251 dagpm 线东西范围偏大约 17 个经度,东脊点位置偏东约 3 个经度,到达 103°E 附近,强度略偏强(高度场偏高约 1~2 dagpm),120°E 以东西风急流偏强 1~8 m/s,急流轴相对倾斜,华南东部地区高层的辐散风更为明显(图略)。从 200 hPa 水平辐散场可以更清楚地看出,该型持续性强降水过程发生期间,我国东部地区包括整个华南地区均出现水平散度正值区,最大值超过 5.0×10^{-6}/s(图 3.19b)。而非持续性强降水期间,华南地区辐散相对较弱(图略)。在持续性强降水期减非持续性强降水期的散度差值场上,整个华南地区基本均为正的散度差值区,较大差值区出现在广东省沿海地区和福建北部地区,超过 2.5×10^{-6}/s(图 3.19b)。

夏季 II 型的南亚高压属于西部型。西风急流弱于夏季 I 型,急流中心值达 32 m/s,急流轴平均位置大约在 40°N,华南北部的急流轴弯曲并略向北倾斜,整个华南处于辐散区(图 3.19c)。与该型的非持续性强降水期相比,持续性强降水期间南亚高压 1252 dagpm 线东西范围偏大约 12 个经度,东脊点位置偏东约 2 个经度,到达 106°E 附近,强度更强(高度场偏高约 1~3 dagpm);西风急流也偏强 1~5 m/s,急流轴相对倾斜、位置略偏南 2 个纬度,华南地区高层的辐散风也更明显(图略)。在 200 hPa 水平辐散场上,持续性强降水期间华南地区水平散度在 2.0×10^{-6}/s 以上,最大值达到 4.0×10^{-6}/s(图 3.19d)。而非持续性强降水期间,华南地区的散度值小于 2.0×10^{-6}/s(图略)。在散度差值场上,整个华南地区均为正的散度差值

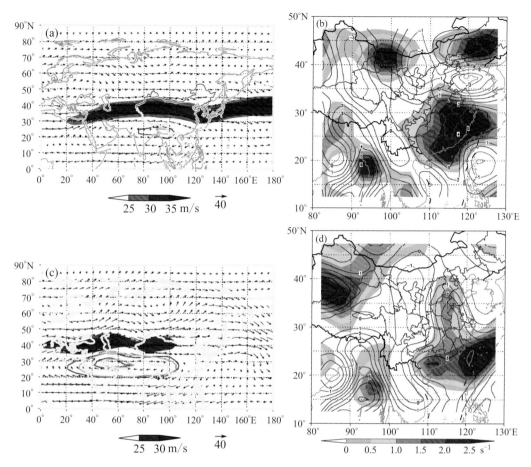

图 3.19　不同类型持续性强降水的 200 hPa 环流场（a. 夏季 Ⅰ 型,c. 夏季 Ⅱ 型;红色实线为持续性强降水期
的等高线,绿色实线为非持续性强降水期的等高线,单位:dagpm,阴影区为西风急流带,单位:m/s）
和散度场（b. Ⅰ 型,d. Ⅱ 型;实线为持续性强降水期间的等散度线,阴影区为持续性强降水期减
非持续性强降水期的散度差值,图中数值均扩大了 10^6 倍,单位:1/s）。

区,较大差值区出现在两广地区,最大差值中心超过 2.0×10^{-6}/s（图 3.19d）。

3.4.3.2　中层主要系统

夏季 Ⅰ 型:持续性强降水期间,500 hPa 高度合成场上,欧亚中高纬地区近似为两槽一脊型;西太平洋副热带高压呈东西带状的分布,586 dagpm 线西伸脊点斜伸至中南半岛;阿拉伯海地区存在深槽,孟加拉湾北部地区和华南西部附近地区有浅槽（图 3.20a）。与非持续性强降水期相比,持续性强降水期间阿拉伯海及其以南地区槽偏强;孟加拉湾地区的槽位置明显偏北,华南西部沿海附近地区出现浅槽;西太平洋副热带高压偏强,西伸脊点位置明显偏西,脊线位置略偏南;在高度差值场上,可清楚地看到我国大部分地区包括两广和福建地区位势高度均偏低;而两广以南,5°N、80°E 以东的广大区域位势高度偏高（图 3.20a）。在这种环流形势下,由于西风带相对平直而稳定,在其南面不断有小波动使小股冷空气南下,有利于华南降水的持续发生。稳定偏北的孟加拉湾低槽有利于西南暖湿气流在此加强并集中在较北位置（20°N 附近）向华南东部沿海地区输送;华南西部沿海地区的浅槽有利于槽前的抬升运动。偏强、偏西的西太平洋副热带高压有利于其西南侧的东南转向气流向华南东部沿海地区输送。

夏季Ⅱ型:持续性强降水期间,500 hPa 高度合成场上,欧亚中高纬地区基本为两脊一槽型;西太平洋副热带高压呈东西带状的分布,但较夏季Ⅰ型的位置略为偏南和偏东、强度偏弱;阿拉伯海的深槽扩展到孟加拉湾地区;华南西北部出现低槽。与非持续性强降水期相比,暴雨期间阿拉伯海至孟加拉湾一带槽总体偏强,从 500 hPa 风场上看孟加拉湾北部地区气旋性环流也偏强(图略);华南西北部地区出现低槽;西太平洋副热带高压西伸脊点偏西、脊线位置偏南、强度北弱南强(图 3.20b)。差值场上看,从青藏高原往南至阿拉伯海、往东至中国东部地区位势高度场均偏低,特别是青藏高原、华南、华东一带地区偏低尤其明显,海南岛以南的大部分地区高度场偏高。在这种环流形势下,低纬地区西南气流更容易在阿拉伯海、孟加拉湾和中南半岛的北部地区稳定加强,并持续向两广地区水平输送;华南西北部地区低槽的稳定存在则为持续性强降水提供了很好的动力上升条件。

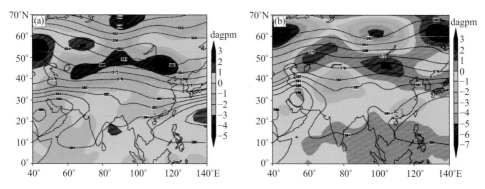

图 3.20 不同类型持续性强降水过程的 500 hPa 高度场及其与非持续性强降水高度差值场的合成。
(a)为夏季Ⅰ型,(b)为夏季Ⅱ型(实线为持续性强降水过程等高线,阴影区为差值,单位:dagpm)

研究发现,上述两类持续性强降水的发生与特定大尺度环流的稳定配置有关,当配置不稳定时,不利于持续性强降水的维持。如在夏季Ⅰ型的持续性强降水个例中,当孟加拉湾北部低槽加深时,不利于西南水汽在偏北位置的积聚;华南西部附近地区浅槽消失时,暴雨发生的动力上升条件减弱;副高东退或继续西伸控制华南东、南部地区时,不利于东南水汽输送增强;这些因素都可导致夏季Ⅰ型持续性强降水结束。当孟加拉湾北部槽中低值环流减弱或消失时,可使向华南地区的西南水汽输送减弱,而当华南西北部槽(或者低值系统)消失时,暴雨发生的动力上升条件不足,也会使夏季Ⅱ型持续性强降水结束。

3.4.3.3 水汽输送特征

从整层水汽通量上也可看出两类持续性强降水的水汽输送差异。夏季Ⅰ型:该型持续性强降水日的水汽来源主要有两支,分别为经由阿拉伯海、孟加拉湾的西南季风和副高南侧转向的东南季风,两者的水汽汇合较为集中的往华南东部沿海地区输送,水汽通量较大(图3.21a)。而非持续性强降水日,最主要的是西南季风的水汽输送,水汽比较均匀地输送到整个华南地区,水汽通量相对小(图略)。在持续性强降水日与非持续性强降水日的水汽通量差值场上可以看到,索马里越赤道气流在阿拉伯海南部 10°N 附近和孟家拉湾北部 20°N 附近增强,其向华南地区的水平输送也随之增强,但西南季风在 10°N 及其以南的水汽输送则是减弱的;同时副高边缘的东南气流输送也偏强(图 3.21b),说明西南季风在偏北位置的水平输送和副高边缘的水汽输送增强对该型持续性强降水起主要作用。

夏季Ⅱ型:夏季Ⅱ型持续性强降水日水汽来源中最主要的一支是经由阿拉伯海、孟加拉湾的西南季风,在孟加拉湾海域明显加强后向海南岛和两广地区输送;另一支来源于110°E附近的越赤道气流形成的南风输送,但水汽输送相对小,主要输送到福建沿海和台湾岛一带地区;副高南侧东南转向气流的水汽输送也很小,且主要向台湾岛输送(图3.21c)。持续性强降水日西南季风水汽输送主要在孟加拉湾北部海域明显加强并向华南地区输送;但在非持续性强降水日,西南季风水汽输送在整个孟加拉湾海域都比较均匀输送,其向华南的输送带位置也较为偏南(在10°N以南),水汽较为分散,副高边缘的东南水汽主要向日本一带输送(图略)。在持续性强降水日与非持续性强降水日水汽通量的差值场上,可以更清楚地看到,阿拉伯海北部到孟加拉湾北部直至华南南部地区均有明显的正的水汽通量的水平输送,但在10°N以南地区则为明显的负的水汽通量的水平输送;东南气流向台湾岛一带为正的水汽通量(图3.21d)。说明西南季风在偏北位置的加强和水平输送增强对该型持续性强降水起重要作用。

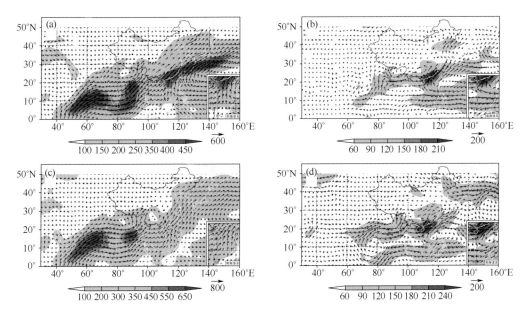

图 3.21　夏季Ⅰ型(a)、夏季Ⅱ型(c)持续性强降水过程的整层水汽通量合成图,以及夏季Ⅰ型(b)、夏季Ⅱ型(d)持续性强降水日与非持续性强降水日水汽通量差值的合成图(单位:kg/(m·s))

3.4.4　华南夏季不同类型持续性强降水的环流配置概念模型

综合以上分析,华南6—8月两类持续性强降水的环流配置概念模型可表述为图3.22所示。(1)夏季Ⅰ型(图3.22a):200 hPa南亚高压为中部型,脊线位置在35°N附近,东脊点在103°E附近;西风急流轴略为倾斜,使最强辐散区位于华南东部地区。500 hPa西风带相对平直,在其南面不断有小槽波动引导小股冷空气渗透南下,与南方暖湿气流交汇于华南形成持续性强降水;低纬地区阿拉伯海存在深槽、孟加拉湾北部地区和华南西部附近地区出现浅槽,西太平洋副热带高压西伸明显、强度偏强,有利于西南暖湿气流在较北位置加强、积聚并向华南东部沿海地区输送,以及副高西南侧的东南转向气流加强和向华南地区输送。此种类型配置下异常的水汽来源于西南季风气流和东南季风气流,持续性强降水的影响范围主要出现在华南东部沿海地区。(2)夏季Ⅱ型(图3.22b):200 hPa南亚高压为西部型、脊线位置在40°N附近、东脊点在106°E附近;西风急流轴略为倾斜,最强辐散区位于广东和广西一带。500 hPa

低纬地区阿拉伯海至孟加拉湾地区槽偏强;华南西北部出现低槽。环流形势有利于西南气流
在偏北位置得到加强,并向两广和海南岛地区输送。此种类型配置下,异常的水汽来源于西南
季风气流,持续性强降水的影响范围主要出现在两广和海南岛。

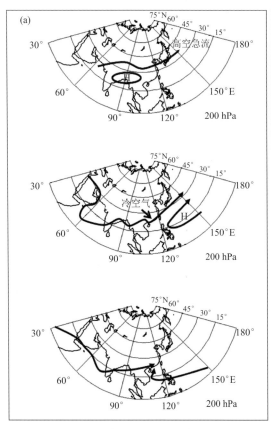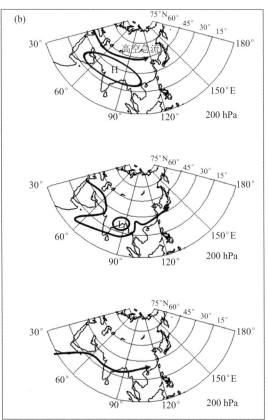

图3.22　持续性强降水环流配置概念模型(a)夏季Ⅰ型,(b)夏季Ⅱ型(H代表高压系统,L代表低压系统;
　　　　200 hPa、500 hPa中粗实线代表位势高度以及急流轴;850 hPa中粗实线代表异常的水汽输送路径)

　　可见,夏季华南地区的这两类持续性强降水的系统配置与江淮流域有明显不同,后者也有
两类持续性强降水过程,其中一类的中层主要受乌山阻高、鄂海阻高和西太平洋副热带高压的
影响(持续性强降水落区在江淮和江南北部地区),另一类是鄂海阻高和西太平洋副热带高压
的影响(持续性强降水落区在江南东、南部地区),两类持续性强降水的异常水汽输送均主要来
源于副高南侧的东南季风气流(Chen et al.,2014)。

3.5　EAP遥相关型对华南持续性降水的影响

　　前文分析指出,在华南地区夏季降水趋于集中的背景下,华南持续性降水呈增多的趋
势。华南位于中国低纬度地区,由于该地区受东亚季风的影响,降水量较多,而且持续时间
最长,降水主要集中在4—9月,容易导致大范围洪涝灾害。持续性强降水是引发大范围洪
涝的主要原因之一,其特点是时间长,降水强度大。从而更加容易引起较严重的人员伤亡
和经济损失。所以有必要对该地区的持续性降水进行研究。那么造成华南持续性强降水

的原因是什么呢？

东亚-太平洋遥相关型（EAP）是东亚地区夏季的主要模态之一。在东亚地区，这支波列将副热带高压、中纬度梅雨槽以及高纬度的阻塞高压同时联系起来，对中国夏季的天气和气候有非常大的影响。以往大量的 EAP 的研究都是基于月尺度、季节尺度和年际尺度。尽管近年来的一些研究揭示了 EAP 本身在天气尺度到次季节尺度的形成机理和发展特征，但是到目前为止仍较少有研究将 EAP 和中国东部地区持续性降水联系起来（Bueh et al.，2008；Sato and Takahashi，2006；Ogasawara and Kawamura，2007）。Chen 和 Zhai（2015）研究指出，在持续性强降水发生前，包括高纬度阻塞高压、中纬度梅雨槽以及低纬副热带高压三个系统的经向 EAP 建立。在对流层高层，南移西风急流轴与东伸的南亚高压相配合，为极端降水提供有利的高层辐散。低层的暖湿空气被中纬度自高层下沉的偏北风干冷空气抬升，江淮地区的温度梯度和湿度梯度同时增强，导致该地区的持续性强降水的发生。此外，在一些致洪暴雨的个例研究中，也能发现东亚地区存在遥相关活动踪迹。可见，EAP 在月内尺度上对江淮持续性降水的发生有一定的指示性意义。除此之外，在 Chen 和 Zhai（2015）的研究中，还有一类 EAP 个例是在江淮不能导致持续性降水发生的。从前文的分析也可看出，江淮地区和华南地区是中国持续性降水发生的主要区域，那么，这类 EAP 个例是否会在华南地区引发持续性降水？即 EAP 型会不会对华南持续性降水产生影响呢？

本节从 Chen 和 Zhai（2015）的研究展开，从水汽输送特征和环流特征进行分析，得到 EAP 遥相关对华南夏季持续性降水的影响，并进一步从热带对流活动和次季节海气相互作用方面分析与华南持续性降水有关的 EAP 遥相关发生的背景。

3.5.1 EAP 遥相关与华南持续性降水的相关性

3.5.1.1 EAP 事件的选取

在 Chen 和 Zhai（2015）的研究中有 11 个个例在江淮没有产生持续性强降水（表 3.4），文中将这 11 个个例命名为干江淮型 EAP 事件。这些个例中 EAP 遥相关出现时是否有其他地区出现持续性极端降水呢？这个问题的回答有助于确定 EAP 对中国东部持续性强降水发生的触发机制，并且能够为预报员提供更加清晰的预报信号。

表 3.4   11 例未能造成江淮地区持续性极端降水的典型 EAP 遥相关事件

类型 H_{OK}	年	开始日期	结束日期	标准化异常		EAPI	H_{WP}	H_{EA}
		（月-日）	（月-日）	降水量	平均值	平均值	平均值	平均值
A-SC 型 EAP 个例	1966	6-3	6-6	−2.45	2.41	2.21	−3.56	1.46
	1973	7-20	7-22	−1.47	1.75	0.91	−2.00	2.34
	1997	6-2	6-4	−1.82	1.55	1.27	−1.94	1.37
	1998	6-3	6-5	−2.44	1.82	1.36	−2.87	1.16
	2002	6-11	6-14	−2.62	2.05	1.06	−3.43	1.65
	2003	6-12	6-14	−2.43	2.71	1.08	−5.28	1.76
	2004	7-4	7-10	−1.45	1.71	1.15	−2.43	2.06

续表

类型 H_{OK}	年	开始日期 （月-日）	结束日期 （月-日）	标准化异常 降水量	平均值	EAPI 平均值	H_{WP} 平均值	H_{EA} 平均值
Dry SC 型 EAP 个例	1967	7-1	7-3	−1.27	1.48	1.43	−2.22	0.79
	1990	7-15	7-17	−2.08	1.47	1.36	−2.10	0.97
	2005	7-8	7-10	−1.22	1.62	2.56	−1.00	1.18
	2009	6-11	6-13	−2.99	1.90	1.07	−2.21	2.42

注：最后四列代表 EAP 遥相关和它三个中心指数的平均值，三个中心分别命名为：WP(20°N,120°E)，EA(37.5°N,120°E)和 OK(60°N,130°E)。

以下将对这 11 个个例的降水过程分别进行研究。可以发现，1966、1973、1997、1998、2002、2003、2004 年共 7 年强降水发生在华南地区，约占总个例的 64%。并且，发生 20 次以上大于 25 mm 降水的台站主要出现在华南地区（图 3.23）。所以本节将这 7 个个例定义为 A-SC 型 EAP 个例，将另外 4 个没有在华南发生强降水的个例定义为 Dry SC 型个例。

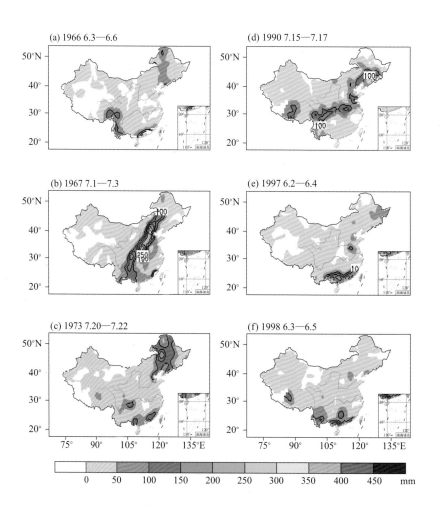

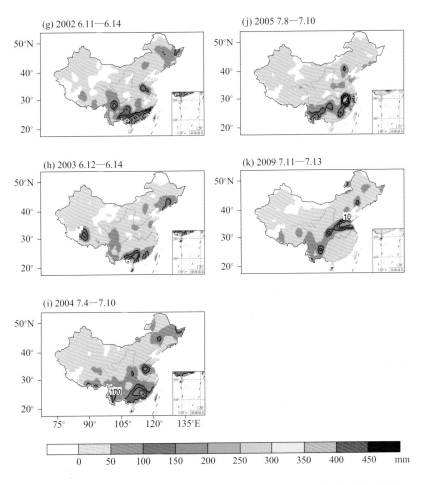

图 3.23　未能造成江淮地区持续性极端降水的典型 EAP 遥相关事件对应的
降水过程总量(a~k),11 例 EAP 事件对应的全国各站发生大于 25 mm 降
水量的发生频次(m,蓝色等值线为单站发生 25 mm 降水 10 次以上的
区域,红色等值线为单站发生 25 mm 降水 20 次以上的区域)

　　将 1966、1973、1997、1998、2002、2003、2004 年这 7 年发生的降水事件进行合成,从图
3.24 可以看出在事件发生前 7 日,降水零星分布在中国东部的一些地区。事件发生前 5 d 降
水主要分布在西南地区和华南的部分地区。事件发生前 3 d 华南地区降水开始增多,事件发
生时该地区降水强度加强。以往研究也发现 EAP 会导致华南 6 月降水异常(陈锐丹 等,
2012)。

　　从以上分析可见,当 EAP 型出现时,在华南地区也会发生持续性降水异常。

3.5.1.2　与 EAP 相关的华南地区持续性降水事件的选取

　　为了研究 EAP 遥相关与降水之间的关系,先对 1961—2010 年夏季的 EAP 事件进行
识别。一次典型的 EAP 事件被识别出来需要满足:EAP 指数大于等于 0.75 个标准差并
且持续 3 d 以上,同时高度场上三个异常中心必须满足"＋－＋"的分布。由于 Chen 等
(2015)选取的江淮型 EAP 事件发生时,在江淮地区发生的持续性极端降水,而文中研究
的是持续性降水,所以降低了 EAP 事件的选取标准,从而能够将更多的更全面的持续性

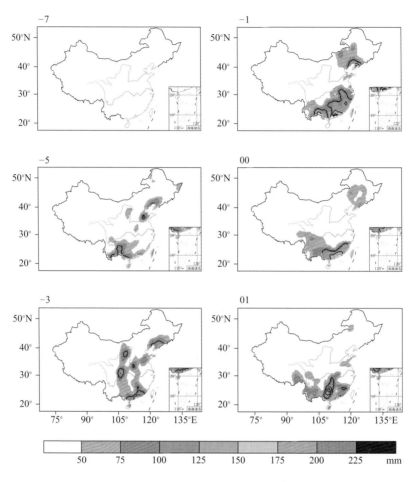

图 3.24　将 1966、1973、1997、1998、2002、2003、2004 年这 7 年发生的降水事件进行
合成的降水演变(单位:mm/d),每幅图左上角标记的数字 d 表示该日领先(负值)
或落后(正值)降水异常开始日 d 天

降水事件被识别出来。

　　研究发现 1961—2010 年夏季总共发生了 56 个 EAP 事件,这些事件包括了 Chen 和 Zhai (2015)选取的江淮型 EAP 事件,这也验证了本节在选取个例过程中的合理性。将这 56 个 EAP 事件发生同期的降水进行合成(图略),发现降水主要分布在江淮地区和华南地区。其中在华南引发持续性降水的事件有 21 例(将其定义为华南型 EAP 事件,也叫湿华南型 EAP 事件)(表 3.5),占总事件的 37.5%,在江淮引发持续性降水的事件有 20 例,占总事件的 35.7%,由此也可以验证,天气-月内尺度 EAP 遥相关发生时,主要引发持续性降水的区域在中国江淮和华南的两个区域。

　　为了探究 EAP 遥相关对中国华南地区持续性降水的影响,研究二者的相关性,下文将对华南型 EAP 事件进行合成分析。事件日表示 EAP 事件开始的第一天,即表 3.5 中的开始日期。

表 3.5　21 例造成华南地区持续降水的典型 EAP 遥相关事件

年份	开始日期 （月-日）	结束日期 （月-日）	标准化异 常降水量	EAPI 平均值	H_{WP} 平均值	H_{EA} 平均值	H_{OK} 平均值
1968	6-14	6-16	0.37	1.47	1.08	−1.17	2.19
1970	7-18	7-22	0.34	2.32	1.85	−3.52	1.58
1973	5-31	6-2	0.51	1.31	0.80	−0.93	2.20
1973	7-2	7-27	0.52	1.75	0.8	−2.00	2.44
1974	7-24	7-26	0.34	1.49	0.71	−1.15	2.62
1975	6.26	6-28	0.38	1.53	0.52	−2.04	2.04
1982	7-18	7-26	0.40	1.88	1.50	−2.75	1.38
1983	7-19	7-21	0.26	1.54	2.34	−1.74	0.55
1984	7-21	7-23	0.76	1.21	1.02	−0.89	1.71
1988	7-21	7-26	0.55	2.23	2.13	−0.62	3.943
1989	6-14	6-16	0.37	2.17	1.85	−2.03	2.62
1993	6-22	6-24	0.29	1.47	1.18	−1.76	1.47
1993	7-23	7-27	0.41	2.04	0.65	−3.03	2.45
1995	6-21	6-29	0.35	2.43	1.67	−2.71	2.90
1996	6-2	6-22	0.31	2.69	1.42	−5.18	1.47
1997	5-31	6-2	0.51	2.27	0.57	−4.33	1.91
1998	7-19	7-24	0.52	2.10	1.38	−2.74	2.18
2002	6-13	6-15	0.30	1.25	0.67	−1.42	1.64
2003	7-18	7-21	0.21	2.27	0.97	−2.42	3.42
2006	6-14	6-16	0.37	1.66	1.27	−2.05	1.65
2009	7-21	7-28	0.44	1.82	1.33	−3.06	1.07

注：最后四列代表 EAP 和它三个中心指数的平均值，三个中心分别命名为：WP(20°N，120°E)，EA(37.5°N，120°E)和 OK(60°N，130°E)。

3.5.2　华南型 EAP 事件的环流特征

3.5.2.1　850 hPa 风场和水汽输送特征

EAP 是一种随高度北倾的遥相类型，在低、中、高均有表现，因此，本节主要分析中低层的波活动特征和 EAP 模态的演变特征。

强降水的发生离不开对流层低层的水汽输送，所以十分有必要分析低层风场以及造成水汽输送异常的原因。从华南型 EAP 事件合成的 850 hPa 水汽通量异常和风场（图 3.25）来看，事件日发生前 7 日西北太平洋反气旋已经存在，同时在东北地区存在气旋式环流。低纬度地区，来自孟加拉湾地区的西北风较为强盛，但是此时在华南地区没有水汽辐合，所以暂时没有降水发生，但此时在华南地区东部出现水汽辐合，随后强度增强，范围扩大，并且向西北移动，在事件日发生前 1 日位于华南地区上空，此时水汽异常强度超过正常值 3.5 个标准差，已经达到了极端异常级别。这期间西北太平洋反气旋一直稳定维持，华南地区上空一直维持强盛的西南气流。事件日发生前 3 日，东北地区的气旋系统加深，有利于冷空气的南下。事件日前 1

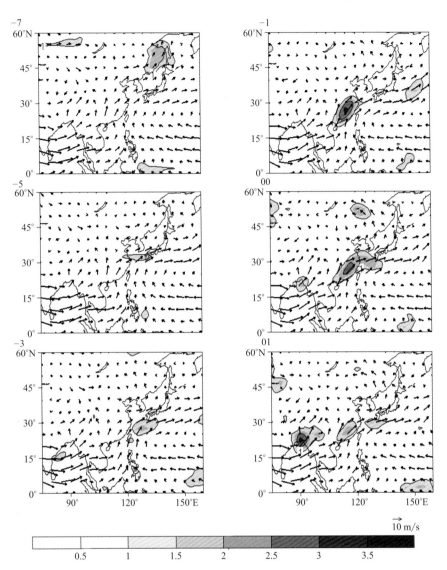

图 3.25 合成的 850 hPa 风场(矢量,m/s)和标准化水汽通量异常强度(阴影,间隔 0.5 个标准差),
每幅图左上角标记的数字 d 表示该日领先(负值)或落后(正值)降水异常开始日 d 天

日,此时与副热带高压相关的反气旋西移,来自副高外围的水汽和来自南海以及孟加拉湾地区的水汽汇合。事件日维持时期(事件日当日到事件日后 2 日),冷暖空气在华南地区交汇,异常气旋和反气旋之间的水汽辐合继续维持,使得持续性强降水持续 3 d 以上。

3.5.2.2 500 hPa 环流场特征

从 500 hPa 环流场和波活动通量分布(图 3.26)来看,事件日前 7 日高纬度乌拉尔山和鄂霍次克海为两个明显的脊,二者中间为浅槽,而与此同时,乌拉尔山附近开始出现东传的波活动通量,Hoskins 和 Ambrizii(1993)指出,这样的配置为 Rossby 波能量向下游频散提供了有利的纬向延伸的西风波导。沿着这支西风波导,自乌拉尔山以西地区向下游东亚地区频散的波通量就可以明显地被识别出来(Takaya 和 Nakamura,2001)。此时副热带高压位于 145°E 附近。事件日前 5 日时,在高纬度鄂霍次克海附近和低纬度菲律宾东部地区出现正异常中心,

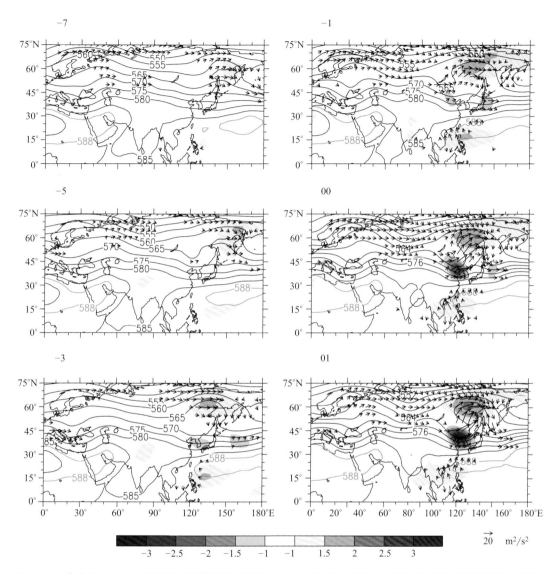

图 3.26　合成的 500 hPa 位势高度(等值线,间隔 5 dagpm;绿色实线为 588 线);标准化高度场距平(阴影,
间隔 0.5 个标准差);矢量为按照 Takaya 和 Nakamura(2001)推导计算的波活动通量(单位:m²/s²),
每幅图左上角标记的数字 d 表示该日领先(负值)或落后(正值)降水异常开始日 d 天

此时中纬度出现向高纬度传播的能量。副热带高压西伸到 132.5°E 附近。而事件日前 3 日
时,高纬度鄂霍次克海附近和低纬度菲律宾东部地的正异常中心强度加强,强度超过 1.5 个标
准差。与此同时,在中纬度 120°E、40°N 附近生成了一个低于正常值 1 个标准差的负距平中
心。而副热带高压进一步西伸至 125°E 附近,并且强度加强。低纬度菲律宾附近向中高纬度
传播的波活动通量开始增强。这样的能量频散主要与副热带高压西伸造成的菲律宾附近对流
受到抑制而引发的非绝热冷却有关。事件日前 1 日时,三个异常中心范围扩大,而且由于副热
带高压的进一步西伸和加强,从低纬度向高纬度传播的能量也进一步加强。在此期间,由于低
纬度地区一直有向极的能量传播,同时上游一直有能量向下游频散,使得西边的高压脊得以维
持增强。此时,在东亚沿岸形成了完整的"＋－＋"高度异常的分布,EAP 的模态形成。事件

日当天副热带高压西伸并到达 110°E。低纬度向极传播的波通量和来自上游的东向波通量的强烈辐合造成了高纬度鄂霍次克海阻高的进一步发展和加强,同时向极的波通量和来自上游东南方向的波通量辐合使得中纬度低值系统加强,其强度达到低于正常值 2 个标准差。EAP事件维持在 3 d 以上,并在事件第 2 日强度达到最强。

从图 3.26 可以看出,从事件日前 7 日开始,在鄂霍次克海附近有 Ω 型阻塞高压出现,在时间上领先于 EAP 型出现。这样的稳定的持续多日的鄂霍次克海阻塞高压维持了中高纬度的经向环流,为后续的 EAP 型的发展和相应的持续性降水的形成和维持提供了有利的大尺度环流条件。同样中纬度的槽也先 EAP 型 7 日出现,并且不断加深,引导来自高纬度的冷空气不断向华南地区侵袭。进而导致源源不断的冷空气与副热带高压边缘的暖湿气流在华南地区的持续交汇,加强了该地区的温度和湿度梯度,从而导致该地持续性降水过程的发生。此外,鄂霍次克海阻塞高压的稳定维持,阻挡了短波槽的东移,使得这些扰动不断地向华南地区移动,使得局地降水的强度也因此加强。

上述的分析可以看出,华南型 EAP 事件模态的主要特征为西太平洋低纬地区和东亚高纬度地区为强度超过 1.5 个标准差的正距平,二者中间地区为低于正常值 2.5 个标准差的负距平。这样的模态表征了副热带高压的西伸和加强,鄂霍次克海阻高的建立和维持,中纬低值系统有利于冷空气南下到华南地区(图 3.27)。这样的环流异常持续了 3 d 以上,导致了华南地区发生持续性强降水。

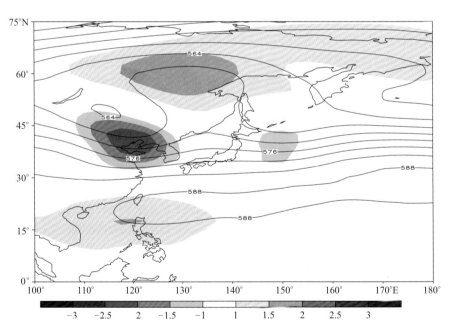

图 3.27　合成华南型 EAP 事件日的 500 hPa 高度场(等值线)和标准化高度场距平
(阴影,间隔 0.5 个标准差)

从华南型 EAP 事件所有个例合成的副高位置来看(图 3.28),所有个例的持续时间平均后副高西伸脊点位于 122.5°E 附近,脊线位于 20°N 附近,较 Chen 和 Zhai(2015)提出的江淮型 EAP 事件副高位置偏东偏南。以往的研究指出,副热带高压是决定中国夏季雨带的位置和强度的关键系统,可见副高位置偏东、偏南是雨带位于华南地区的关键因子。

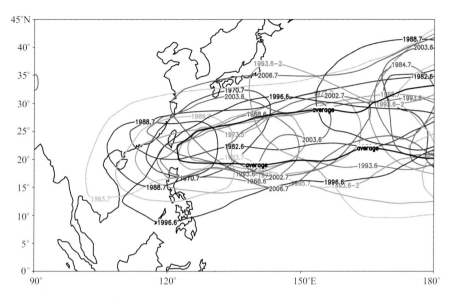

图 3.28　华南型 EAP 事件西太平洋副热带高压(5880 gpm 线)分布(黑色实线代表所有个例的平均情况)

3.5.3　对流活动对华南型 EAP 事件的影响

Huang(1987)指出气候态的 EAP 的形成与西太平洋以及菲律宾附近的对流加热异常有关,即热源强迫形成的准定常行星波从菲律宾附近经东亚传到北美海岸。那么日尺度的 EAP 遥相关的发生原因是不是也是由于菲律宾附近的对流异常激发向北传的 Rossby 波,从而呈现明显的经向"＋－＋"波列呢? 这里将华南型事件个例对应的外长波辐射(Outgoing Long wave Radiation,OLR)进行合成(图 3.29),发现事件日发生前 5 日,在菲律宾地区出现明显的对流活动异常,随后对流活动向北移动并且加强,事件日发生前 1 日该对流活动到达华南地区。事件日发生时对流活动达到最强,此时华南强降水异常发生。从合成的 OLR 异常场纬度-时间的演变(图 3.30)也可以看出,从事件日开始前 5 日在菲律宾地区明显有对流向北传的现象,在事件发生时对流传播到华南地区。对流活动为 EAP 遥相关的形成和维持提供了能量。Huang(1987)提出菲律宾周围对流活动增强将会引起中国江淮上空以及日本南部上空的西太平洋副热带高压增强,而且从南亚通过东亚到北美地区形成一个类似 EAP 型的大气遥相关型,也就是 EAP。由此可以看出,日尺度的 EAP 遥相关也和菲律宾地区的对流活动有着密不可分的联系。Chen 和 Zhai (2015)的研究也指出,菲律宾附近的对流异常是 EAP 遥相关的重要来源。

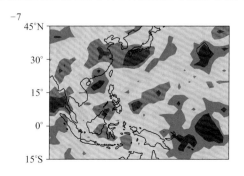
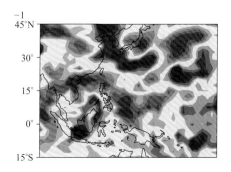

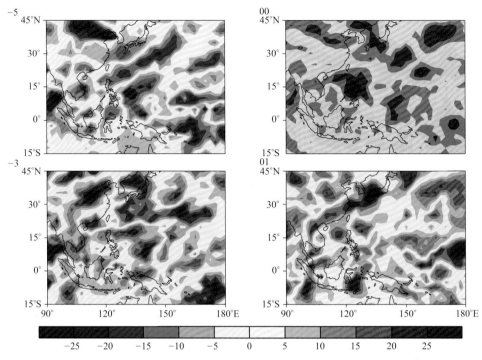

图 3.29　合成的 OLR 异常场(阴影,W/m²),黑色实线代表通过了 α＝0.05 的显著性检验,
每幅图左上角标记的数字 d 表示该日领先(负值)或落后(正值)降水异常开始日 d 天

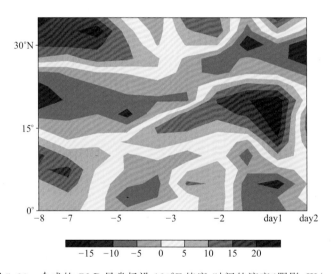

图 3.30　合成的 OLR 异常场沿 120°E 纬度-时间的演变(阴影,W/m²)

3.6　本章小结

(1)持续性降水是华南汛期(4—9 月)降水的主要类型。在过去 50 a,华南汛期持续性降
水量仅有弱的增加趋势,而非持续性降水量有显著的增加趋势。这种变化主要由于前汛期
(4—6 月)非持续性降水量显著增加和后汛期(7—9 月)持续性降水量有弱的增加而引起。华

南前汛期非持续性降水量显著增加的可能原因,主要是由于 1992 年之后前汛期影响华南的干冷空气增加、南方暖湿气流影响减少使华南地区冷暖空气交汇减少造成,1992 年之后华南前汛期大气稳定度的下降也为非持续性降水量的增加提供了有利背景。

(2)夏季(6—8 月)华南地区夏季降水趋于集中,更多的降水量集中出现在更少的雨日内,很容易造成洪涝灾害。近 50 年华南夏季持续性降水和持续性强降水都是增多的。尤其是自 20 世纪 90 年代初期,持续 3 d 及以上的降水过程明显增多。在空间分布上,华南大部地区降水量为 1 mm 的雨日呈减少的趋势,而强降水(25 mm,50 mm)的雨日呈增加的趋势。

(3)夏季华南非 TC 型持续性暴雨大致可为夏季Ⅰ型和夏季Ⅱ型,它们具有不同的环流配置。其中夏季Ⅰ型的南亚高压为中部型,西风急流轴倾斜;中层中高纬度地区西风带相对平直,其南部多小槽波动引导小股冷空气渗透南下,孟加拉湾低槽位置偏北,华南西部沿海地区出现浅槽,西太平洋副高位置偏西、偏南、强度偏强。夏季Ⅱ型的南亚高压为西部型,西风急流轴倾斜;中层孟加拉湾槽较深,出现气旋性环流,华南西北部地区出现低槽。当上述两种特定大尺度环流的配置稳定时,有利于持续性暴雨的维持。夏季两类持续性暴雨具有各自不同的异常水汽来源。其中夏季Ⅰ型异常水汽主要来源于西南季风在 20°N 附近的水平输送和副高南侧的东南转向气流输送,异常的水汽通量大值区主要出现在华南东部沿海地区。夏季Ⅱ型异常水汽主要来源于西南季风在 20°N 附近的水平输送,异常的水汽通量大值区主要出现在两广和海南岛。

(4)EAP 型出现时,不仅可以在江淮产生强降水,在华南地区也可能发生强降水。从华南型 EAP 事件合成的 850 hPa 水汽通量异常和风场来看,来自副高外围的水汽和来自南海以及孟加拉湾地区的水汽为华南持续性降水提供了水汽条件,中纬度的气旋式环流使得来自中高纬度的冷空气南下,冷暖空气在华南地区交汇。并且太平洋反气旋环流和中纬度的气旋式环流的维持和加强,有利于水汽在华南地区辐合。

(5)在华南型 EAP 事件形成的前 7 日左右,在东亚地区存在双阻形势,在中高纬度有向下游频散的波活动通量。事件日前 3 日,低纬度有强烈地向中高纬度传播的能量。事件日前 1日,副热带高压突然开始西伸,EAP 型建立。中纬度低值系统控制的气旋控制东北地区,为低纬度地区带来干冷空气,与来自副高边缘的水汽以及南海和孟加拉湾的水汽在华南地区汇合,导致该地区的强降水异常的发生。华南型 EAP 事件发生时,副高的位置位于 120°E,20°N 附近,较江淮型 EAP 事件中的副高位置偏东偏南。

(6)从对流活动角度来看,在华南型 EAP 事件日发生前 5 日,在菲律宾地区出现明显的对流活动异常,随后对流活动向北移动并且加强,事件日发生前 1 日该对流活动到达华南地区。事件日发生时对流活动达到最强,此时华南强降水异常发生。对流活动为 EAP 遥相关的形成和维持提供了能量。

第4章　低频振荡特征及其对持续性
强降水的影响

4.1　概述

　　自 Madden 和 Julian(1971)发现热带大气季节内振荡(MJO)以来,有关大气季节内振荡(ISO)的研究已成为国内外气象研究工作的关注点。东亚季风区夏季的大气活动表现出明显的低频振荡特征,主要表现为季节内振荡,即 30~60 d 振荡(Lawrence and Webster,2002)和准双周振荡即 10~20 d 振荡(Mao and Chan,2005)。大气低频振荡是联系天气和气候的直接纽带,它可造成大气环流持续性异常,进而对持续性强天气异常的形成产生影响。近年来,大气低频振荡成为研究持续性异常天气延伸期预报的关键着眼点,研究低频振荡对于延长持续性强天气的预报时效具有重要意义(翟盘茂 等,2013;2016a)。

　　中国夏季降水表现出显著的低频特征,如 Yang 和 Li(2003)认为长江流域降水有 15 d 和 24 d 周期的振荡特征,Mao 等(2010)指出长江流域降水主要是 20~50 d 的低频振荡周期,曹鑫等(2012;2013)在对中国东部和东南部降水低频振荡的研究表明,其低频周期有准双周振荡和季节内振荡(30~60 d)。华南前汛期持续性强降水表现显著的低频振荡特征,周期范围为 10~20 d 和 30~60 d,其中 10~20 d 周期振荡更为显著(Hong and Ren,2013;李丽平 等,2014)。冯海山(2015)基于 1961—2010 年 4—10 月中国逐日降水观测资料(2747 站),研究了我国低频、高频降水空间分布特征(图 4.1)。分析发现我国夏半年低频降水贡献最大的区域在东南部区域,其中江淮、江南、华南以及华北西南部地区的低频降水都占较大的贡献,各年平均贡献为 24%,10~50 d 低频降水最大贡献的年份,贡献率可达到 40%。其中 10~20 d 的低频降水贡献最大的地区在东南沿海,20~50 d 的低频降水贡献最大的区域在江南和华南区域。四川盆地的降水则以 10 d 以下高频变化为主。

　　持续性强降水事件同样具有显著的低频振荡特征,且通常位于低频振荡的活跃位相(Yang et al.,2010)。影响持续性强降水形成的因子中,行星尺度系统为天气尺度系统提供背景,决定天气尺度系统的移动路径、速度和强度的变化,持续性强降水的发生往往与大尺度环流的持续异常直接相关。我国持续性强降水天气与中高纬的阻塞高压和中低纬的西太平洋副热带高压(西太副高)的持续稳定维持密切相关。众多的研究表明大气低频环流异常是形成和维持持续性强降水的重要原因,例如 Mao 和 Xu(2006)研究了 1991 年夏季长江流域强降水和环流的低频关系,指出副热带高压存在 15~35 d 的低频活动,自北太平洋中部,向西北方向传播至南海菲律宾地区,控制长江流域降水的季节内变化。而 1998 年夏季的两次持续性强降水过程中,30~60 d 季节内振荡特征十分显著,研究指出,30~60 d 季节内振荡源自我国南海地区,其向北传播输送大量水汽至长江流域(Zhu et al.,2003;Lu et al.,2014)。南海及附近地区的 ISO 活动通过影响东亚夏季风的建立影响我国东部旱涝。夏季东亚中高纬系统的低频

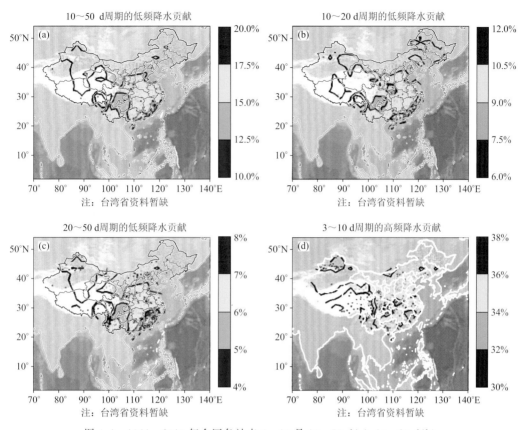

图 4.1　1961—2010 年全国各站点 4—10 月 10～50 d(a)、10～20 d(b)、
20～50 d(c)低频和 3～10 d 高频(d)降水占总降水贡献平均值

变化能造成长江流域梅雨锋低压扰动加强,低纬度大气环流的低频振荡则有利于水汽的输送,在江淮流域更利于暴雨的发生。Chen 和 Zhai(2017)基于 Lee 等(2013)提出的北半球夏季季节内振荡(BSISO)指数,通过对 BSISO1 和 BSISO2 各个位相上站点的强降水和极端温度发生的概率进行统计,全面分析了 BSISOs 对中国夏季强降水和温度的影响,指出,BSISOs 可以同时导致中国中东部强降水和华南—中国东南部极端高温。我国东南部夏季降水(Zhang et al.,2009)和云南干旱(吕俊梅 等,2012)还会受到 MJO 活动的影响。综上所述,热带地区大气和中高纬地区大气都存在低频振荡的现象,热带地区低频振荡多由来自赤道地区的对流激发,而中高纬大气低频振荡往往是一种大气内部的扰动(李崇银,1993),这些大气的低频振荡均有可能通过影响关键的环流系统进而影响我国东部持续性强降水的形成。

本章将从介绍副热带高压、南亚高压等关键天气系统的大气低频活动出发,总结近些年影响江淮地区和华南地区持续性强降水发生的低频环流特征及形成机理的研究进展。

4.2　副热带高压和南亚高压的次季节活动

西太副高在长江流域中下游地区的降水中具有重要的调控作用(Huang,1963；Wang et

al.，2000；Liu and Wu，2004；Mao and Xu，2006），它的位置和强度往往决定来自海洋的暖湿空气和中高纬度冷空气相遇的位置。500 hPa 高度上，西太副高西边界在夏季抵达最北端，接近东亚的海岸线，并表现出显著的向北传播特征，同时东亚夏季风降水呈现季节性变化（Mao et al.，2010）。在次季节时间尺度上，西太副高西边界表现出先向西移然后东移，与长江流域中下游的持续和间断性降水相一致。Mao 和 Xu（2006）指出，西太副高显著西伸，低层一个异常反气旋占据东亚和其沿海水域，导致长江流域降水正异常，这种突然东撤与强降水负异常相关。在次季节时间尺度上，副高主要通过控制海洋到陆地的低层水汽而影响降水。副高控制源自南海和西太平洋的暖湿西南气流，与来自中纬度的冷空气相汇，在中国东南部形成大量的辐合和上升运动，为持续性降水提供必要的动力和热力条件。印度太平洋的异常和西太副高的年际-年代际的变化高度相关。

过去对季节内时间尺度上西太副高和海表面温度（SST）的关系及降水的变化研究较少。特别是，较少研究关注 SST 季节内变化和西太副高纬向运动的关系。Ren 等（2013）研究了长江中下游地区持续性强降水事件中与西太副高纬向运动相关的 SST 次季节信号，揭示了次季节 SST 变化对西太副高纬向运动的作用。该研究基于 1979—2011 年长江流域中下游地区发生的 76 个持续性强降水事件（活跃位相）和 45 个降水间断事件（降水异常偏少，抑制位相）。在次季节时间尺度上，持续性强降水事件发生期间，西北太平洋地区 500 hPa 高度场和 SST 异常值（SSTA）合成结果表现出在西太副高北边界的南/北部正/负异常的偶极型结构（图4.2）。伴随着西太副高西伸，500 hPa 高度场正异常和 850 hPa 反气旋性异常位于东亚及其沿

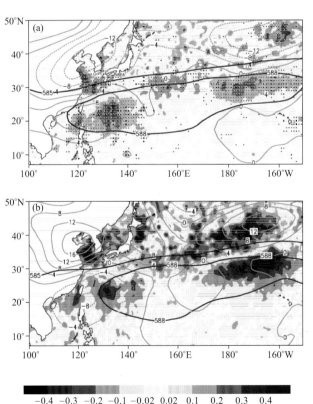

图 4.2　6—8 月持续性强降水期间(a)和早夏降水间断期(b)的西北太平洋次季节时间尺度 SSTA(单位：K,填色)、588 dagpm 和 585 dagpm 等值线(紫色实线)、500 hPa 高度异常场(单位:gpm,绿色等值线)合成

海地区 30°N 南边。同时,西太副高西边界下的海水偏暖。在间断事件期,西太副高位置偏东,并表现出与活跃位相相反的大气环流和 SST 异常信号。

持续性强降水事件发生期间,588 dagpm 线(Z500)和 149～151 dagpm 线(Z850)滞后合成(图略)分析表明,西太副高西边界在次季节时间尺度上存在纬向移动。西太副高的次季节演变有两个阶段,第一阶段是在长江中下游地区持续性强降水事件发生之前和期间,东亚沿海区域有西太副高的西边界和异常反气旋的向西传播,当西太副高西边界在持续性强降水事件峰值时期到达中国东南部海岸线时,这一阶段结束。第二阶段是西太副高的东退,低层环流由反气旋性异常转变为气旋性异常。沿海地区 SST 的次季节变化与副高的纬向变化存在一定的位相差。如图 4.3 所示,西太副高西伸之前,在东亚沿岸 30°N 以南水域 SST 显示负异常。西太副高西伸之后几天,SST 升高,SST 正异常维持数日,随着西太副高东退,SST 正异常逐渐衰减。西伸的西太副高通过增加向内的太阳辐射和减少海-气界面的潜热释放对 SST 正异常起重要作用。正 SST 异常持续 10 d,在对流层中低层影响局地环流,使得额外的水汽供应到大气层低层,对局地反气旋异常的维持产生了不利的条件。持续 SST 正异常还与西太副高西边界之下的沿海区域的低层环流从异常反气旋转变为气旋性环流密切相关。它使得异常反气旋环流被削弱,西太副高向东移动。说明副高西伸使得 SST 产生正异常对西太副高具有负反馈,可能导致西太副高的东退。因此,西北太平洋在季节内时间尺度上的局地海气相互作用

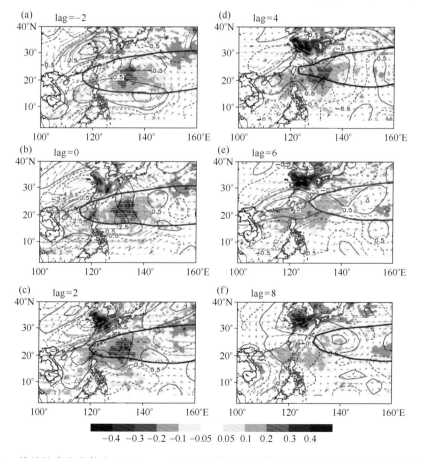

图 4.3 持续性降水事件中 588 dagpm 线、次季节 SSTA(单位:K,填色)、次季节 850 hPa 涡度
异常(单位:10⁻⁶/s,黑色等值线)和 850 hPa 风场(单位:m/s,风矢)合成

可能是西太副高在次季节时间尺度上纬向振荡的原因。

南亚高压作为亚洲夏季风的一个主要分量,在很大程度上影响着亚洲-太平洋区域的天气和气候。过去对于南亚高压的研究大多集中在年代际或者年际的尺度变化(Qu and Huang,2012),其强度的年代际变化随着印度洋-太平洋热异常的年代际振荡,年际变化和海表面温度异常(SSTA)相关(Jiang et al.,2011)。除了长时间尺度的变化,南亚高压也表现出次季节的变化,主要表现为南亚高压的纬向振荡,这种纬向振荡和季风的低频分量有密切关系,共同影响着亚洲区域的夏季降水异常(Chen and Zhai,2014c)。Ren 等(2015)基于 1979—2012 年共挑选出的 40(43)例南亚高压东(西)移事件,研究了南亚高压在次季节尺度上东伸的特征和与其相关的非绝热加热和次季节时间尺度的东亚降水,利用位势涡度诊断,从非绝热加热反馈和中纬度波列的作用揭示南亚高压东伸的机理。该研究指出,南亚高压指数表现出显著的 10~30 d 的低频振荡,在次季节时间尺度上,南亚高压东伸伴随着一个横跨欧亚大陆的波列向东传播,在中高纬度上,该波列表现出准正压垂直结构,在东亚副热带则表现出斜压特征。该波列的一个弱高压中心位于青藏高原西侧,沿着副热带西风急流向东传播并到达中国东部,这一过程使得南亚高压初步东移。当南亚高压到达其最东端位置时,一个强负位势涡度(正位势高度)中心位于 200 hPa 青藏高原东部。与之相关的非绝热加热和降水异常包括南亚高压到达东端前 12 d 时南海和副热带西太平洋的加热和降水异常偏多,一周后青藏高原南部和中国南部冷却、降水异常偏少,青藏高原北部和中国北部加热和降水异常偏多。这种在青藏高原北部和中国北部的加热及大气的上升运动增加了 200 hPa 局地的负位势涡度。中国南部的冷却和大气下沉运动导致正位势涡度的产生。200 hPa 上,这种南北偶极型的位势涡度异常在北风气流背景下有利于形成向南的负位势涡度平流。南海-西太平洋异常加热通过在中国沿海地区产生一个低层异常气旋为中国南部的降水异常偏少形成有利的条件,这一过程有利于南亚高压后期的东伸。

4.3　江淮地区持续性强降水的低频特征及形成

4.3.1　EAP 的低频活动对江淮地区持续性强降水的影响

Chen 和 Zhai(2017)研究了 1961—2010 年 EAP 遥相关的低频活动特征及其影响。研究发现,在整个夏季 EAP 遥相关表现出显著的 10~30 d 低频周期,中心周期大致为 16 d(图4.4)。利用位相分析方法得到 29 个低频正事件和 28 个低频负事件。EAP 遥相关的 10~30 d 环流异常系统通过极向的波活动通量在相应的周期内发展演变。与异常环流低频周期相应的是低频降水异常,在正(负)位相,抑制(增强)对流位于西太平洋和东西伯利亚,增强(抑制)对流位于长江流域到日本地区(图 4.5)。与此同时,一个 10~30 d 的温度跷跷板在 EAP 正(负)位相影响下形成,表现为亚洲中东部冷(暖)异常和西伯利亚中东部暖(冷)异常。由于EAP 遥相关正/负位相的持续,这些降水和温度异常导致降水偏多/偏少和低温/高温事件持续将近 1 周时间(峰值超过 1 个标准差)。

为揭示与江淮地区持续性强降水相关的 EAP 遥相关的低频活动特征,陈阳(2016)研究了导致江淮地区持续性强降水的 EAP 遥相关(典型湿 EAP 遥相关)事件,发现在典型湿 EAP 遥相关事件期间中,8~25 d 的准双周振荡是最主要的模态,平均能谱的次峰值出现在 30~60 d

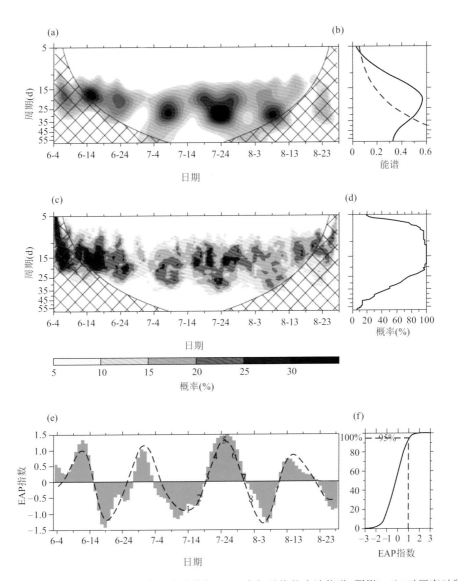

图 4.4 1961—2010 年 EAP 指数的小波分解。(a)多年平均的小波能谱(阴影);(b)对研究时段
进行时间积分的"全局能谱"(黑色实线),红色实线代表通过 $\alpha=0.05$ 的显著性检验的红噪声
检验阈值线;(c)显著的周期成分在某日的累积概率(阴影);(d)通过显著性检验的全局能谱的
累积概率;(e)2009 年 EAP 指数和 10~30 d 低频 EAP 指数合成;(f)EAP 指数值的累积分布
函数;图(a)和(c)中的蓝色网格线表征该区域受到"边界影响"比较明显

频段上(图略)。图 4.6 为江淮地区持续性强降水在各个低频尺度振荡的演变特征。在持续性
降水发生时段,由准双周振荡造成的降水异常占总的降水异常的 $40\%\sim47\%$ 左右。准双周振
荡的降水异常在整个降水发展过程中都显著。而 30~60 d 季节内振荡造成的降水异常占总
降水异常的 $12\%\sim15\%$,远远小于准双周分量的贡献,其峰值与准双周振荡的峰值重合。
30~60 d 季节内振荡与准双周振荡的"锁相"特征使得二者对总的降水异常的贡献可以达到
60% 左右。除了二者的贡献外,还有 $30\%\sim40\%$ 的降水强度由其他时间尺度的成分贡献,这
种极端强降水可能是由频繁的高频天气尺度(3~6 d)扰动造成。

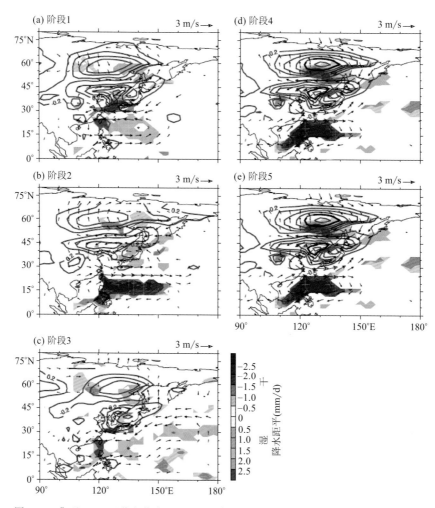

图 4.5 典型 EAP 正位相期间 10～30 d 降水异常（填色）、850 hPa 风场异常（矢箭）
和标准化地表大气温度异常（等值线）合成

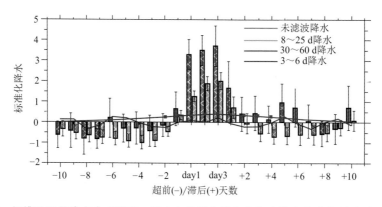

图 4.6 江淮地区的降水合成演变。图中白色网格线和蓝色点代表合成值通过了 $\alpha=0.05$
的显著性检验。柱状图的 error bar 代表了 95% 的置信区间

典型湿 EAP 遥相关事件的准双周振荡表现为上游系统以东南移动为主,而东亚地区的系统以西移为主,经历了负位相减弱,正位相发展并达到峰值的过程,上游东移的低值系统与从西北太平洋西移的系统在事件开始前发生了合并,使得中纬度低值系统快速发展。乌拉尔山以西的脊的减弱主要受到准双周振荡调制。东亚沿岸的系统主要以西北移动为主。副热带高压和南亚高压的东西振荡都主要受到准双周振荡的调节(图 4.7)。从 EAP 遥相关的各个异常中心的绝对强度来看,准双周振荡对各个异常系统的贡献可以达到 30%～40%,特别是中纬度的梅雨槽,准双周振荡的贡献可以达到 50%～60%。低层 EAP 遥相关的准双周振荡的位相转换特征更为明显(图 4.8)。事件开始前一周中国南海地区到菲律宾一带仍为异常气旋控制,随后几日该异常气旋逐渐西移减弱至消失。与此同时,在菲律宾以东地区出现异常反气旋,逐渐向西移动并加强,北移特征并不十分明显。在中纬度地区,事件开始前一周为异常反气旋控制,与低纬度的异常气旋共同组成了 EAP 遥相关的负位相,随着低纬度异常反气旋的西移发展,中纬度出现了异常的气旋随之西移。在事件发生前 2 日,从东侧西移的异常气旋与上游的异常气旋出现了明显的合并现象,此时的异常反气旋已经移至菲律宾东北侧。事件发生时,低纬度的异常反气旋和中纬度的异常气旋稳定维持在东亚沿岸。从水汽输送角度而言,在准双周尺度上,提前事件一周左右时,EAP 遥相关的负位相造成江淮地区为东北风和东南风之间的辐散区域,此时江淮地区为强的水汽辐散区;随着准双周振荡的位相转化,辐散逐渐

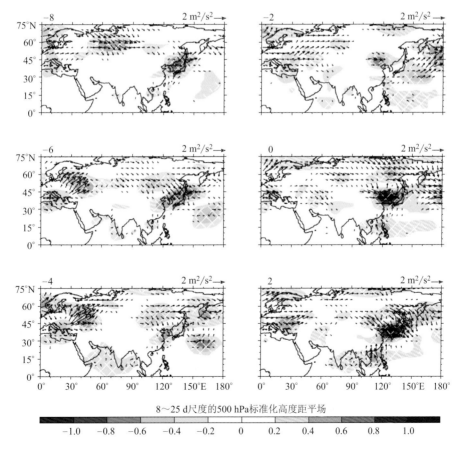

图 4.7　典型湿 EAP 遥相关事件对应的准双周振荡的 500 hPa 标准化高度场(阴影)及对应的波通量(矢量),图中仅标记出通过了 $\alpha=0.05$ 显著性检验的距平

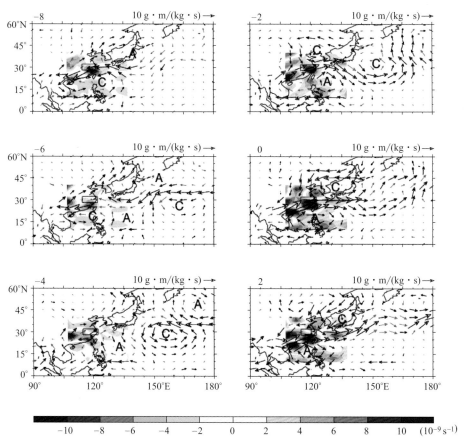

图 4.8 典型湿 EAP 遥相关事件对应的 8～25 d 带通滤波的 850 hPa 水汽通量（矢量）和对应的水汽通量散度（阴影）。显著的水汽通量用黑色突出，其余部分用灰色绘制。灰色矩形标记了江淮区域

转为西南风和西北风之间的辐合，江淮地区及其南侧为强的水汽辐合区，为江淮地区的持续性强降水的发生提供了必要的水汽条件。与上述高中低层的准双周振荡的演变特征相对应，当 EAP 遥相关仍处于准双周振荡的负位相时，异常充足的水汽主要集中在中国南海地区和中国华北地区，而江淮地区对应水汽偏少，且水汽的异常信号主要集中在对流层低层。在热力驱动下，中国南海到江淮地区之间形成了一支热力环流，上升支位于南海和华南南部，下沉支在江淮区域，此垂直环流圈的强度随着位相转换而减弱。在 EAP 遥相关的负位相阶段，江淮地区上空始终盛行下沉气流，此下沉气流一方面使得江淮地区云量偏少，到达地表的太阳短波辐射增多，另一方面，其下沉的绝热增温效应超过了下沉运动造成的非绝热冷却。两方面因素造成对流层低层迅速升温，同时会造成地表水汽蒸发加剧。随着异常反气旋的西移，江淮地区的南风异常逐渐取代早期的北风异常，将大量的水汽输送到江淮南侧地区，造成该地区的水汽积累。这样低层逐渐形成了高温高湿的不稳定环境，因此在江淮地区上升运动逐渐取代了早期的下沉运动。随着准双周振荡正位相的进一步发展，江淮地区上空的上升运动进一步发展，南海地区上空则为下沉运动所占据，二者之间形成了另一个垂直环流圈。江淮地区持续性强降水释放出的大量凝结潜热促使对流层中高层暖中心形成。在强降水持续期间，江淮地区及其北侧的温度和湿度梯度的同时增大表明准双周振荡促使准静止梅雨锋的生成，这样的发展过程与未滤波的结果非常一致。与此同时，对流层低层的水汽会迅速被消耗，并且上升运动的绝

热冷却会使低层大气迅速降温,到了事件末期,江淮地区上空已经出现了温度的负异常,低层偏冷将会抑制强降水的持续,准双周振荡也将再次由正位相转向负位相。低层的准双周振荡对水汽辐合贡献最大,导致降水的准双周分量对总的降水异常的贡献达到 40% 左右。

在季节内尺度上,波列的空间尺度更大,表现为由地中海东岸的负距平向东北方向激发出一支准静止波(图略)。对比季节内振荡和准双周振荡的演变特征,可以发现二者中纬度低值系统的移动路径非常相似,但季节内振荡的移动速度要远远小于准双周振荡。在中纬度地区(27.5°—40°N)做经度-时间剖面(图 4.9)。从 day−10 到 day 2 季节内振荡一直处于 EAP 遥相关的正位相阶段,以中纬度低值系统缓慢西传为主要特征,移动速度大致为 2°E/d。准双周振荡明显经历了一次位相的转化,在 120°—150°E,准双周振荡的中纬度信号从早期的正距平逐渐衰减,到 day−3 时已经完成了位相的转换,之后负距平逐渐发展。而该负距平亦是从东侧移动而来,移动速度大致为 4.5°E/d。对比二者的相对位置,慢变的季节内振荡的中纬度低值系统相当于为准双周振荡的低值系统的快速西移提供了有利的"廓线(package;Straub and Kiladis.,2003)"。在高纬度地区(图 4.10),季节内振荡以准静止波的形式存在,其相速度小于 1°E/d。在东亚上游地区,准双周振荡以短波扰动的形式快速东传。一个明显的特征是,上游的低值扰动传到季节内振荡的东亚高值中心处就不能继续东传,而是转为原地发展,而且低值扰动的传播源头,恰恰是季节内振荡的高纬度低值中心所处的经度。这种现象说明了准静止的季节内振荡所提供的稳定环流背景的作用,其一方面为准双周振荡的低值扰动提供源源不断的冷空气,促使其生成发展;另一方面在东亚地区阻挡了准双周低值扰动的继续东传,进而使得准双周低值扰动向南侵入到中纬度地区,与其东侧的低值扰动合并。季节内振荡和准双周振荡的"锁相"使得二者对总的降水异常的贡献达到 60%。

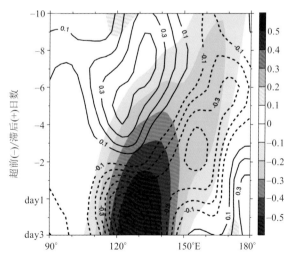

图 4.9　典型湿 EAP 遥相关事件中纬度地区(27.5°—40°N)纬度平均的 30～60 d 带通滤波标准化高度距平(阴影)以及 8～25 d 带通滤波标准化距平(等值线)

为了进一步分析 EAP 遥相关的低频活动特征及其对持续性强降水的影响,李蕾(2016)对 1980—2010 年 6—7 月发生的 15 例 EAP 遥相关湿事件进行分析,研究持续性强降水事件发生期间 EAP 遥相关和江淮流域持续性强降水共同具有的低频性质(表 4.1),找到作用于持续性强降水的关键频段,进而分析 EAP 遥相关的低频环流演变特征及其形成。江淮流域持续

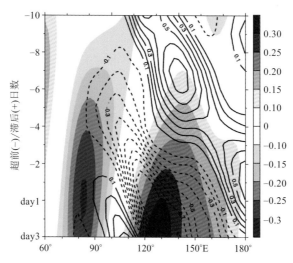

图 4.10 典型湿 EAP 遥相关事件高纬度地区(50°—70°N)纬度平均的 30～60 d 带通
滤波标准化高度距平(阴影)以及 8～25 d 带通滤波标准化距平(等值线)

性强降水和持续性 EAP 遥相关同时具有 10～30 d 低频活动的共 9 个事件,占全部事件的 60%,其中 10～30 d EAP 遥相关的低频方差贡献平均达 39.3%,对应的低频持续性强降水的方差贡献平均达 19.5%;在 30～60 d 低频尺度上,同时具有低频活动的共 3 个事件,占全部事件的 20%。因此从低频活动的角度来说,EAP 遥相关对江淮流域持续性强降水的影响分别分布在 10～30 d 和 30～60 d 两种低频波段上,相比之下则更多集中在 10～30 d 这个时间尺度上。

表 4.1 各事件年在 EAP 遥相关导致的江淮流域持续性强降水发生期间江淮流域降水(PRE)和 EAP 遥相关的低频性质情况

年份	PRE		EAP	
	10～30 d	30～60 d	10～30 d	30～60 d
1982	√	√	√	√
1983	√			
1986	√		√	
1989	√(①②)		√(①②)	
1991	√			√
1993	√			
1995	√			√
1996	√	√	√	
1998	√(②)	√(①②)	√(①)	√(①②)
1999	√		√	√
2000	√		√	
2009	√(①②)		√(①②)	√(②)

注:表中"√"表示在该波段上存在显著低频活动,表中①②分别代表该年发生的两个事件。

为了揭示中高纬横跨欧亚的纬向型波列、副高系统以及 EAP 遥相关的建立和江淮流域持续性强降水在 10～30 d 的位相关系,定义纬向波列(Zonal Wave Train,ZWT)指数(I_{ZWT}),以表示横跨欧亚大陆的中高纬纬向型波列的活动特征。由于在对流层中高层 EAP 遥相关的上游中高纬地区存在以乌拉尔山脉为中心对称的 3 个异常活动中心,自西向东分别是 A($50°$N,$30°$E)、B($60°$N,$60°$E)和 C($60°$N,$90°$E)。利用 500 hPa 上的这 3 个基点的标准化位势高度异常 H_A、H_B 和 H_C,定义 $I_{ZWT} = 1/3H_A - 1/3H_B + 1/3H_C$。将纬向波列指数、WP 指数、EAP 指数和 PRE 指数表示在图 4.11 上。可以看出,纬向波列指数超前于其他指数,day-6 时进入正位相,此时副高和 EAP 遥相关系统都位于负位相的峰值。在 day-4 时,低频副高系统由负位相转为正位相,受中高纬纬向波列和副热带高压系统的共同影响,在 day-3 时 EAP 遥相关向正位相转变,此时纬向波列最强盛,随后逐渐衰弱,江淮流域降水于 day-2 时开始增多。在事件日第 2 天时,EAP 指数峰值,此时 PRE 指数也达到峰值。由此可见中高纬纬向波列和副高系统在 10～30 d 尺度上的活动对 EAP 遥相关的形成具有重要的作用,并且当它们的低频信号先后出现时,可能是低频 EAP 形成的前期信号(Li L et al.,2016)。

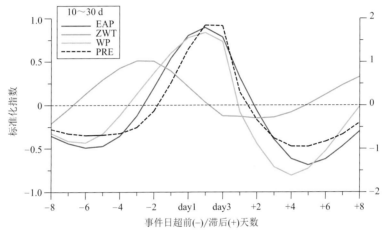

图 4.11　10～30 d 的低频 EAP、ZWT、WP 以及 PRE 序列
(EAP、ZWT 以及 WP 适用于左边坐标轴,右边坐标轴适用于 PRE)

综上所述,随着中高纬纬向型波列向东南方向传播以及副热带高低压系统西移北上,东亚沿岸经历了一次 EAP 遥相关 10～30 d 的振荡过程,由负 EAP 遥相关的"$-+-$"位势高度分布到正 EAP"$++$"的分布再到负 EAP 遥相关的"$-+-$"位势高度分布转变过程。与此同时,江淮流域地区经历了一次降水由负距平到正距平并且达到持续性强降水后又结束的过程。

在 day-5 时向 OLR 异常场(图 4.12)处于 EAP 遥相关负位相,江淮流域受抑制对流控制导致其处于降水负位相,菲律宾群岛附近对流活动加强,其东南侧对流减弱。在 day-2 时,抑制对流向西北方向传播至菲律宾群岛地区,这种抑制对流有利于菲律宾北侧上空的反气旋的形成,在这个抑制对流的东南侧伴随一个对流活动区。抑制对流与对流系统继续往西北方向传播,至事件发生时,抑制对流完全控制在南海菲律宾上空。暖池区这种强大的抑制对流活动导致在对流层中低层形成副热带高压异常中心(布和朝鲁 等,2008b),在江淮流域则受到强盛的对流控制对应低频持续性强降水的发生。当事件结束后第一天,这个抑制对流东南侧的对流逐渐发展起来并且传播至菲律宾群岛地区代替原先的对流系统,此时 EAP 遥相关由负位相向正位相转变。为了进一步分析在低纬度地区 OLR 异常的传播情况,通过在西太平洋地区建立 OLR 异常随时间变化的演变图(图 4.12),可以发现很明显的 OLR"＋－"异常对流对从热带中太平洋地区向 EAP 遥相关副高系统的标准位置(17.5°N,120°E)传播的过程,它们交替到达南海—菲律宾地区,使得位于南海地区的 OLR 异常存在"－＋－"的低频振荡过程,从而利于构成 EAP 遥相关的低纬度系统"－＋－"位相的转变。

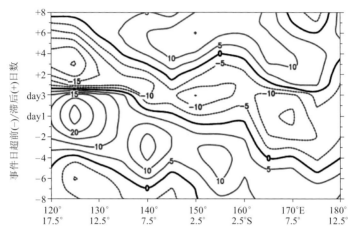

图 4.12　沿西太平洋(12.5°S,180°)至(17.5°N,120°E)直线的 10～30 d
OLR 异常(W/m²)随时间的演变

1982 年 30～60 d OLR 异常场与 500 hPa 高度异常场相对应,day－15 处于显著的 EAP 遥相关负位相,江淮流域受下沉气流控制,南海上空受上升气流控制,其东南侧存在一个显著的抑制对流,在孟加拉湾存在显著的对流系统。随后逐步向 EAP 遥相关正位相转变,原先位于西太平洋的下沉气流向西北方向传播至南海北部,孟加拉湾的对流逐渐向东传播至南海南部。为了更清晰地看到对流在事件发生期间的演变情况,分别沿赤道 45°E 至 120°E 直线和西太平洋(2.5°S,180°)至(17.5°N,120°E)直线作 OLR 异常随时间的剖面得到图 4.13。day－15 时,加里曼丹岛东西两侧均受抑制对流控制,此时在赤道印度洋西侧存在 30～60 d 的对流向东南亚传播,至持续性事件发生时对流控制在南海南部地区,随着事件的结束又被来自西边的抑制对流控制,与 30～60 d 的 EAP 遥相关事件由负位相向正位相又转为负位相的演变过程是同步的,结合中低层位势高度场的分析可知这种类似 MJO 的 30～60 d 赤道自西向东传播的对流系统对 30～60 d 低频 EAP 遥相关的形成具有重要的影响。另外从西太平洋(2.5°S,180°E)至(17.5°N,120°E)直线的 OLR 异常随时间的演变来看,和 10～30 d 类似,也是一种"＋－"异常对流对从热带中太平洋地区向 EAP 遥相关副高系统位置传播的过程,事件发生前后交替到达南海菲律宾地区,使得位于南海地区的 OLR 异常存在"－＋－"的低频振荡过程,使得副热带高压系统发生"－＋－"位相的转变。

4.3.2　1998 年夏季长江流域持续性强降水的低频特征及环流演变

1998 年 6 月 12—17 日发生在长江流域的持续性强降水事件由于其持续时间长、影响范围大,是 60 a 来最严重的一次降水过程。1998 年夏季 30～60 d 季节内振荡十分显著,并得到广泛研究(Zhu et al.,2003)。源自我国南海地区的 30～60 d 季节内振荡向北传播,其输送大

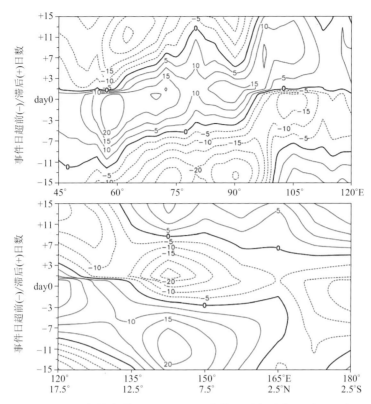

图 4.13　1982 年沿赤道 45°E 至 120°E 直线和西太平洋(2.5°S,180°)至
(17.5°N,120°E)直线的 30～60 d OLR 异常(W/m²)随时间的演变

量水汽至长江流域,与西南向移动的太平洋中高纬 30～60 d 季节内振荡在长江流域汇合,形成极端降水。在季节内时间尺度上,对流层低层的低频气旋和反气旋环流表现出交替在热带西北太平洋增强并向西偏北方向移动发展的特征。当异常气旋性环流移动到长江流域上空时,长江流域正好位于气旋性环流西南侧的东北风异常和西北太平洋上向西移动的反气旋环流西北侧的西南风异常环流汇合处的下方,引起该地区强降水的发生(齐艳军 等,2016)。Zhang 等(2008)指出 30～60 d 的青藏高原东部气旋和西太副高的共同作用使得长江流域的垂直运动出现季节内下降(上升),导致降水的中止(维持)。长江中下游夏季降水的活跃期与中断期的交替出现源自于西太平洋副高的季节变化,而副高的季节变化受到南海和菲律宾海附近类似于 Rossby 波向北和向西北传播的低频对流-环流耦合系统的影响(Mao et al.,2010)。

　　过去对 1998 年长江流域低频降水的研究更多关注 30～60 d 低频尺度。而 Jia 和 Yang(2013)指出准双周振荡通过调节副热带季风气流和赤道外环流影响梅雨。南海地区早夏对流的 10～25 d 振荡对亚洲太平洋大尺度大气环流是一种有效的强迫因子(Fukutomi and Yasunari,1999)。Mao 和 Xu(2006)指出,1991 年长江流域强降水和西太副高 15～35 d 季节内振荡密切相关,该低频振荡源自夏威夷岛并向西传播至中国东南沿岸。Sun 等(2016)则提出,1998 年夏季 10～30 d 的季节内振荡在调节持续性降水过程中的作用同样不可忽略,他们利用热带西太平洋和北印度洋的理想非绝热强迫的线性斜压模式模拟对流活动对大气的响应作用,系统分析了异常对流、SST 和大气环流、起源和发展特征以及 10～30 d 低频振荡的传播。研究发现,1998 年强降水事件期间,强降水位于长江流域,表现出一个显著的纬向降雨带,期间包括两个位相转变和 3 个停滞期。该研究中将降水分为 3 个阶段:阶段一(6 月 12—18 日),阶段二(6 月 19—23 日),阶段三(6 月 24—27 日)。其中,长江流域持续性雨带由 30~60 d 低频振荡控制,然而它位置的变化和停滞主要由 10~30 d 季节内振荡控制(图 4.14)。

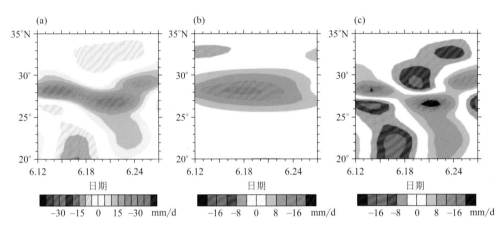

图 4.14   1998 年夏季长江中下游地区 113°—118.5°E 平均 10~90 d(a)、
30~60 d(b)、10~30 d(c)降水异常纬度随时间剖面

在 30~60 d 时间尺度,降雨带位于长江流域中下游,南海西南风输送暖湿水汽,华东地区低层的经向水汽输送呈现气旋位于长江流域北部、反气旋位于南部的偶极型,是源自孟加拉湾到北太平洋的遥相关波列的一部分。遥相关波列受北印度洋的非绝热加热激发,对流活动源于局地暖 SST 异常。在 10~30 d 时间尺度,长江流域雨带在三个阶段的位置、暖湿水汽源都不同。阶段一(二),降雨带位于 28°N 以北(南),阶段三沿东北—西南方向分布。暖湿水汽源取决于大量低层南海气旋或反气旋,受南海到北太平洋遥相关波列控制。从阶段一到阶段三,波列向西南方向逐步转变,他们由菲律宾海和南海地区的对流异常触发,与西太平洋和南海季节内振荡的西北方向和东北方向传播有关。因此,北印度洋是 30~60 d 季节内降水的主要强迫区域,10~30 d 降水受 10~30 d 菲律宾海和南海低频活动调控。此外,西太平洋和南海的 10~30 d 季节内振荡的生成和传播来自局地的海气相互作用以及季风的作用。当 30~60 d 和 10~30 d 季节内低频活动分别导致长江流域的持续性降水时,会导致强降水的发生。

4.4 华南地区持续性强降水低频特征及形成

华南是持续性强降水频发的地区,分为 4—6 月前汛期和 7—9 月后汛期两个多雨时段,前汛期的强降水多属锋面降水和季风降水,后汛期强降水主要是受台风和热带辐合带等热带天气系统的影响(高辉 等,2013;Wu and Zhui,2013),因此多数研究将二者分开讨论。苗芮等(2017)分析了 2010 年华南汛期降水异常的低频振荡特征指出,2010 年华南前汛期降水以10~20 d 振荡为主,后汛期则 20~50 d 为主,其中 10~20 d 是 2010 年华南降水的主要振荡周期,对应前汛期的多场持续性暴雨。2013 年华南前汛期持续性强降水可分为两个时段:3

月 26 日—4 月 11 日（第 1 阶段）和 4 月 23 日—5 月 30 日（第 2 阶段），胡娅敏等（2014）指出，第 1 阶段降水呈现出 20～50 d 的振荡特征，可能是北方冷空气活动频繁，提前 1 个周期的东北冷涡活动具有指示意义；第 2 阶段降水则呈现出 8～15 d 的振荡特征，可能是受西太副高加强和南海季风爆发的影响，提前 1/2 周期的南海北部水汽输送的纬向分量具有一定的指示意义。

大多数对华南持续性强降水的低频振荡的研究主要关注来自副热带和热带的低频信号。这些低频信号从海洋上带来低频对流和源源不断的水汽传播至华南地区，主要的低频振荡有来自热带、副热带西太平洋的西传，来自南海的北传，来自印度洋的 MJO 等等。苗芮等（2017）研究了 2010 年华南前汛期准双周尺度上持续性强降水异常与中高纬和热带地区大气低频振荡的关系，指出源自西西伯利亚的 Rossby 波能量沿着横跨欧亚大陆的低频遥相关波列向我国东部地区频散，引起该地扰动加强，从而引起华南低频环流及垂直运动的变化进而造成华南降水的异常。热带东印度洋的准双周振荡是影响华南前汛期降水的另一低频来源。当赤道东印度洋对流旺盛（抑制），其上空为强上升（下沉）气流，低层辐合（辐散）高层辐散（辐合），而华南上空盛行下沉（上升）运动，不（有）利于华南降水。来自中高纬和低纬的低频信号的叠加，配合低频水汽输送共同影响华南环流异常的低频变化，从而引起华南的低频降水异常，有利于华南持续性降水异常的发生（图 4.15）。

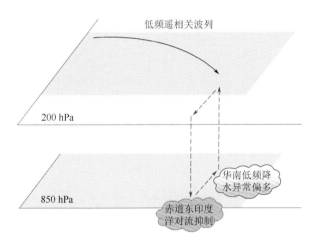

图 4.15　2010 年华南前汛期降水异常与低频振荡的关联示意图（华南降水偏多位相）

过去关于华南持续性强降水事件以及低频环流的研究大多集中于对个例的研究，很少有研究从气候态的角度研究 5—8 月华南的持续性强降水事件及其相关的季节内环流。Hong 和 Ren（2013）研究发现，5—8 月华南的持续性强降水事件整体呈现 12～30 d 的低频振荡特征，筛选出滤波后事件发生期间仍具有显著低频振荡（12～30 d）的事件，并将事件分为 5—6 月（63 例，前汛期）和 7—8 月（59 例，后汛期）两类进行分析（图 4.16）。在 12～30 d 低频时间尺度上，前汛期低频持续性强降水事件发生期间，华南低层异常环流产生强烈辐合，异常气旋位于华南，舌状异常反气旋位于南海。对于前汛期低频持续性强降水事件，在对流层低层有 3 个主要的季节内前期信号，第一个是从中高纬度向南传播的低值系统，第二个是从华南到南海向东南传播的异常反气旋，第三个信号是与西太副高西伸一致的从菲律宾海到南海的向西传播的异常反气旋。后两个信号有利于持续性强降水事件期间的舌状异常反气旋的形成。在对

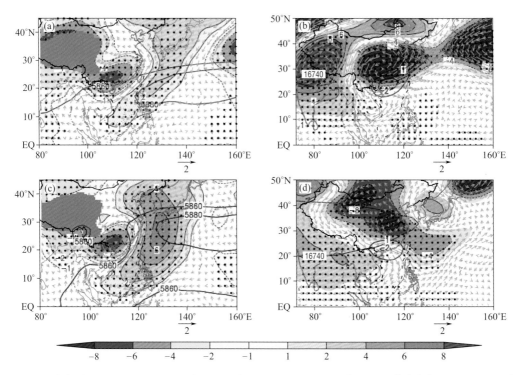

图 4.16　华南前汛期低频(12～30 d)持续性强降水事件(a)和后汛期持续性强降水事件(c)850 hPa 风场
异常(矢箭,m/s)和 850 hPa 高度场异常(填色和黑色等值线,gpm)合成,(b)、(d)同(a)、(c)但为
200 hPa 风场异常和 200 hPa 高度异常场。(a)、(c)中红色等值线为 500 hPa 的 5880 gpm 线
合成,(b)、(d)中紫色等值线为 200 hPa 的 16740 gpm 线。(b)、(d)中红色等值线为
200 hPa 风的散度异常。黑色点为高度场上通过 $\alpha=0.05$ 的显著性检验

流层上层,环流表现出东西向的偶极型结构,使得事件发生时在华南地区上空形成辐散环境。华南后汛期低频持续性强降水事件中,华南—东南沿海地区的低层环流异常和前汛期持续性强降水事件类似,但传播特征不同。后汛期持续性强降水事件期间,华南异常气旋起源于事件前几日位于菲律宾强度较弱的异常气旋。这种弱异常气旋向西北方向传播至华南并逐渐增强。后汛期持续性强降水事件中西太副高西伸也很显著。后汛期持续性强降水事件的对流层上层有一东北—西南向的异常环流对结构使得华南上空高层形成异常辐散。在前汛期持续性强降水事件和后汛期持续性强降水事件两类事件中西太副高平均状态的差异可能是季节内环流不同的主要原因。降水发生前,西伸的西太副高有利于水汽从西太平洋到华南向西的输送。前汛期持续性强降水事件中,SST 正异常在南海和菲律宾海,SST 负异常沿着东亚沿海分布。SST 季节内异常和南海、菲律宾海 850 hPa 高度场的协同变化说明环流异常和 SST 异常在前汛期持续性强降水事件季节内时间尺度存在位相差。降水发生前,南海和菲律宾海的异常反气旋在西太副高西伸和往东南方向传播的华南异常反气旋影响下加强。同时,由于弱对流和较少云量覆盖使得局地海洋接收较多太阳辐射。负潜热异常说明海洋损失热量较少,有利于南海和菲律宾海逐渐变暖。后汛期持续性强降水事件,SST 负异常占据华南沿海区域,局地异常气旋导致华南沿海区域 SST 负异常。降水发生前,菲律宾海异常气旋西北向传播加强了华南沿海区域异常气旋。在强辐合和多云条件下,局地海洋接收较少的辐射。正的

潜热异常导致局地海洋能量释放。以上的因素有利于华南沿海区域 SST 异常降低。综上所述,在前汛期持续性强降水事件和后汛期持续性强降水事件中关键海域的 SST 异常主要通过辐射和潜热加热受环流异常控制。SST 异常也通过改变低层对流不稳定性影响大气环流。对前汛期持续性强降水事件,持续性强降水事件期间暖 SST 异常可以提高海表面温度和湿度,从而创造局地不稳定条件。对后汛期持续性强降水事件,负 SST 异常可能通过影响海表面温度改变局地对流不稳定。

4.5　本章小结

本章总结了近些年来与持续性强降水相关的降水和大气的低频振荡研究进展,主要内容包括副热带高压、南亚高压的次季节活动,影响江淮地区和华南地区持续性强降水的大气低频振荡及形成,所得新结论如下:

西太副高西边界在次季节时间尺度上存在纬向移动,其次季节演变可分为两个阶段,第一阶段为在持续性强降水事件峰值时期之前,西太副高的西边界和异常反气旋的向西传播,降水峰值时期到达中国东南部海岸线。第二阶段是西太副高的东退,低层环流由反气旋转变为气旋性异常。副高西伸使得 SST 产生正异常对西太副高形成负反馈,导致西太副高的东退。西北太平洋在季节内时间尺度上的局地海气相互作用可能是西太副高在次季节时间尺度上纬向振荡的原因。南亚高压东部 10~30 d 东西振荡(准双周振荡)信号显著,当南亚高压异常东伸时(0 天),东亚上空 200 hPa 为异常反气旋,伴随南亚高压异常东伸,东亚自南向北,按照时间顺序出现了:持续性降水(南海到菲律宾海,day-12 至 day-3),持续高温(长江以南,day-6 至 0 天),持续性降水(高原北部到华北,day-6 至 0 天)的时空分布型,其中东亚大陆上空的南北降水偶极型最早可以追溯到 day-6 青藏高原上空的低频信号,该低频信号伴随南亚高压异常东伸而向东传播并达到成熟位相。

与 EAP 遥相关有关的江淮流域持续性强降水事件中,乌拉尔山以西的脊的减弱和副热带高压和南亚高压的东西振荡主要受到准双周振荡调制。季节内振荡表现为由地中海东岸的负距平向东北方向激发出一支准静止波,为江淮地区持续性强降水提供了稳定的有利大尺度环流背景。东亚沿岸的系统主要以西北移动为主。低层的准双周振荡对水汽辐合贡献最大,导致降水的准双周分量对总的降水异常的贡献达到 40% 左右,季节内振荡和准双周振荡的"锁相"使得二者对总的降水异常的贡献达到 60%,天气尺度扰动则可以通过能量串级过程促进准双周振荡的位相转化。1998 年 6 月 12—27 日长江流域持续性强降水过程中,10~30 d 低频振荡主要决定了长江雨带的南北位置的变化和停滞特征,暖水气源取决于显著的大量低层南海气旋或反气旋,它受与西太和南海低频振荡传播相关的南海到北太平洋遥相关波列控制,该波列由菲律宾海和南海地区的对流异常触发;而 30~60 d 低频振荡则决定了雨带的整体形状和持续时间,暖湿水汽源于南海西南风输送,由华东地区低层经向偶极型水汽输送,是北印度洋的非绝热加热激发孟加拉湾到北太平洋的遥相关波列的一部分。

华南 5—8 月发生的持续性强降水事件整体呈现 12~30 d(准双周)的低频振荡。华南前汛期期间,准双周尺度上华南上空存在异常气旋强烈辐合,而中国南海地区则被异常反气旋占据。在对流层低层有三个主要的季节内前期信号,第一个是从中高纬度向南传播的低值系统,第二个是从华南到南海向东南传播的异常反气旋,第三个信号是与西太副高西伸一致的从菲律宾海到南海的向西传播的异常反气旋。对于后汛期的事件,华南—东亚沿海的准双周异常环流型与前汛期的情形类似,但传播特征有很大的不同:位于沿海上空的 10～20 d 低频异常反气旋主要与副高的西伸相联系,但是位于华南上空的异常气旋却是持续性强降水事件发生前数天菲律宾海上的弱异常气旋向西北移动并缓慢发展而形成的。

第 5 章　海洋热状况变化对持续性强降水的影响

5.1　概述

由于中国紧邻太平洋西北部,尤其是中国近海及邻近海域,中国大陆气候受该海域海气相互作用的重要影响。海气界面热通量交换尤其是潜热通量是海洋通过海气相互作用影响降水的关键因素,并影响水汽的形成和输送,而水汽的输送不仅能反映水汽自身源汇分布以及大气环流结构和变化,还与降水的形成及演变直接相关。一些研究(Dai,2011;Zhang Q et al.,2014;Zhang R H et al.,2015;Li X et al.,2016)指出,厄尔尼诺背景下海表温度可以通过引起大气环流异常来影响东亚地区的降水分布,进而导致降水的持续性发生变化。陈烈庭(1977;1982)的研究表明赤道东太平洋海温距平和厄尔尼诺对北半球大气环流及旱涝有重要的影响。黄荣辉和李维京(1988)则通过研究西太平洋暖池海温演变来建立其与未来副高位置的关系。齐庆华等(2013)指出,西北部太平洋同期海气异常与中国华南地区夏季极端降水显著关联的关键区主要位于南海海域及其邻近的西太平洋暖池区。该海域的海表温度、潜热通量的异常变化可能是影响华南夏季极端降水的重要因素,而南海北部水汽经向输送的异常变化可能是引起华南夏季极端降水变异的关键因素之一。

东亚-太平洋遥相关型(EAP 遥相关)是东亚夏季的主要模态之一,最早由 Huang(1987)提出,其主要特征表现为:东亚沿岸、菲律宾西北地区和东亚高纬度鄂霍次克海地区的高度场表现为同向的变化,而长江流域到日本地区的高度场异常则相反。这实际上表征了副热带高压、梅雨槽和东亚阻塞高压的同时变化。当该遥相关型处于正位相时,对应着副高的加强西伸、梅雨槽的加深和东亚阻塞高压的发展,负位相反之(陆日宇 等,1998;黄荣辉 等,2011;Huang,2004)。黄荣辉的一系列诊断和模拟工作揭示了西太平洋暖池的热力异常引发的菲律宾附近地区对流异常是激发这支向极传播的波列的源(黄荣辉,1990)。日本的学者 Nitta(Nitta,1987)通过对多年高云异常的诊断提取出了类似的遥相关模态,主要关注这支模态对日本及其下游地区的影响,进而他将这支遥相关波列命名为太平洋-日本型遥相关(P-J)。事实上,二者定义的波列的差异在于 EAP 波列的传播方向主要为向极传播,而 P-J 波列更倾向于向东北方向偏折。这实际是同一个源地的波源激发出的不同波数的 Rossby 波的一种具体体现,EAP 遥相关以经向 2~4 波为主,而 P-J 遥相关以经向 5~6 波为主(黄荣辉,1990)。由于东亚夏季地区对流层中低层盛行西南气流,偏西气流成分充当了波导,有利于波动的向极传播,在球面假设下基于理论的推导同样能得到类似的向极传播的波列。不同于传统观点中认为 EAP 遥相关是由菲律宾对流激发,最近的一些研究提出 P-J 遥相关可以看做是一种大气内部的动力学过程导致的模态(Kosaka and Nakamura,2006;2010),其通过亚洲季风区内纬向非均匀的斜压基本气流中的波流相互作用过程可以维持其能量来源,这意味着 EAP 波列可以被视作一种大气内部过程。从海洋强迫的角度看,除了暖池地区的激发作用外,EAP 波列的加强与赤道中东太平洋的海温关系密切,通常表现为前冬厄尔尼诺发展成熟后,EAP 的正位相出现在其衰减位相或出现在拉尼娜的发展位相,因此这种模态也往往被视作厄尔尼诺-南方涛动(El Nino-Southern Oscillation,ENSO)信号迟滞影响东亚地区气候异常的一种媒介(Wang et al.,2000;Kosaka et al.,2012)。本章从海洋热状况变化出发,研究海表面温度对我国南方持续性强降水的影响,探讨激发月内尺度上不同 EAP 遥相关的关键海区是否也不尽相同。

5.2　海表面温度与江淮、江南区域持续性强降水的关系

5.2.1　区域持续性强降水事件年海温特征分析

　　Huang 和 Sun(1992)研究表明,春季热带西太平洋处于偏暖状态时,夏季长江流域降水偏少,春季热带西太平洋处于偏冷状态时,夏季长江流域降水偏多。尹志聪和王亚非(2011)以江淮夏季的 30~60 d 滤波降水的方差作为夏季降水 ISO 活动指数,发现 ENSO 次年、前期的黑潮区海温增暖和同期夏季热带西太平洋海温增暖有利于夏季降水 ISO 活动指数的升高。海温的变化是否会影响低频降水进而影响持续性强降水呢?

　　区域持续性强降水事件主要发生在夏季 6—8 月,这里分别对 1961—2010 年的江淮和江南区域的持续性强降水事件年和非事件年的夏季(6—8 月)海表面温度进行差值合成比较。图 5.1和图 5.2 显示了江淮和江南区域的持续性强降水事件年和非事件年夏季海温的差值合成图。从图中可以看出,在江淮区域的持续性强降水事件发生年,SST 显示出整个热带西太平洋异常增暖,并且伴随着印度洋东部 SST 的正异常,异常中心区的 SST 差值检验都通过了 $\alpha=0.05$ 的显著性检验。在江南区域的持续性强降水事件发生年,热带西太平洋菲律宾以东海域出现了通过 $\alpha=0.05$ 显著性检验的 SST 正异常中心。由此看来。江南地区持续性强降水发生时,其相关的海温异常区域较江淮流域持续性强降水年对应的海温异常区域整体偏南、偏小。

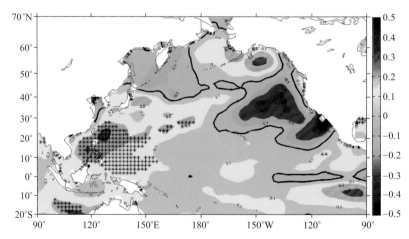

图 5.1　江淮持续性强降水事件年与非事件年 6—8 月海温的差值合成(单位:℃),粗实线为 0 值线,黑色阴影所覆盖的部分为通过了 $\alpha=0.05$ 显著性检验的区域

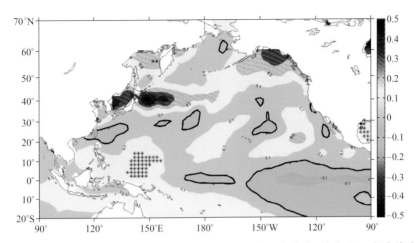

图 5.2　江南持续性强降水事件年与非事件年 6—8 月海温的差值合成(单位：℃)，粗实线为 0 值线，
黑色阴影所覆盖的部分为通过了 $\alpha = 0.05$ 显著性检验的区域

　　研究发现欧亚(EU)型和负、正太平洋-日本(P-J)型遥相关分别导致中国中东部地区江南、长江、江淮三种类型的持续性强降水事件发生。大气遥相关型的形成可以用 Rossby 波的能量沿大圆路径的频散来解释。在北半球夏季，大西洋、孟加拉湾以及西北太平洋的热带和副热带热源可以激发静止 Rossby 波列。Lv 等(2017)发现，位于大西洋东北部的偶极型海表面温度的异常激发出东传到东亚的 Rossby 波，引起 EU 型遥相关在持续性强降水事件发生前 4 天形成。图 5.3a、c 给出与持续性强降水事件 EOF 第一模态相联系的大西洋东北部的偶极海表面温度异常，虚线框内海温的正异常与负异常的差值为海温异常指数。如图 5.3b、d，通过回归分析发现，准静止的 Rossby 波列由大西洋东北部产生，由欧洲向东亚传播，在持续性强降水事件发生前 4 天有类似 EU 型遥相关形成，体现了海温异常的潜在作用。

　　此外，西太平洋暖池冷的海表面温度异常和热带西北太平洋—南中国海以及西印度洋暖的海表面温度异常激发出经向传播的 Rossby 波，创造出一个负的 P-J 遥相关型最早在持续性强降水事件发生之前 5 天出现。图 5.4a、c 给出与持续性强降水事件第二模态相联系的海表面温度异常区域。如图 5.4b、d，通过回归分析发现，由海温异常激发的 Rossby 波于持续性强降水事件前 5 天产生，与 P-J 型遥相关类似且具有北传特征。遥相关的持续与振荡的特征为长期天气预报提供基础。因此，与持续性强降水事件主要模态相联系的海温激发遥相关型为提前 5~10 d 预测持续性强降水事件提供可能。

5.2.2　热带西北太平洋海温对区域性持续性强降水的可能影响

　　在图 5.1 和图 5.2 中可以看到在江淮和江南区域发生持续性强降水的年份，热带西北太平洋夏季 6—8 月 SST 都显著增温。是否夏季热带西北太平洋会影响江淮和江南区域的 20~50 d 低频降水，进而影响持续性强降水事件的发生呢？由于影响江淮和江南区域持续性强降水的海温区域不一致，因此对于江淮区域的影响选取逐年 6—8 月 10°—20°N，120°—140°E 区域平均海温，而对于江南区域的影响选取逐年 6—8 月 0—10°N，130°—150°E 区域平均海温为热带西北太平洋夏季海温。图 5.5 和 5.6 显示出了江淮和江南区域 1961—

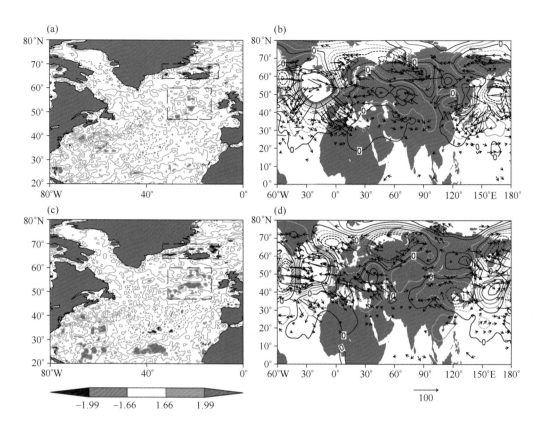

图 5.3   与中国中东部持续性强降水事件的 EOF 第一模态相对应的超前 4 天(a)与当日(c)的
海温合成分析,300 hPa 波活动通量(箭头,单位:m²/s²)以及位势高度异常(等值线)
的超前 4 天(b)与当日(d)对海温指数的回归分析,海温指数由(a)、(c)虚线框区域
正异常与负异常相减得到,(a)、(c)阴影区域代表通过了 α=0.1 和 α=0.05
的显著性检验,(b)、(d)等值线间隔为 100 m,箭头尺度标注在图底,
代表 100 m²/s²(Lv et al.,2017)

2010 年逐年的 20～50 d 低频降水贡献、有持续性强降水事件的年份和对应的热带西北太平洋
夏季海温距平。图 5.5 和图 5.6 代表了热带西北太平洋海温距平,其中黑色实心矩形的年份
代表持续性强降水事件年,空心矩形的年份代表非持续性强降水事件年,黑色虚线为海温距平
的 0.5 倍标准差。可以看到,热带西北太平洋夏季海温有一个显著的增暖趋势,持续性强降水
事件年在 20 世纪 90 年代之后出现的概率也显著大于 90 年代之前出现的概率。发生持续性
强降水年份的 20～50 d 低频降水贡献也明显高于一般年份,如 1991 年在江淮区域和 1998 年
在江南区域的持续性暴雨。为了在后文分析热带西太平洋海温对持续性强降水和低频降水的
影响,这里把夏季海温超过 0.5 倍标准差的年份定为海温偏暖年,没超过 0.5 倍标准差的年份
定为海温非偏暖年,如表 5.1 所示。进一步,从西北太平洋海温异常年份与江淮(图 5.5)、江
南(图 5.6)20～50 d 低频降水贡献分布,可以看出西北太平洋增暖时,江淮、江南地区 20～
50 d 低频降水贡献情况。

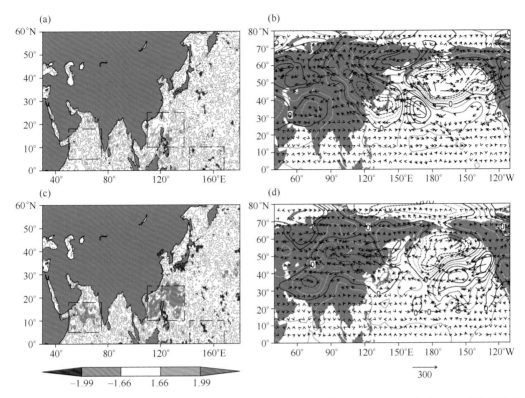

图 5.4　与中国中东部持续性强降水事件的 EOF 第二模态相对应的超前 5 天(a)与当日(c)的海温合成
分析,300 hPa 波活动通量(箭头,单位:m^2/s^2)以及位势高度异常(等值线)的超前 5 天
(b)与当日(d)对海温指数的回归分析,海温指数由(a)、(c)虚线框区域正异常与负异常
相减得到,(a)、(c)阴影区域代表通过了 $\alpha=0.01$ 和 $\alpha=0.05$ 的显著性检验,(b)、(d)
等值线间隔为 200 m,箭头尺度标注在图底,代表 300 m^2/s^2(Lv et al.,2017)

表 5.1　热带西北太平洋偏暖年份

影响江淮区域降水的海温偏暖年	1988、1995、1996、1998、2000、2001、2002、2003、2007、2009、2010
影响江南区域降水的海温偏暖年	1968、1973、1988、1995、1996、1998、1999、2000、2001、2002、2003、2005、2007、2009、2010

　　为了分析热带西北太平洋海温增暖时,20～50 d 的低频降水贡献是否更高并且更容易
发生持续性强降水,这里统计西北太平洋海温异常增暖的年份中,20～50 d 低频降水贡献
偏大和持续性强降水事件发生的概率。在表 5.2 中可以看到热带西北太平洋夏季海温偏
暖年中,江淮和江南区域 20～50 d 低频降水贡献偏大年所占比例分别为 55% 和 53%,而在
热带西北太平洋夏季海温非偏暖年中,江淮和江南区域 20～50 d 低频降水贡献偏大年所占
比例只是分别达到 38% 和 40%,明显低于海温偏暖年。同样在热带西北太平洋夏季海温偏
暖年中,江淮和江南区域持续性强降水事件发生的概率都达到 73%,而热带西北太平洋夏
季海温非偏暖年中,江淮和江南区域持续性强降水事件发生的概率只是分别达到 38%
和 46%。

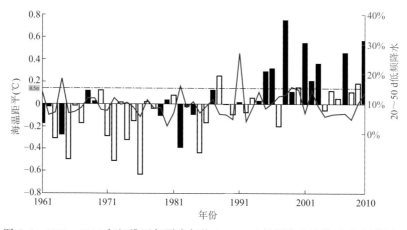

图 5.5　1961—2010 年江淮逐年夏半年的 20～50 d 低频降水贡献(红色折线图)、
热带西北太平洋 10°—20°N,120°—140°E 区域平均夏季海温距平

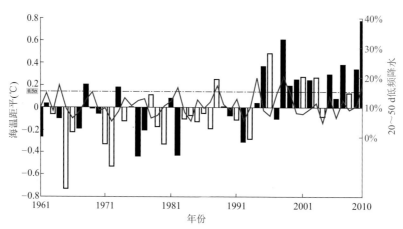

图 5.6　1961—2010 年江南逐年夏半年的 20～50 d 低频降水贡献(红色折线图)、热带西北太平洋 0—10°N,
130°—150°E 区域平均夏季海温距平(黑色实心直方柱的年份表示该年为持续性强降水发生年;
空心柱表示该年没有持续性强降水;虚线为 1961—2010 年海温的 0.5 倍标准差)

表 5.2　江淮、江南区域不同条件下 20～50 d 低频降水贡献偏大年、持续性强降水事所占比例

	江淮区域(海温关键区 10°—20°N,120°—140°E)		
	热带西北太平洋海温偏暖年 $t>0.5\sigma$ 年份	热带西北太平洋海温非偏暖年 $t\leq0.5\sigma$ 年份	所有年份
20～50 d 低频降水贡献偏大年所占比例	6/11(55%)	15/39(38%)	21/50(42%)
持续性强降水事件年所占比例	8/11(73%)	15/39(38%)	23/50(46%)
	江南区域(海温关键区 0—10°N,130°—150°E)		
	热带西北太平洋海温偏暖年 $t>0.5\sigma$ 年份	热带西北太平洋海温非偏暖年 $t\leq0.5\sigma$ 年份	所有年份
20～50d 低频降水贡献偏大年所占比例	8/15(53%)	14/35(40%)	22/50(44%)

续表

	江南区域（海温关键区 0—10°N，130°—150°E）		
	热带西北太平洋海温 偏暖年 $t>0.5\sigma$ 年份	热带西北太平洋海温 非偏暖年 $t\leqslant0.5\sigma$ 年份	所有年份
持续性强降水事件 年所占比例	11/15(73%)	16/35(46%)	27/50(54%)

注：表格中分数的分母为热带西北太平洋海温偏暖年或非偏暖年的年份的总数，分子为热带西北太平洋海温偏暖年或非偏暖年的条件下，20～50 d 低频降水贡献偏大年的年份总数或者持续性强降水事件年的总数，百分数为热带西北太平洋海温偏暖年或非偏暖年的条件下，20～50 d 低频降水贡献偏大或持续性强降水事件发生的概率。

图 5.7 和图 5.8 显示的分别是对 1961—2010 年夏半年(4—10 月)江淮和江南区域降水 8 日滑动平均后，进行功率谱分析，再分别对西北太平洋海温偏暖年的功率谱合成。江淮和江南区域降水都有比较一致的特征：西北太平洋海温偏暖年降水的 30～50 d 周期比非偏暖年更为显著，而 20～30 d 的周期差异不明显，说明海温对低频降水的影响可能主要在 30～50 d 的周期上。

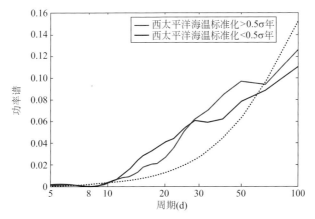

图 5.7　热带西北太平洋(10°—20°N，120°—140°E)海温偏暖年，江淮夏半年区域平均降水
8 日滑动平均后的功率谱分析合成(紫色折线)，非偏暖年合成(蓝色折线)，黑色虚线为红噪声

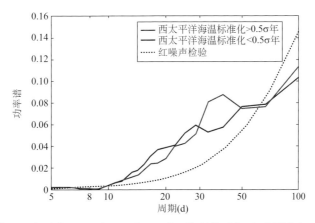

图 5.8　热带西北太平洋(0—10°N，130°—150°E)海温偏暖年，江南夏半年区域平均降水
8 日滑动平均后的功率谱分析合成(紫色折线)，非偏暖年合成(蓝色折线)，黑色虚线为红噪

从前面分析得知夏季西北太平洋海温偏暖年，同期江淮和江南区域的 20～50 d 低频降水

会更活跃,并且发生持续性强降水事件的概率明显高于夏季西北太平洋海温非偏暖年。那么西太平洋海温是如何影响江淮和江南区域的低频降水,进而促进持续性强降水事件的发生呢?主要是通过什么环流系统和要素场而影响江淮和江南区域的降水呢?

当低频降水活跃时,主要是由于环流场活跃的低频活动形成有利于低频降水的条件,那么夏季西太平洋海温偏暖年对环流场的低频活动会有什么影响呢?下面将比较西太平洋海温偏暖年与非偏暖年环流场低频变化差异,分析西北太平洋海温对环流场低频变化的影响。

为了分析热带西北太平洋海温背景下环流场的低频变化,有种是使用类似于计算降水的低频贡献的方法,计算环流场的 $20\sim50$ d 低频贡献,即对要素场每个格点进行 $20\sim50$ d 低频滤波,再用滤波后序列的方差除以原序列的方差。比较热带西北太平洋海温背景下环流场的 $20\sim50$ d 低频贡献,可以得知海温对环流场低频变化的影响。不过即使环流系统的低频贡献高,不一定代表其低频变化与江淮和江南区域降水的低频变化相位相一致,因此还需要分析低频降水或持续性强降水发生时低频环流场的变化。由于并不是每年都有持续性强降水事件,其样本会过少,需要从每年中挑选出低频降水事件,再分析热带西北太平洋海温背景下,低频降水事件发生时低频环流场的变化。

首先筛选出低频降水事件,选取方法是分别对江淮和江南区域 1961—2010 年每年区域平均降水进行 $20\sim50$ d 滤波得到 $20\sim50$ d 低频降水序列。把处于 6—8 月之间周期完整的低频降水循环挑选出来,在 $20\sim50$ d 低频降水序列位于极大值时定义为低频降水的活跃相位,位于极小值时定义为低频降水的不活跃相位,如图 5.9 所示,每个低频降水周期中,在活跃相位时低频降水为最大值,在不活跃相位时,低频降水为最小值。用此方法在江淮区域 1961—2010 年夏季的低频降水中挑选出了 102 个活跃的低频降水日和 98 个不活跃的低频降水日,在江南区域中挑选出了 110 个活跃的低频降水日和 95 个不活跃的低频降水日。

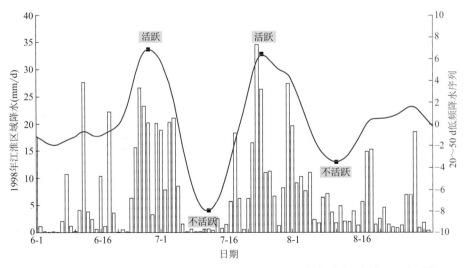

图 5.9 江淮区域 1998 年降水序列(直方图),$20\sim50$ d 低频降水(实线),正方形的标记代表挑选出的活跃相位或者不活跃相位

5.2.2.1 低频 500 hPa 风场和高度场

图 5.10a 和图 5.10b 是热带西北太平洋夏季海温偏暖与非偏暖年 6—8 月 500 hPa 高度

场的 20～50 d 低频贡献差值合成图。海温偏暖年与非偏暖年相比,夏季热带西北太平洋和南海上空的对流层中层高度场上有明显的 20～50 d 低频贡献正异常中心,正位于夏季增强的西太平洋副热带高压的西端,可能是由于西太平洋副热带高压西伸东退的影响,同时还能看到东亚中纬度上空的低频贡献正异常中心。说明夏季热带西北太平洋海温偏暖可能对西太平洋副热带高压和东亚槽的 20～50 d 低频变化有一定影响。

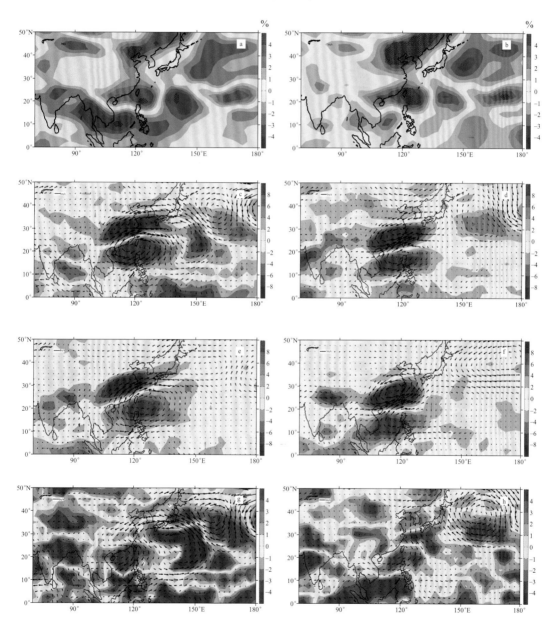

图 5.10　影响江淮(a,c,e,g)、江南(b,d,f,h)海温偏暖年与非偏暖年的夏季 500 hPa 高度场 20～50 d 低频贡献的差值合成(图 a,b),20～50 d 低频降水活跃相位时 500 hPa 20～50 d 低频水平风场合成(矢量,单位:m/s),500 hPa 20～50 d 低频高度场合成(填色图,单位:gpm),500 hPa 高度场合成(黄色等值线),(c—h)分别为热带西北太平洋夏季海温偏暖年(c,d),非偏暖年 (e,f)和二者差值(g,h)

　　图 5.10c—h 分别给出了热带西北太平洋海温偏暖与非偏暖的背景下,江淮和江南区域 20～50 d 低频降水处于活跃相位时 500 hPa 20～50 d 低频水平风场和 500 hPa 高度场合成以及差值合成。低频降水处于活跃相位时,南海和西太平洋上空有低频反气旋异常,该低频反气旋异常南部气流为江淮区域输送暖湿空气,促进江淮区域的低频降水,并且有利于西太平洋副热带高压西伸移动,位于东亚槽的低频气旋有利于高纬度的干冷空气向南到达江南区域,与暖湿气流相遇。而低频降水处于不活跃相位时显示的低频环流形式则相反(图略)。通过海温偏暖年与非偏暖年之间的对比可以发现,海温偏暖年的西太平洋副热带高压西伸脊点更加偏西,表明在热带西北太平洋海温偏暖的背景下,西太平洋副热带高压的活动更偏西。图 5.10g 和图 5.10h 海温偏暖年与非偏暖年低频环流场差值图中在降水活跃相位时南海上空的低频反气旋更强,在不活跃相位时南海上空的低频气旋更强(图略),并且活跃相位时在东亚槽的位置有强的低频气旋。这个与图 5.10a 和图 5.10b 中位于南海上空高度场的低频贡献差值场的正值中心相对应,说明热带西北太平洋海温偏暖年相比非偏暖年,东亚槽和西太平洋副热带高压的季节内振荡可能更活跃。海温偏暖年与非偏暖年之间的低频环流场之间的差别还体现在海温偏暖年中存在一个从南海经日本向北太平洋传播的 P-J 型波列(Nitta,1987)。

5.2.2.2　低频 850 hPa 风场和 OLR 场

　　图 5.11a、b 分别表示了热带西北太平洋夏季海温偏暖与非偏暖年 6—8 月 OLR 场的 20～50 d 低频贡献差值合成图。从中可以看出,热带西北太平洋海温偏暖年与非偏暖年相比,在热带西北太平洋和南海的 20～50 d 低频 OLR 场贡献更高,也是说明热带西北太平洋的对流活动可能在热带西北太平洋海温偏暖的年份中低频变化更加明显。

　　图 5.11c—h 分别给出了热带西北太平洋海温偏暖与非偏暖的背景下,江淮和江南区域 20～50 d 低频降水处于活跃相位时 850 hPa 20～50 d 低频水平风场和低频 OLR 场合成。850 hPa 低频风场与 500 hPa 低频风场的形势相似。在低频降水活跃相位时南海-西太平洋区域被低频反气旋控制,并且伴随着低频 OLR 场的高值中心,对流活动不活跃,这与副热带高压西伸的影响一致。同时在江淮和江南降水区域上空为低频气旋和低频 OLR 场的低值中心,表明有非常活跃的对流活动。热带西北太平洋海温偏暖年,南海—西太平洋在低频降水活跃相位时有更强的低频反气旋,非活跃相位时有更强的低频气旋(图略),意味着西太平洋副热带高压更活跃的低频活动。同样江淮和江南降水区域的 OLR 场在海温偏暖年的 20～50 d 季节内振荡更加明显,这可能对 20～50 d 的低频降水有重要作用。在南海,日本和北太平洋上空也存在类似于对流层中层的 P-J 波列,说明热带西北太平洋夏季海温的增暖不仅对对流层中层同时也对流层低层的类似 P-J 型的波列有增强的作用。

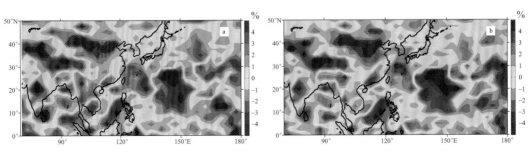

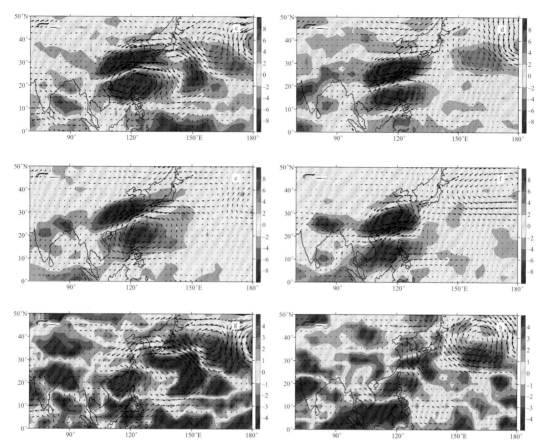

图 5.11　影响江淮(a,c,e,g)、江南(b,d,f,h)海温偏暖年与非偏暖年夏季 OLR 场 20～50 d
低频贡献的差值合成(a,b),20～50 d 低频降水活跃相位时 850 hPa 20～50 d 低频水平风场合成
(矢量,单位:m/s),20～50 d 低频 OLR 场合成(填色图,单位:W/m²),
(c—h)分别为热带西北太平洋夏季海温偏暖年(c,d),
非偏暖年(e,f)和二者差值(g,h)

5.2.3　江淮流域梅雨期降水的准双周振荡

　　利用 1952—2006 年 APHRO 逐日降水资料、NCEP/NCAR 大气再分析资料以及 Hadley
海温资料,采用逐日 EOF(D-EOF)和合成方法,揭示了江淮梅雨期准双周降水异常的主要年
际变率模态及其相联系的海气背景特征。从图 5.12 和图 5.13 可以看出江淮流域梅雨期降水
存在显著的 10～20 d 准双周振荡,其年际变率模态主要表现为:"江淮一致型"和"南北反相
型"。其中,"江淮一致型"准双周降水雨带位于 27°—32°N 的长江流域,主要出现在 6 月中旬
到 7 月中旬;而"南北反相型"则表现为以 30°N 为界北部淮河流域和南部江南地区的降水反位
相振荡,两者分别出现在 6 月下旬到 7 月下旬和 6 月上旬到 7 月上旬,其中江南地区准双周降
水信号更强。江淮流域梅雨期强降水事件多发生于准双周振荡的极端湿位相,而其干位相则
对应于连续强降水的中止。

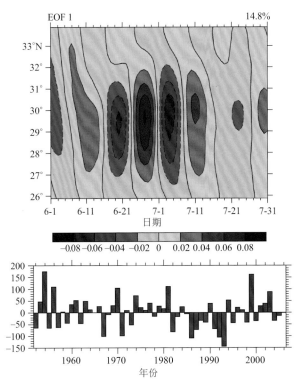

图 5.12　江淮流域(115°—121°E 纬向平均)梅雨期(6 月 1 日—7 月 31 日)
准双周尺度降水异常 D-EOF 第一模态("江淮一致型")

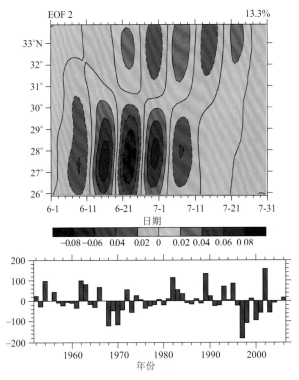

图 5.13　同图 5.12,但为 D-EOF 第二模态("南北反相型")

　　"江淮一致型"正位相多发生于拉尼娜事件发展阶段,6—7月江淮流域降水显著增多,华南地区降水显著减少(图 5.14);而其负位相多发生于厄尔尼诺发展阶段,6—7月江淮流域降水偏多,长江以南和华北地区降水偏少(图 5.15)。"南北反相型"正位相,夏季热带中太平洋海温显著增暖,6—7月长江流域和华南地区降水偏多(图 5.16)。"南北反相型"负位相,夏季热带印度洋和热带西太平洋海温显著增暖,6—7月江南地区降水显著增多,华北地区降水显著减少,呈"南涝北旱"型分布(图 5.17)。

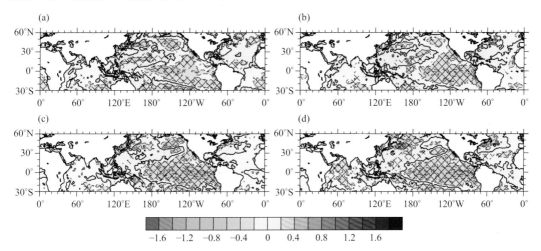

图 5.14　D-EOF 第一模态正位相海温(℃)异常合成图

分别为前年冬季(a)、同年春季(b)、同年夏季(c)和同年秋季(d)

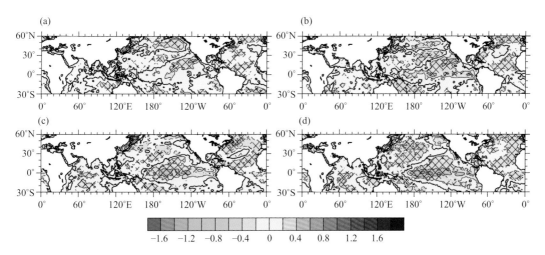

图 5.15　同图 5.14,但为第一模态负位相海温异常合成图

　　此外,研究发现,长江中下游地区持续性强降水事件发生时,西北太平洋地区存在南北向的海温偶极型异常。海温异常通过影响西太平洋副热带高压(副高)东西向振荡进而影响持续性强降水事件的发生与中断。Ren 等(2013)发现,长江中下游地区持续性强降水事件发生前12 天 500 hPa 的副热带高压西伸,至持续性强降水事件发生时达到西伸极大值,之后逐渐东退,即副热带高压在持续性强降水事件发生前后存在东西向振荡,副热带高压所在区域的850 hPa 位势高度正异常同样存在东西向振荡。图 5.18 给出持续性强降水事件发生与中断的环流场合成分析,500 hPa 位势高度场存在南北向的偶极型异常,850 hPa 风场也反映出南北不同

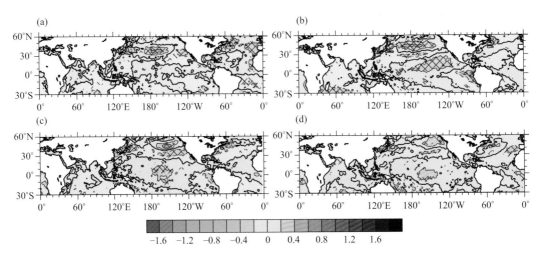

图 5.16　同图 5.14,但为第二模态正位相海温异常合成图

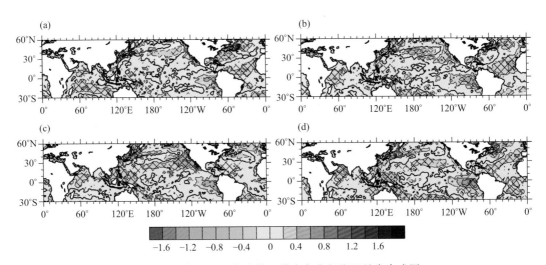

图 5.17　同图 5.14,但为第二模态负位相海温异常合成图

环流特征:持续性强降水事件发生时,850 hPa 异常气旋性环流使冷空气南下,与经副热带高压西部边缘北上的湿空气辐合,有利于持续性强降水事件发生。

副热带高压东西向振荡受到西北太平洋海温调控,进而影响持续性强降水事件的发生与中断。Ren 等(2013)发现,在持续性强降水之前以及降水最强盛时期,副热带高压异常西伸,30°N 以南的东亚沿海由低频异常反气旋控制,SST 为低频异常暖水;当降水强度减弱消失时,副热带高压东退,东亚沿海由低频异常气旋控制,异常暖水消退(图 5.19)。伴随着副热带高压异常西伸,东亚沿海太阳净短波辐射增强而海气之间的潜热输送减少,这导致了 SST 的增暖;增暖后的表层海洋使得低层大气产生异常的对流不稳定,不利于对流层中低层异常反气旋的维持,同时,异常暖的表层海洋也有利于对流层中低层从异常反气旋转换为异常气旋,从而有利于副热带高压东退(图 5.20)。持续性强降水事件发生后,潜热通量正异常,净太阳辐射减小,因此海温正异常逐渐减弱。副热带高压北界以北的亚洲大陆东海岸线附近海温异常与上述过程相反。海温正异常超前副热带高压东退约 5 d,这为预测副热带高压东退以及持续性

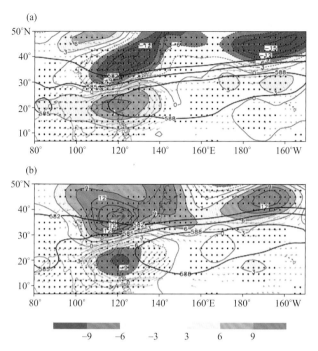

图 5.18　次季节尺度上 850 hPa 风场(箭头,单位:m/s),500 hPa 位势高度场(黑色等值线,单位:gpm)与异常(阴影)叠加 588、585、582 dagpm 等值线(红色)的合成分析(a)持续性强降水事件;(b)中断事件,打点区域及箭头代表通过了 $\alpha=0.05$ 显著性检验(Ren et al.,2013)

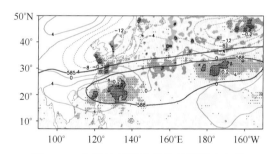

图 5.19　江淮流域夏季持续性强降水事件

合成的同期次季节尺度 Z500 异常场(棕色等值线),SSTA(阴影),以及 588、585 dagpm 等值线(紫色)

强降水事件的结束提供可能。

　　持续性强降水事件开始前两周,海洋性大陆西侧开始出现显著的暖海温异常,中国南海—菲律宾一带主要被冷海温控制。海洋性大陆西侧的暖海温通过激发东传的 Kelvin 波促进低层副热带高压的西伸。中国南海和西太平洋—菲律宾地区的冷海温主要是通过抑制局地对流,促进低层反气旋的生成和维持。这些外强迫因子通过影响 EAP 遥相关的发展和维持,进一步影响持续性强降水的发生与维持(Chen and Zhai,2016;Li L et al.,2016)。

　　在上述海温异常作用下,中国南海—菲律宾一带的冷海温抑制其上空的凝结潜热释放,引发非绝热冷却,与陆气相互作用引发的非绝热加热异常共同组成非绝热加热的"类波列结构",在高低层同时造成负涡度的生消,使得南亚高压和副热带高压在持续性强降水开始前相互靠近,持续时段内稳定维持,事件临结束时和结束后迅速分离(图 5.21,Chen and Zhai,2016)。

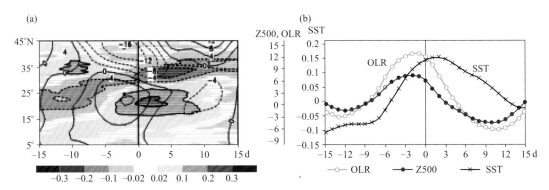

图 5.20 (a)持续性强降水事件期间 120°—140°E 平均的低频 SSTA 和 Z500 异常的时间-纬度剖面,
(b)持续性强降水事件期间 120°—140°E,15°—25°N 平均的低频 SSTA、Z500 和 OLR 异常时间演变

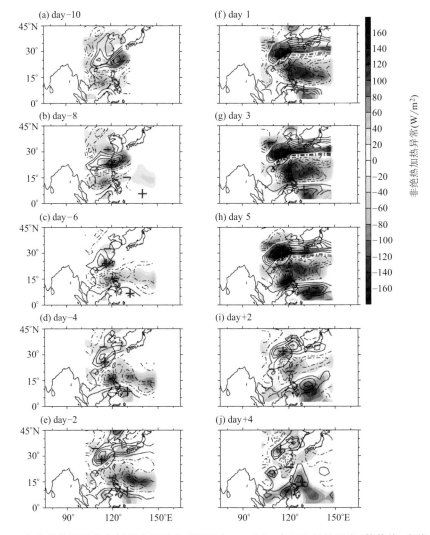

图 5.21 合成的整层积分大气视热源异常(阴影)和 850 hPa 水汽通量的涡度(等值线,实线为正值,
虚线为负值,数值大小由 $-12×10^{-8}$ ~$12×10^{-8}$ s^{-1},间隔为 $2×10^{-8}$ s^{-1},0 特征线忽略未显示);
紫色的符号"+"和"−"描述非绝热加热异常的大致位置,"day−d"表示提前事件日的天数,
"day+d"表示事件日之后的天数。图中显示均为通过 $α=0.05$ 的显著性,检验的结果

5.2.4　海气相互作用在 EAP 遥相关调控江淮持续性强降水中的作用

前文提到西北太平洋海温可能通过影响东亚大槽的低频变化影响江南区域的持续性强降水,同时也存在向东北方向传播的 EAP 型或 P-J 型波列。而副热带高压的异常是湿 EAP 遥相关引发江淮地区持续性强降水的最关键因素。与副热带高压异常相关的菲律宾附近的对流异常也是激发 EAP 遥相关的源。菲律宾附近的对流异常与局地海表温度密切相关(Nitta,1987),因此海温有可能对典型湿 EAP 事件的形成起到调制作用。现有的很多研究都提及海温对副热带高压的影响和调制作用,如 Lu(2001)和 Lu 和 Dong(2001)的研究中通过对观测资料的分析和利用大气环流模式的模拟发现,暖池地区的凝结潜热异常和西太平洋的海温异常与西太平洋副热带高压的年际变率和副热带高压的西伸脊点显著相关。西太平洋的冷海温将抑制局地的对流,使得低层出现北移的异常反气旋,进而引起副高的西移。Sui 等(2007)提出副高的年际振荡主要由海洋性大陆和赤道中东太平洋的海温异常调制。Wang B 等(2000)和 Wang Y F 等(2003)将副热带高压的异常视作是前冬 ENSO 与东亚夏季风之间的媒介。Wu 等(2010)的研究证实,副热带高压的异常受到局地海温异常和印度洋海温异常的共同影响。以上的研究说明关键海区的海温异常对副热带高压的异常有显著的影响,但主要关注年际-年代际尺度副热带高压的异常与海温的关系,对于与持续性强降水相对应的天气尺度-次季节尺度(月内尺度)上,海温对 EAP 遥相关型有何影响,是个值得探索的问题。

图 5.22 给出了典型湿 EAP 事件的前期海温合成图,因海温是慢变信号,文中将提前时段设置在 2 周左右。总体而言,海温的异常信号变化非常缓慢。显著的异常强信号主要表现为海洋性大陆及其西侧海温显著偏暖,赤道东太平洋偏暖;而赤道中太平洋到北美南部为一条东北—西南向的冷海温带,这样的海温异常模态与 Sui 等(2007)的研究中的关键海区的异常信号分布模态非常相似,显著不同在于图 5.22 中中国南海地区维持着冷海温,而在 Sui 等(2007)的研究中表现出的是暖海温。另一个明显特征为,随着副热带高压的西伸,其下方覆盖的洋面出现暖海温,暖水区域不断随着副热带高压向西扩展,如图中长虚线所示。这是因为,在副热带高压缓慢西移过程中,其内部盛行下沉气流,导致其上空的云量大幅减少,洋面接受到的太阳直接辐射增加;另一方面,强下沉运动抑制了海表面向大气的感热传输,因此暖海温带的西移主要是受到副热带高压的调制作用,在这期间其对副热带高压的反馈作用较小(Ren et al.,2013)。而赤道东太平洋的海温异常激发的西传 Rossby 波按照其经典波速,跨越太平洋传播到东太平洋的时间大致需要半年,显然不是本节关注的尺度,赤道东太平洋海温的持续偏暖可能是厄尔尼诺发展的一种迹象,也有可能是厄尔尼诺衰减次年的海温异常某一阶段(Xie et al.,2009)。赤道中太平洋的偏冷则为副热带高压的西伸提供了有利的气候尺度背景(Wang et al.,2013)。因此本节的主要关注点在海洋性大陆及其西侧的海温正异常和中国南海地区海温负异常对 EAP 遥相关形成的影响。

为了分析不同海区的海温异常对 EAP 遥相关的影响,文中用到超前-滞后相关,用事件开始前 16 日、事件 3 日的平均、事件结束后 16 日,共 35 日的时间样本构建序列。这样的时段选取既保证足够长的前期信号包括在内,又不至于包括太多与事件无关的噪音,同时又基本保证了进行相关分析时有足够的事件样本长度。图 5.23 给出了海洋性大陆及其西侧(图 5.23 中红色方框突出的区域)暖海温对 850 hPa 风场和 OLR 场的影响。可以清楚地看到,当该地区出现偏暖海温时,可以迅速在该地区激发对流,但随着凝结潜热的释放和水汽的消耗,该地

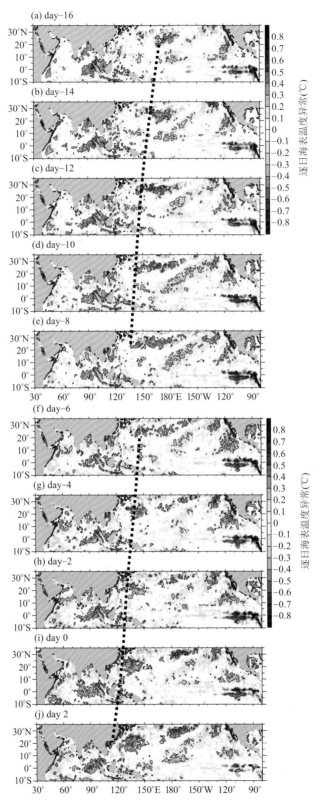

图 5.22　典型湿 EAP 事件的前期—同期逐日海表温度异常合成。海温异常用阴影表示,黑色实线表示
距平通过了 $\alpha = 0.05$ 的显著性检验,粗虚线用来描述与副高西伸相联系的暖海温的传播方向

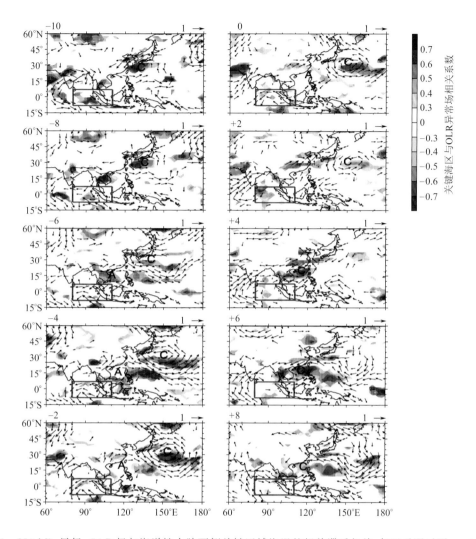

图 5.23　850 hPa 风场、OLR 场与海洋性大陆西侧关键区域海温的超前滞后相关,仅显示通过了 $\alpha=0.05$ 的
显著性检验统计检验的结果,左上角的数字表示海温领先(负值)或落后(正值)要素场的日数,
关键海区用红色方框标注,字母 A 和 C 分别标记异常反气旋和气旋位置

对流信号本身在逐渐减弱;由于该对流的存在,可以在超前 6 天到超前 0 天的时期内,在其东
侧激发出随着纬度减弱的东风,这是一种典型的大气 Kelvin 波响应,也是符合经典 Matsuno-
Gill 模型的(Matsuno,1966;Gill,1980)。低纬度这样一种反气旋切变会在边界层内引发辐
散,通过 Ekman 抽吸作用边界层内会出现下沉补偿气流,这样的下沉气流会抑制边界层中的
水汽和静力能,进而在低层生成一个反气旋(Xie et al.,2009)。这与图 5.20 中得到的结果相
当一致,即在 day −4 开始,低层出现明显的反气旋环流并向东移,进而引发其东侧的副热带
高压的西移。而在时间尺度上,按照经典 Kelvin 波的传播速度 2.5 m/s,从 100°E 传播到
120°E 附近大致需要 10 d 的时间,与超前滞后相关的时间也是高度匹配的。反气旋移动至菲
律宾附近地区时通过波通量的传播,会在中纬度激发出异常气旋,从而有利于中纬度气旋的西
移,这是一种典型的 P-J 遥相关(Nitta,1987)。另一种可能的机理解释为当海洋性大陆附近海
温异常偏暖,会在此地激发出强对流,进而在其北侧激发出局地的垂直环流,科氏力作用下的

下沉支位于南海到菲律宾一带,这样的下沉会在低层促进反气旋的生成(Hu,1997;Sui et al.,2007;Wu and Zhou,2008)。到事件开始之后,由于异常反气旋在中国南海地区的稳定维持,其下方海表温度将不断升高,蒸发加剧,低层已经形成高温高湿的不稳定环境,从而低层将有气旋迅速建立并发展,使得副热带高压迅速东撤,这样的特征在滞后相关图 day+4 到 day+8 上的描述与中国南海附近不断加强的气旋和对流活动非常吻合。以往的很多年际-年代际研究指出北印度洋一致的增暖是引导副热带高压向西移动的关键因子(Sui et al.,2007;Yang and Deb,2009)。但从本节的合成结果来看,在天气尺度-次季节尺度上,海洋性大陆西侧的暖海温才是最关键的因子,而北印度洋地区并未出现一致的增暖。这也体现了在该时间尺度上海气相互作用过程的复杂性。

图 5.22 中显示南海地区的海温偏冷时,有利于典型 EAP 遥相关形成。为了方便理解,文中构造南海关键区域(图 5.24 红色方框区域)的海温异常序列后,将序列反号。如图 5.24 所示,南海地区的冷海温会抑制局地海表蒸发,进而抑制局地对流的发展(day-10 到 day-8),并使其上方的空气柱收缩,在低层形成冷高压和辐散气流,在低层形成异常反气旋(day-6 到 day 0),南海地区异常反气旋的存在有利于副热带高压的西伸。副高稳定维持后,通过上述的局地海气相互作用,增加的太阳辐射和被抑制的感热交换使得海表温度迅速升高,对应南海冷海温的范围明显缩小(图 5.22,day 0~2),低层的暖湿环境迅速建立起来,低层会出现异常气旋,使得副热带高压向东撤退并减弱。可见,南海地区的海温偏冷对 EAP 遥相关型的激发作用主要是一种局地效应。若将关键冷海温区域扩展到(10°—20°N,110°—150°E)区域,得到的超前-滞后相关的结果与上述结果非常一致,这种局地的强迫作用被 Wu 等(2010)的数值模拟试验所证实。而这个异常的低层反气旋也可视作是大气对西太平洋冷海温引发的非绝热冷却的一种响应(Gill,1980;Lu and Dong,2001)。

西太平洋地区的海温被认为是激发副高异常和 EAP 遥相关的最直接因子(Nitta,1987;Kurihara and Tsuyuki,1987;Huang,1989;Lu and Dong,2001),为了进一步揭示西太平洋地区局地的海气相互作用过程,图 5.25 分别给出了西太平洋关键海区(菲律宾东北侧 120°—140°E,12.5°—20°N)的海温(蓝色)和其上方的对流活动(绿色)的发展过程。根据 Matsuno-Gill 的理论,热带地区的非绝热异常强迫出的环流异常位于其西北侧和西南侧,显然其西北侧(115°—130°E,15°—22.5°N)恰好是副热带高压活动的关键区域。据此,图 5.25 还同时给出了该区域的标准化高度场异常来表征副热带高压的活动。从图 5.22 和图 5.25 均可以看出事件开始前两周(day-16 到 day-4),西太平洋海温一直处于偏冷的状态,在低层形成稳定层结,直接抑制了其上方对流活动的发展,OLR 距平表现为正异常,在局地强迫出异常反气旋,进而引发副热带高压向西移动,副高的西边界到达 120°E 以后(day-4,虚线),其引发的下沉运动进一步抑制当地对流的发展,非绝热冷却迅速发展并达到峰值。EAP 遥相关指数与 OLR 指数基本同步发展,说明了在天气尺度到次季节尺度上,菲律宾以东的对流活动异常造成的非绝热加热异常仍然是激发 EAP 波列的源。而低纬度与副高西伸相关的高度场异常在时间上领先于 OLR 和 EAP 指数,说明西伸的副热带高压不仅受到西太平洋地区的非绝热加热异常的影响,还能通过引发下沉运动反过来影响当地的非绝热加热异常,进而影响 EAP 遥相关的形成。在早期(day-16 到 day-6)虽然由于下垫面海温偏冷,OLR 的正异常处于缓慢发展状态,但 EAP 指数并未表现出明显的发展态势,其正距平信号主要由东亚阻塞高压贡献。这说明并不是西太平洋地区的对流受到抑制一定

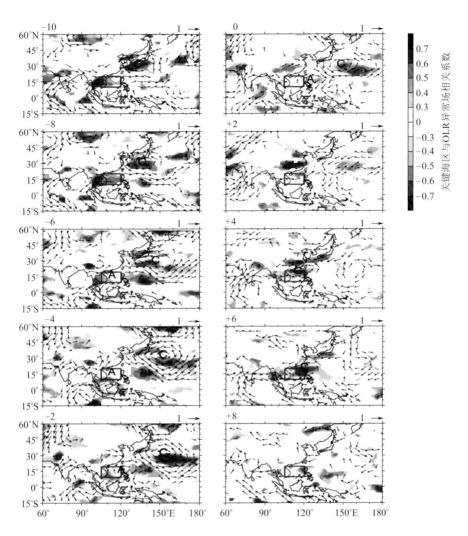

图 5.24　850 hPa 风场、OLR 场与中国南海关键区域海温的超前滞后相关,仅显示通过了 $\alpha = 0.05$ 的显著性检验的统计检验的结果,左上角的数字表示海温领先(负值)或落后(正值) 要素场的日数,关键海区用红色方框标注

能够激发 EAP 遥相关型,需要对流异常引发的非绝热加热异常达到一定的强度后,才有可能激发向极频散的能量;当副热带高压到达菲律宾以东后,OLR 的正异常迅速发展,引发 EAP 指数随之迅速发展,这是由于此时中低纬度的异常系统均已经移动到东亚沿岸地区,这也验证了 EAP 遥相关型中,低、中、高纬度各个系统之间的动力学联系。另一个明显的特征是海温的峰值明显落后于其他几个指数,这体现了上文所述的大气对海洋的作用,即由于副高的维持,其覆盖范围的下沉运动一方面造成云量明显减少,海表接收到太阳短波辐射迅速增加;另一方面抑制了海洋向大气输送的感热通量,使得海表升温,而这种累积效应需要 2~3 d 的时间来完成,之后海表蒸发迅速增加,在低层形成高温、高湿的不稳定环境,低层的对流活动逐渐发展,对应 OLR 指数逐渐由正转负。而海表温度由于蒸发效应和加强的感热输送迅速下降,表现为海温指数迅速减小。

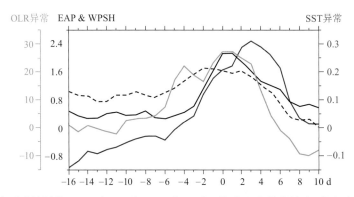

图 5.25　西太平洋关键海区(120°—140°E,12.5°—20°N)海表温度异常演变(蓝色实线,单位:K),
该区域 OLR 异常(绿色实线,单位:W/m²),EAP 指数(黑色实线),以及副热带高压西
伸关键区域(WPSH,115°—130°E,15°—22.5°N)500 hPa 标准化高度场距平指数(虚数)

5.3　长江中下游地区夏季持续性降水结构变化及厄尔尼诺的影响

5.3.1　长江中下游地区夏季持续性降水结构的变化

中国处于东亚季风区,降水主要发生在夏季。余荣和翟盘茂(2018)通过对长江中下游地区夏季持续性降水结构的分析,发现气候背景下该地区夏季持续性降水事件主要以 5 d 及以内的事件为主,其强度在 20 mm/d 以内。其中,1 d 且强度为 4 mm/d 以内的降水事件所占比例超过 9%(图 5.26a)。而大于 5 d 的持续性降水事件的比例为 0.2%～0.6%,其所对应的强度主要分布在 4～24 mm/d。同时,通过计算大于 5 d 降水事件所占的比例,得到其落在不同强度的比例的大值并不在 0～12 mm/d,而是在 12～24 mm/d。说明大多数情况下,长的持续性降水的形成具备有利的大尺度环流背景,并且有维持降水所需的水汽输送条件。进一步根据图 5.26a,看到随着持续天数和强度的增加,不同强度、不同持续天数的降水事件所占的比例是逐渐减小的。而文中将所有降水强度大于 40 mm/d 的事件都归为第 10 等,因此,对于降水强度在 36～40 mm/d 的降水事件,其所占比例有一个突然的增加,有的甚至超过 1.4%。

受厄尔尼诺的影响,夏季长江流域降水频率会增多,强度会增强。特别是在强厄尔尼诺次年,强降水的增多给经济和生命财产安全带来了严重危害。已有很多学者从降水总量和强度的角度出发,研究讨论了厄尔尼诺对强降水的影响(Karori et al.,2013;Zhao et al.,2016)。本节从持续性降水结构的角度出发,进一步给出了不同强度不同持续天数的降水事件在厄尔尼诺次年较 1961—2016 年多年平均的异常分布(图 5.26b)。从图中可以看到,大于 5 d 的降水事件(长持续性降水事件)整体呈现出了正的异常,尤其是降水强度大于 12 mm/d 的降水事件;对于 2～5 d 的持续性降水事件(短持续性降水事件),其比例出现负的异常;而对于 1 d 的降水事件(非持续性降水事件),其强度大于 12 mm/d 的事件在厄尔尼诺次年也是增多的,但可以发现非持续性降水事件的增多,较 1961—2016 年的多年平均状况来说相对是较小的,而长持续性降水事件的增加比较突出。所以,在厄尔尼诺的影响下,夏季降水的发生更趋向于持续性,长持续性降水事件的比例会增大,且其对应的强度也较强,相应的短持续性降水事件的比例减小。

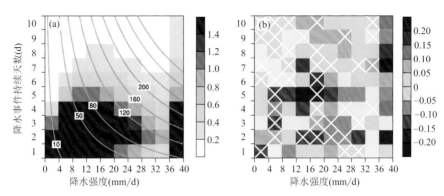

图 5.26　(a)长江中下游地区夏季不同强度不同持续天数的降水事件所占比例(%)在 1961—2016 年的
多年平均分布,(b)厄尔尼诺次年夏季不同强度不同持续天数的降水事件比例
的合成值较多年平均(1961—2016 年)值的差异(%),
等值线为对应降水事件的总降水量,白色叉号表示单独厄尔尼诺次年的
异常值与合成的异常值一致的比率大于 66%

　　图 5.27 至图 5.29 进一步给出了长江中下游地区三类不同持续性降水事件(长持续性降水事件、短持续性降水事件和非持续性降水事件)所占比例多年平均(1961—2016 年)的空间分布特征。从 1961—2016 年长江中下游地区夏季长持续性降水事件所占比例的平均分布(图 5.27a)可以发现,长江南侧长持续性降水事件的比例较北侧偏大,其中在湖北东南部、江西中部、福建北部和长三角地区呈现的比例普遍偏大,有的站点甚至能达到 24% 以上;而在长江流域北侧,长持续性降水事件所占比例在 4%～16%。长江中下游地区夏季长持续性降水事件的强度分布与降水事件总降水日数所占比例的分布一致(图 5.27b),而且强度的大值区也是在江西,强度高达 27 mm/d;在长江北侧,强度范围以 4～16 mm/d 为主。持续性降水的发生通常需要充沛的水汽条件,从下面的分析可知,长江南侧较北侧水汽更为充沛,这可能是长持续性降水事件的强度强于北侧的原因。

　　图 5.27c 进一步给出了长江中下游地区夏季长持续性降水事件所占比例在厄尔尼诺次年较多年平均分布的差值分布,总体来看,厄尔尼诺是有利于长持续性降水事件占比的增大,尤其在湖北东南部、湖南东北部、江西和安徽南部地区,占比增加超过 12%。与此同时,长持续性降水事件的强度在厄尔尼诺次年整体上也呈现出增强的趋势(图 5.27d),尤其在降水事件占比增大的地区其降水强度增加超过 15%,而且在厄尔尼诺次年呈现出较一致的增加(比率大于 66%)。这些地区以湖泊和山地地形为主,持续的强度偏大的降水不仅会增加湖泊水域水量,同时,也会增加山洪、塌方、滑坡、泥石流和城市内涝等灾害的可能性。

　　对于短持续性降水事件(图 5.28),其所占比例在 1961—2016 年的平均分布在整个长江中下游地区相对来说是很一致的,占比基本上在 50% 以上,较长持续性降水事件和非持续性降水事件偏大(图 5.28a)。而短持续性降水事件对应的强度大部分在 16～28 mm/d(图 5.28b)。值得注意的是,在厄尔尼诺次年,短持续性降水事件的占比在长江中下游地区是减少的(图 5.28c),尤其是在长江以南地区。除了湖北部分地区以外,一致减少 10%～15%。从强度方面来看,厄尔尼诺对短持续性降水事件的影响不明显(图 5.28d)。在湖北地区,短持续性降水事件的占比是增大的,且其对应的强度也略有增强。非持续性降水事件在 1961—2016 年的多年平均分布与短持续性降水事件比较类似(图 5.28a、b)。不同的是,在厄尔尼诺

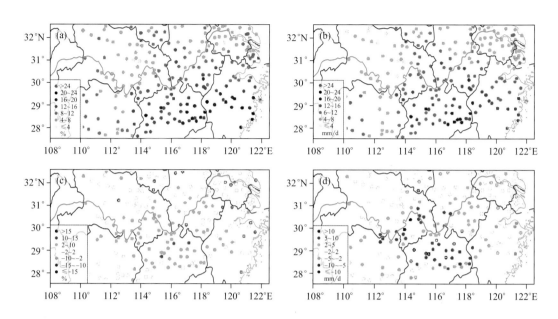

图 5.27　(a)1961—2016 年长江中下游地区夏季长持续性降水事件所占比例的分布(%),(b)1961—2016 年长江中下游地区夏季长持续性降水事件强度的平均分布(mm/d),(c)厄尔尼诺次年长江中下游地区夏季长持续性降水事件所占比例合成较多年平均的差值分布(%),(d)厄尔尼诺次年长江中下游地区夏季长持续性降水事件强度合成较多年平均的差值分布(mm/d),白色叉号表示单独厄尔尼诺次年的异常值与合成的异常值一致的比率大于 66%

的影响下,湖北中部和湖南北部地区非持续性降水事件的占比减小(图 5.28c)15%～20%,其降水强度也相应减弱(图 5.28d)。在江淮地区,非持续性降水事件的占比增大 2%～10%,这可能是导致非持续性降水事件比例在厄尔尼诺次年会略有增加的原因。

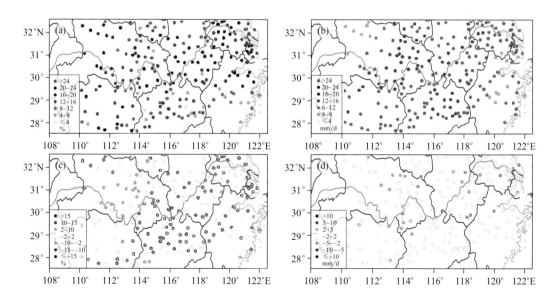

图 5.28　与图 5.27 类似,但为夏季短持续性降水事件

综上可知,对于长江中下游地区,在厄尔尼诺次年,其长江以南地区的降水结构从短持续

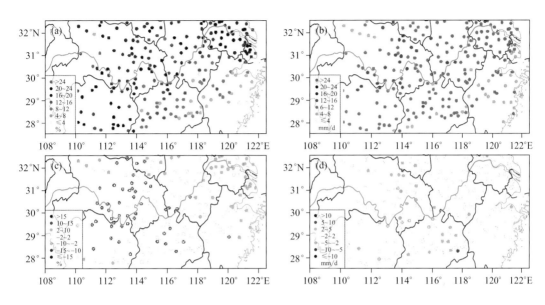

图 5.29　与图 5.27 类似,但为夏季非持续性降水事件

性和非持续性向长持续性降水事件转变,长持续性事件的降水强度增强。同时,在长江以北地区,以湖北地区为主,降水结构存在从非持续性事件向短持续性降水事件转变,短持续性事件的降水强度也略有增加。总体看来,厄尔尼诺次年降水趋于持续性,不同持续性事件的降水强度也有所加大。从 1961—2016 年夏季长持续性降水事件所占比例及强度的距平演变可以看出(图 5.30),17 个厄尔尼诺次年中有 11 年(65%)均为正值,在强厄尔尼诺次年则全部都为正

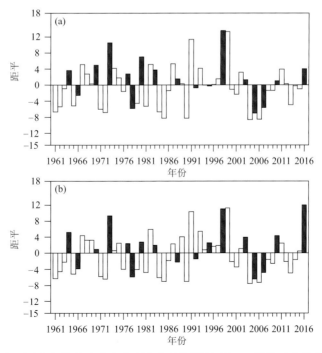

图 5.30　1961—2016 年夏季长持续性降水事件所占比例的距平(%)(a)及其对应强度的距平(单位:mm/d)
(b)的演变(相对于 1961—2016 年多年平均)(红色实心柱状表示厄尔尼诺次年)

值。其中，长持续性降水事件占比 1998 年达到最大值，为 14.7%，而降水强度则在 2016 年达到最大，为 12.1 mm/d。

5.3.2　厄尔尼诺影响降水持续性结构的机理分析

通常认为厄尔尼诺通过 Rossby 波的作用影响菲律宾反气旋异常环流进而对中国东部气候造成影响（Wang et al.，2000；2002；Zhang et al.，1996；Zhang Q et al.，2014），因此，首先通过合成分析得到厄尔尼诺次年 500 hPa 位势高度及其标准化距平的分布（图 5.31）。从图 5.31 可以看到，1961—2016 年多年平均的 588 dagpm 线位于 138°E 左右，而在厄尔尼诺次年夏季 588 dagpm 线向西延伸到 132°E 左右。从 500 hPa 位势高度的标准化距平场也可以看到，印度半岛到西太平洋地区，存在异常的反气旋性环流，其强度异常可达 2 个标准化距平以上。表明在厄尔尼诺次年，西太平洋副热带高压的位置异常偏西，其强度增强，范围扩大。

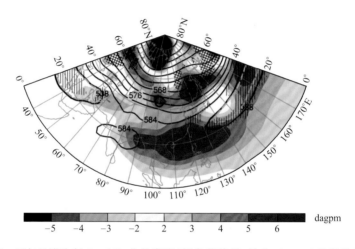

图 5.31　厄尔尼诺次年 500 hPa 位势高度（黑色等值线，单位：dagpm）及标准化距平（填色）合成，黑色 588 dagpm 等值线所画范围（加粗）表征厄尔尼诺次年的副热带高压位置，绿色 588 dgpm 位势高度等值线所画范围（加粗）表征 1961—2016 年平均的副热带高压位置，斜线所画区域表示超过 66% 的厄尔尼诺次年满足高度场大于 588 dagpm 的日数是偏多的；网格线所画区域表示超过 66% 的厄尔尼诺次年满足高度场距平为正的日数是偏多（较 1961—2016 年）A、B 和 C 的位置分别表示乌拉尔山、鄂霍次克海和贝加尔湖地区

为了更进一步分析厄尔尼诺次年大尺度环流场对降水持续性的影响，利用 NCEP/NCAR 500 hPa 逐日位势高度场资料，统计了 1961—2016 年每年夏季 500 hPa 高度场各个格点大于 588 dagpm 的日数。高度场大于 588 dagpm 常常被看作是副热带高压的覆盖区域，如果满足上述条件的日数越多，则认为副高持续性越强，越有利于降水的发生与持续。同时统计分析 17 个厄尔尼诺次年满足上述条件的日数与 1961—2016 年多年平均值的差，绘出超过 10 个厄尔尼诺次年（66%）差值为正的区域（图 5.31）。从图 5.31 可以看到，在厄尔尼诺次年，西太平洋副热带高压会持续更久，其影响范围也能延伸到 120°—130°E。

同时，阻塞高压（阻高）的稳定维持也有利于持续性降水的发生。Chen 和 Zhai（2014b）

通过统计发生持续性降水个例的环流形势,得到影响长江流域持续性降水的阻高呈现出两种主要的模态:(1)双阻型,两个阻高分别位于乌拉尔山和鄂霍次克海附近,两者之间为一西北-东南走向的槽;(2)单阻型,阻高位于贝加尔湖附近,其东侧为东北—西南方向延伸的深槽。研究表明中高纬度阻高的环流形势一方面有利于中高纬度环流经向度加大,使得干冷空气不断南下;另一方面也有利于能量向下游频散,使得下游天气系统不断加强、发展和维持。从图 5.31 还可以看到,在厄尔尼诺次年,乌拉尔山和鄂霍次克海附近(图 5.31 中的 A 和 B)存在正的高度场异常,中心强度较大,而在贝加尔湖附近(图 5.31 中的 C)也存在一个弱的正异常。对于阻高,统计 500 hPa 高度场在 1961—2016 年夏季各个格点为正距平的日数(图 5.31),可以看到,对于乌拉尔山和鄂霍次克海地区,超过 66% 厄尔尼诺次年满足条件的日数偏多。Li 等(2010)统计得到,在厄尔尼诺的衰减年,乌拉尔山和鄂霍次克海地区的 500 hPa 高度场均为正距平,与本节的研究结果一致。因此,在厄尔尼诺次年阻塞形势更加突出。

一些研究分析了 ENSO 影响中高纬度阻高的机理。Alberta 等(1991)认为 500 hPa 阻高的快速加强通常伴随着低层低压系统的加深。Renwick 等(Renwick,1998;Renwick and Revell,1999)研究得到,在厄尔尼诺发展年的 9 月到次年 2 月,南半球东南太平洋地区的阻高维持天数会翻倍,而阻高天数的变化与平均环流场的变化有关。随后有研究指出,拉尼娜年北半球阻高的加强与中纬度的气旋活动增多有关,中纬度气旋的增多为高纬度阻高的形成提供了有利条件(Key and Chan,1999;Wiedenmann et al.,2002)。关于厄尔尼诺对欧亚地区阻高形成的影响,未来还需要更深入的探讨与分析。

通过分析 1961—2016 年多年平均状况下的水汽输送通道(图 5.32a)可知,中国降水的水汽来源主要为三支,分别为与索马里急流相联系的印度西南季风,经由阿拉伯海、孟加拉湾向中国南方地区输送;与西太平洋副热带高压相联系的东南季风;由南海向北输送的水汽。而对于长江中下游地区,可降水量和水汽输送在其长江以南地区明显要强于长江以北地区,这部分解释了上面提及的长持续性降水事件所占比例和强度在长江以南地区要强于长江以北地区(图 5.27a、b)。同时,从厄尔尼诺次年的可降水量和水汽输送的距平场可以看出(图 5.32c),与西太平洋副热带高压相联系的东南季风输送的水汽在厄尔尼诺次年均有增加。考虑到夏季中国水汽为偏南水汽输送,进一步统计了每年夏季各个格点偏南水汽通量大于 200 kg/(m·s)的日数(图 5.32c),可以看到,对于长江中下游地区,超过 66% 厄尔尼诺次年满足条件的日数偏多。更多的偏南水汽输送为长江中下游地区提供了充沛的水汽条件,尤其是在鄱阳湖和洞庭湖流域,其水汽输送和可降水量都有增加,而在江西中部和安徽北部地区,也可以发现其水汽输送增多,这一定程度上解释了这些地区的降水在厄尔尼诺次年持续性增强的事实。

偏南风水汽输送能为降水的持续提供充沛的水汽条件,配合有利的环流形势,使得厄尔尼诺次年长江中下游地区夏季降水的持续性延长,而且持续降水的强度也有所增强。值得说明的是,厄尔尼诺次年夏季印度季风是减弱的,使来自印度西南季风的水汽输送减少。而厄尔尼诺次年夏季,与西太平洋副热带高压相联系的水汽输送异常偏强,使得最终偏南的水汽输送总量加强。

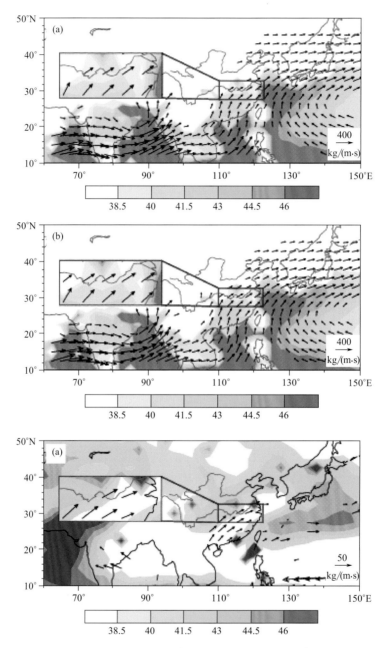

图 5.32 对流层整层(1000~300 hPa)可降水量(填色,单位:kg/m²)以及水汽通量(矢量
箭头,单位:kg/(m·s))在 1961—2016 年的多年平均分布(a)、厄尔尼诺次年的合成分布
(b)以及厄尔尼诺次年的距平场分布(c),红色区域表示长江中下游地区,关于水汽通量,
(a)和(b)中只画出了水汽通量通过了 α=0.1 显著性检验的区域,而(c)中只画出了超过
66%的厄尔尼诺次年,其满足条件为水汽通量大于 200 kg/(m·s)的天数是偏多的区域

5.4　海洋热状况变化对华南地区持续性强降水的影响

5.4.1　华南5—8月持续性强降水期间的10～30 d低频环流和海表面温度异常的特征分析

前面几节主要对江淮江南地区的持续性强降水事件以及长江中下游地区降水结构受海洋的影响进行探讨,那么华南地区的持续性强降水事件是否也受海洋影响呢? 下面基于给定的降水强度和持续时间的阈值,选取了华南地区1979—2011年5—6月共63次持续性强降水事件和7—8月共59次持续性强降水事件。对于5—6月的持续性强降水事件,降水发生时低层大气10～30 d低频环流表现为:华南存在异常气旋,而中国南海地区则被"舌头"状的异常反气旋占据。5—6月华南上空的异常气旋来源于中高纬度的低值系统,而位于南海的异常反气旋的形成与两个因素有关:一个是降水前位于华南的异常反气旋向东南传播至南海,另一个是降水前副热带高压的西伸。对于7—8月的事件,华南—东亚沿海的异常环流型与5—6月的情形类似,但是低频信号的传播特征有很大的不同:位于沿海上空的10～30 d低频异常反气旋主要与副热带高压的西伸相联系,但是位于华南上空的异常气旋却是持续性强降水事件发生前数天菲律宾海上的弱异常气旋向西北移动并缓慢发展而形成的(图5.33)。

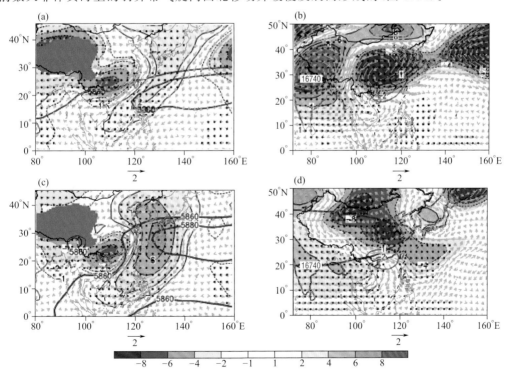

图 5.33　根据(a)5—6月和(c)7—8月华南持续性强降水事件合成的同期低频850 hPa位势高度异常场(阴影区,单位:gpm)和850 hPa异常风场(箭头,单位:m/s)。红色等值线为同期合成的5880—5860 gpm线。黑点区域是低频850 hPa位势高度异常场通过 $\alpha=0.05$ 显著性检验的区域。(b)和(d)同(a)和(c),但为200 hPa位势高度异常场和200 hPa异常风场。(b)和(d)中的红色等值线是200 hPa异常辐散场。紫色等值线是根据两组事件合成的位于100 hPa的16740 gpm特征线。

对 10～30 d 低频尺度的异常 SST 分布的分析表明,在 5—6 月华南地区发生持续性强降水事件同期,暖海温异常位于南海—菲律宾海,这与局地的低频异常反气旋有密切关系。而7—8 月的事件发生时,冷海温异常占据华南沿海,其形成可能是由从菲律宾海向西北传播发展的低频异常气旋导致的。低频正(负)海温异常是由于局地入射太阳辐射偏高(偏低),海洋向大气输送的潜热通量偏低(偏高)导致的。低频尺度的海温异常可能影响低层大气的温度和湿度,从而改变大气低层的对流不稳定度,继而调整大气环流(图 5.34)(Hong and Ren,2013)。

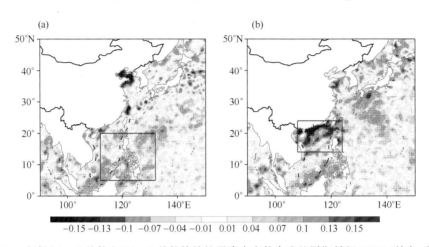

图 5.34　根据(a)5,6 月份和(b)7,8 月份持续性强降水事件合成的同期低频 SSTA(填色,单位:K)和低频 Z850 异常场(绿线,单位:gpm)。红色等值线为 5880—5860 gpm 线。黑点区域是低频 SSTA 通过 $\alpha=0.05$ 的显著性检验的区域。(a)黑框覆盖区域为区域 1(5°—20°N,112°—132°E),(b)黑框覆盖区域为区域 2(14°—24°N,108°—124°E)

5.4.2　EAP 遥相关波列对华南地区持续性强降水季节尺度海气相互作用

华南型 EAP 遥相关的发生背景是什么呢? 黄荣辉(1987)指出气候态的 EAP 遥相关型的形成与西太平洋以及菲律宾附近的对流加热异常有关,即热源强迫形成准定常行星波从菲律宾附近经东亚传到北美海岸。那么日尺度的 EAP 遥相关的发生原因是不是也是由于菲律宾附近的对流异常激发向北传的 Rossby 波,从而呈现明显的经向"＋—＋"波列呢? Li 等(2018)将华南型事件个例对应的 OLR 进行合成(图 5.35),发现事件日发生前 7 日,在菲律宾地区出现明显的对流活动异常,随后对流活动向北移动并且加强,事件日发生前 1 日该对流活动到达华南地区。事件日发生时对流活动达到最强,此时华南强降水异常发生。从合成的OLR 异常场纬度-时间的演变(图 5.36)也可以看出,从事件日开始前 7 日在菲律宾地区明显有对流向北传的现象,在事件发生时对流传播到华南地区。对流活动为 EAP 遥相关的形成和维持提供了能量。Huang(1987)和 Nitta(1987)提出菲律宾周围对流活动增强将会引起中国江淮上空以及日本南部上空的西太平洋副热带高压增强,而且从南亚通过东亚到北美地区形成一个类似 EAP 型的大气遥相关型,也就是东亚-太平洋遥相关型。由此可以看出日尺度的EAP 遥相关也和菲律宾地区的对流活动有着密不可分的联系。Chen 和 Zhai(2015)的研究也指出与副热带高压相关的菲律宾附近的对流异常也是激发 EAP 遥相关的源。

目前有很多研究指出海温对副热带高压存在影响和调制作用。印度洋-太平洋海温异常和副热带高压的年际变化、年代际变化有着高相关(Lu and Dong,2001;Sui et al. ,2007;Xie et al. ,

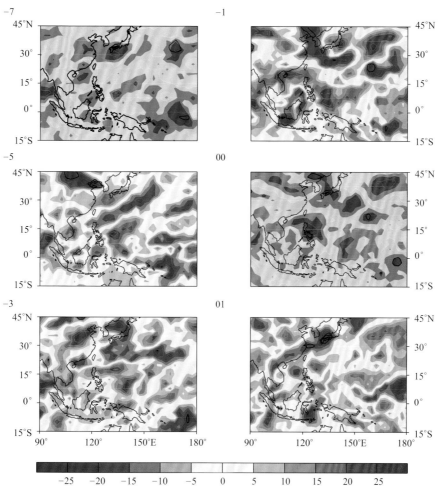

图 5.35 华南型 EAP 事件合成的 OLR 异常场(阴影,W/m²),黑色实线代表通过 $\alpha=0.05$ 的显著性检验,每幅图左上角标记的数字 d 表示该日领先(负值)或落后(正值)降水异常开始日 d 天

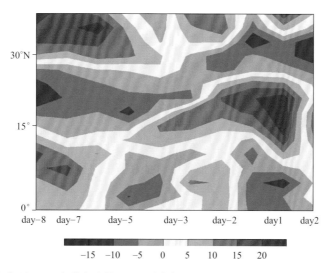

图 5.36 华南型 EAP 事件合成的 OLR 异常场沿 120°E 纬度-时间的演变(阴影,W/m²)

2009；Wu et al. 2010）。Lu（2001）和 Lu 和 Dong（2001）指出副热带高压西伸脊点的年际变化和暖池上空的大气对流强度以及赤道西太平洋的海温异常密切相关。当西太平洋暖池处于冷状态，菲律宾周围热带西太平洋上空对流活动弱，则在该地区上空有反气旋式异常，副热带高压偏南（黄荣辉 等，2016）。此外，Guan 等（2003）指出印度洋低纬度地区海温异常对亚洲季风区环流和天气气候都会产生影响，赤道印度洋的变化可以在北半球中高纬度地区激发产生与PNA 和 EAP 类似的冬季或者夏季的遥相关型。以上的研究说明关键海区的海温异常对副热带高压的异常有显著的影响，但目前的研究主要关注年际、年代际尺度副热带高压的异常与海温的关系，对于天气尺度-次季节尺度上，海温对 EAP 遥相关的影响也是值得研究的问题。

此外，海洋和大气是耦合的，海表温度异常对大气的影响是非常复杂的。他们之间的关系与时间尺度也有很大的关系。对于气候尺度，海洋对 EAP 遥相关可能有很强的影响（Lu and Dong，2001；Wu et al.，2010）。然而，对于天气尺度，海表温度异常和 EAP 型很可能是相互影响的。Ren 等（2013）的研究指出副热带高压和其下方的海温存在反馈过程。而且副热带高压作为 EAP 型的关键中心和触发点（Chen and Zhai，2015），二者的关系将进一步进行分析。

将华南型 EAP 事件发生时的海温异常、850 hPa 风场异常以及副热带高压进行合成。从图 5.37 可以看出，事件日前 7 日，副热带高压（588 线）已经西伸到 130°E 以西，脊线位于 20°N 附近。与此同时，菲律宾北部地区、华南沿海地区的海温呈负异常状态，值得注意的是副热带高压下方的东部地区海温呈正异常状态。然而，事件日前 5 日时，副热带高压维持在 130°E 附近，但是副热带高压主体略有增大，其下方的海温大部分都变为正异常状态。而菲律宾附近出现气旋式异常环流，此时该地区的对流活跃，造成晴空的天气，从而导致到达海面的太阳辐射变多，有利于海表温度增加，进而导致附近的负海温异常减弱。事件日前 3 日时，菲律宾附近的气旋式异常环流变为反气旋式异常环流，有利于副热带高压进一步西伸到 122.5°E 附近。事件日前 1 日时，反气旋式异常环流向西移动，进一步引导副热带高压西伸。而副热带高压下方的海温也进一步变暖。事件日时，菲律宾北部地区、华南沿海地区的负海温异常进一步减弱，反气旋式异常环流进一步西移，副热带高压西伸至 115°E 附近，强度达到最强。由于菲律宾附近的能量向北频散（Huang et al.，1989），EAP 型的三个异常中心也都达到了最强，EAP型更清晰地显示出来。同时副热带高压下方的海温异常也达到了最强，正异常值的范围也达到最大。随后，副热带高压减弱，其下方的海温异常也随之减弱。

从上述分析可以发现，菲律宾北部地区、华南沿海地区的负海温异常的减弱导致菲律宾附近的气旋式异常环流转换为反气旋式异常环流，反气旋式异常环流的西移引导副热带高压的西伸加强。而副热带高压下方的海温异常主要受副热带高压的调制，一般来说副高下方是晴空天气，导致海洋吸收太阳辐射增多，从而该地区的海温增加。

前文提到还有一类在 EAP 遥相关发生时，江淮地区没有发生持续性强降水事件，经研究发现这类事件中有一部分是在华南产生的了持续性降水（定义为 A-SC EAP 事件）

将 A-SC EAP 事件个例对应的 OLR 进行合成（图 5.38），发现事件日发生前 7 日，在菲律宾地区出现明显的对流活动异常，随后对流活动向北移动并且加强，事件日发生前 1 日该对流活动到达华南地区。事件日发生时对流活动达到最强，此时华南强降水异常发生。从合成的OLR 异常场纬度-时间的演变（图 5.39）也可以看出，从事件日开始前 7 日在菲律宾地区明显有对流向北传的现象，在事件发生时对流传播到华南地区。对流活动为 EAP 遥相关的形成和维持提供了能量。

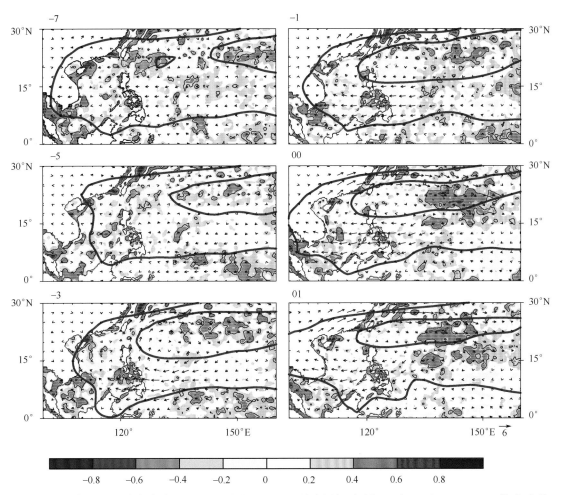

图 5.37　华南型 EAP 事件合成的 SSTA(阴影),850 hPa 异常风场(矢量)以及 588 和 586 dagpm 线(红色等值线),每幅图左上角标记的数字 d 表示该日领先(负值)或落后(正值)降水异常开始日 d 天

从合成的 A-SC EAP 指数与 OLR 场的超前滞后相关(图 5.40)可以发现,菲律宾地区对流超前华南 EAP 指数 7 日开始呈显著的负相关,并且能够通过 $\alpha=0.05$ 的显著性检验。随着事件日的临近,二者的相关逐渐减弱。说明菲律宾对流减弱有利于 A-SC EAP 遥相关的形成,图 5.38 中 OLR 场的演变也可以说明这一点。Huang(1987)和 Nitta(1987)提出菲律宾周围对流活动增强将会引起中国江淮上空以及日本南部上空的西太平洋副热带高压增强,而且从南亚通过东亚到北美地区形成一个类似 EAP 型的大气遥相关型,也就是 EAP 遥相关型。由此也可以看出日尺度的 EAP 遥相关也和菲律宾地区的对流活动有着密不可分的联系。

图 5.41 给出了 A-SC EAP 事件前期海温合成图,因为海温变化比较缓慢,所以将时间设置成提前 2 周左右。从图中可以看出,在事件日前一周菲律宾附近海温显著偏冷,副热带高压位于 125°E 附近。随后,菲律宾附近负海温异常减弱,副热带高压西伸。事件日时,菲律宾附近负海温异常进一步减弱,副热带高压西伸至 110°E 附近。此时与 EAP 遥相关相关的另外两个系统强度也达到最强,EAP 型建立。在 A-SC EAP 事件发生前,菲律宾附近的冷海温异常有利于下沉气流的发展,随着冷海温异常的减弱,气旋式异常环流转换为反气旋式异常环流,

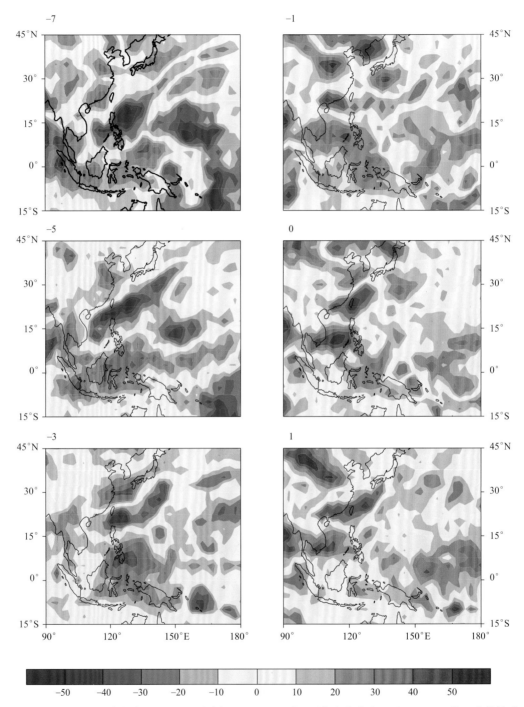

图 5.38　A-SC EAP 事件合成的 OLR 异常场（阴影，W/m^2），黑色实线代表通过 $\alpha=0.05$ 的显著性检验，
每幅图左上角标记的数字 d 表示该日领先（负值）或落后（正值）降水异常开始日 d 天

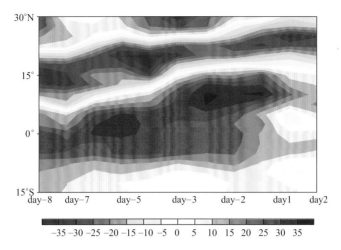

图 5.39　A-SC EAP 事件 OLR 异常场纬度-时间演变(阴影,W/m², 取 110°—120°E 经向平均)

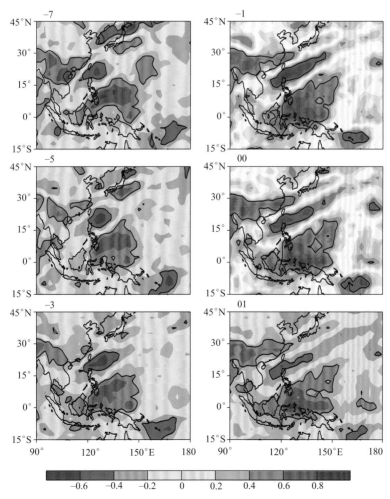

图 5.40　A-SC EAP 事件合成的 EAP 指数与 OLR 场的同期相关系数分布(阴影,黑色实线代表通过 $\alpha = 0.05$ 的显著性检验),每幅图左上角标记的数字 d 表示该日领先(负值)或落后(正值)降水异常开始日 d 天

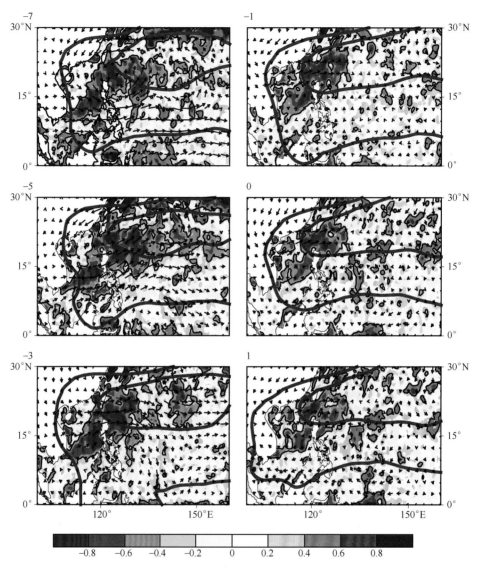

图 5.41 A-SC EAP 事件合成的 SSTA(阴影),850 hPa 异常风场(矢量)以及 588 和 586 dagpm 线(红色等值线)。黑色等值线代表 SSTA 通过 $\alpha = 0.05$ 的显著性检验,每幅图左上角标记的数字 d 表示该日领先(负值)或落后(正值)降水异常开始日 d 天

而反气旋式异常环流有利于副热带高压的西伸加强。由于菲律宾附近的能量向中高纬度频散,进一步使得 EAP 的中纬度中心和高纬度中心加强(Huang et al.,1989),从而使得 EAP 型建立。

进一步分析,将 A-SC EAP 指数和海温异常场做超前滞后相关(图 5.42),发现菲律宾附近海域海温超前 A-SC EAP 指数 7 天开始出现显著的负相关,随后二者的负相关变小,说明这地区的海温低有利于 A-SC EAP 遥相关型的发生发展。菲律宾附近海温偏冷,会抑制局地海表蒸发,此时会抑制具体对流的发展,使其上方的空气柱收缩,在底层形成冷高压和辐散气流,在底层形成异常反气旋,有利于副高的西伸。副高稳定维持后,太阳辐射增加,感热交换减弱,海表温度开始升高,此时底层处于暖湿环境,底层反气旋变为气旋,使得副热带高压东退并减弱。可见菲律宾附近海温对 A-SC EAP 遥相关的激发主要是局地效应。同时底层存在反气旋有利于副高的西伸和加强。事件日当天，在中纬度地区出现异常气旋，从而形成 EAP 遥相关。由此可见菲律宾附近海域是影响 A-SC EAP 遥相关的关键海区。

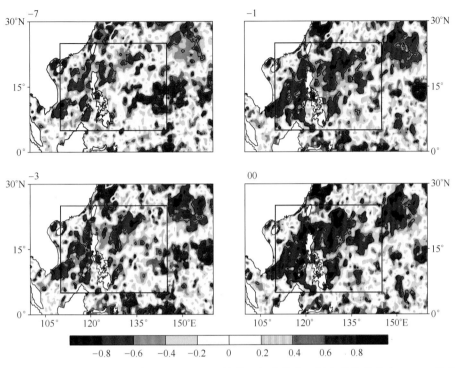

图 5.42 A-SC EAP 事件 EAP 指数和 SSTA 的超前滞后相关分布。黑色等值线代表 SSTA 通过了 $\alpha=$ 0.05 的显著性检验，黑色方框代表关键海区，每幅图左上角标记的数字 d 表示该日领先（负值）或落后（正值）降水异常开始日 d 天

总的来说，在环流配置上，A-SC EAP 事件发生时，EAP 的三个系统位置与华南型 EAP 事件发生时的 EAP 三个系统位置相似，但强度更强，副热带高压更加西伸，脊线位置更加偏南。虽然此类事件也能在华南地区引发持续性降水，但由于部分个例的降水量未能达到正异常值，所以未能全部包含在华南型 EAP 事件中，从而导致环流形势和水汽配置与华南型 EAP 事件有所差别。并且与华南型 EAP 事件不同的是，菲律宾附近海温异常区域是影响 A-SC EAP 遥相关的关键海区。此外，对比前文提到的江淮型 EAP 事件发现，在天气尺度到次季节尺度上，江淮型 EAP 事件的有效的显著海温异常信号分别为海洋性大陆及其西侧的暖海温和中国南海及西太平洋地区的冷海温。

5.5 本章小结

本章分别对热带西北太平洋海温偏暖年与非偏暖年，高中低层环流场的 2～50 d 低频贡献和低频环流场进行分析，进一步从能量转化角度和海气相互作用角度揭示了与江淮持续性强降水、华南持续性强降水有关的 EAP 遥相关型的发展和维持机理。结果表明：在对流层中低层，持续性强降水事件年和热带西北太平洋海温偏暖年夏季，都表现出高度场 20～50 d 低频贡献高值中心位于南海和中国东部,意味着副热带高压和东亚槽的 20～50 d 季节内振荡可能更活跃,西太平洋副热带高压西伸脊点更偏西。在低频降水活跃时期,江淮江南降水区域上空是强大低频气旋,南海上空是低频反气旋,海温偏暖年相比非偏暖年,南海上空更活跃的低频反气旋使南海的暖湿气流向北输送。同时江淮和江南区域以北对流层中层的低频气旋引导高纬度的干冷空气南下,交绥于江淮、江南地区,形成持续性强降水。

对于江淮型 EAP 事件,从海温异常的角度,在天气尺度到次季节尺度上,有效的显著海温异常信号分别为海洋性大陆及其西侧的暖海温和中国南海及西太平洋地区的冷海温。海洋性大陆西侧的暖海温通过激发东传的 Kelvin 波和边界层的 EKman 抽吸效应将在东亚低纬度地区促进低层反气旋的生成东移。中国南海和西太平洋地区的冷海温主要是通过局地抑制对流,进而在其上空触发低层反气旋的生成。值得一提的是在天气尺度-次季节尺度上,除了上述的海洋对大气的影响外,大气也将通过影响太阳短波辐射和抑制海-气间的感热交换过程影响海表温度,从而影响副高西伸和东撤。

在厄尔尼诺的影响下,长江以南地区的降水结构从 2～5 d 持续性降水事件(短持续性降水事件)和 1 d 的降水事件(非持续性降水事件)向长持续性降水事件转变,且其强度增加。而长江以北地区,以湖北为主,降水结构存在从非持续性向短持续性降水事件转变的现象,短持续性降水事件的强度也略有增强。因此,厄尔尼诺使得长江中下游地区的降水事件更多的以持续性的降水为主,不同持续性降水事件的强度加强。进一步分析发现厄尔尼诺次年西太平洋副热带高压西伸加强,与其相关的东南季风所输送的水汽也有所加强。同时,中高纬度阻塞高压环流形势稳定维持。这些因子的共同作用,最终导致了长江中下游地区夏季降水持续性延长和降水强度加强。

在 5—6 月华南地区发生持续性强降水事件同期,暖海温异常位于南海—菲律宾海,这与局地的低频异常反气旋有密切关系。而 7—8 月的事件发生时,冷海温异常占据华南沿海,其形成可能是由从菲律宾海向西北传播发展的低频异常气旋导致的。低频正(负)海温异常是由于局地高于(低于)平均的入射太阳辐射和低于(高于)平均的海洋向大气的潜热通量输送导致的。低频尺度的海温异常可能影响低层大气的温度和湿度,从而改变大气低层对流不稳定度,继而调整大气环流。

对于华南型 EAP 事件,在天气尺度到次季节尺度上,菲律宾北部地区、华南沿海地区的负海温异常是有效的显著信号。菲律宾北部地区、华南沿海地区的负海温异常的减弱导致菲律宾附近的气旋式异常环流转换为反气旋式异常环流,反气旋式异常环流的西移引导副热带高压的西伸加强。而副热带高压下方的海温异常主要受副热带高压的调制,一般来说副高下方是晴空天气,导致海洋吸收太阳辐射增多,从而该地区的海温温度增加。与华南型 EAP 事件不同的是,菲律宾附近海温异常区域是影响 A-SC 型 EAP 遥相关的关键海区。

第 6 章　青藏高原对持续性天气异常的影响

6.1　概述

　　青藏高原是位于我国西部上游的特大地形,平均海拔 4000 m 以上,其动力和热力作用对全球和东亚大气环流有着极为重要的影响,研究青藏高原对我国持续性重大天气异常的影响具有特别重要的科学意义。过去几十年,通过第一、第二次青藏高原科学试验等现场观测试验,收集了大量的青藏高原观测资料。通过观测研究、理论分析和数值模拟等手段,关于青藏高原对我国天气气候影响的认识正逐步深入。高原热力作用对亚洲季风的爆发起到了"抽吸泵"的触发作用,且夏季高原热源对同期中国降水和东亚季风有很大影响(段安民和吴国雄,2003)。陶诗言(1980)则揭示了高原低值系统是我国淮河致洪暴雨天气中的重要成员。高原陡坡地形动力作用影响天气系统演变和暴雨发生的理论和模拟研究也积累了较多成果(陈联寿 等,2000)。此外,研究发现青藏高原上空的环流和降水都具有明显的低频振荡特征,夏季以准双周振荡为主,而冬季以 20 d 为主。青藏高原上形成的大气低频振荡与热带大气低频振荡的垂直结构不同,可以向北传播,也可以向东频散,与南亚高压的活动密切相关,并对持续性降水过程有影响。高原大气低频扰动的传播能对东亚季风和印度季风降水造成重要影响。巩远发等(2007)发现 2001 年和 2003 年高原热源低频振荡与江淮降水有很好的相关性。

　　鉴于青藏高原天气系统多尺度相互作用及其对下游持续性天气异常的重要影响和作用,国家重点基础研究发展计划("973 计划")"我国持续性重大天气异常形成机理与预测理论和方法研究"经过 5 年的观测与研究,深入揭示了青藏高原大地形和下垫面热力异常激发的准静止行星波的传播及其与我国持续性重大天气异常关系,阐明了高原天气系统异常变化对其以东地区持续性强降水天气异常的具体影响。本章将主要阐述该"973 计划"在青藏高原对持续性天气异常影响方面取得的主要成果。

6.2　青藏高原天气系统演变对持续性强降水的影响

6.2.1　高原切变线和高原涡活动特征

　　利用 1998—2010 年逐日 08、20 时 500 hPa 等压面高度图、日雨量和青藏高原低涡切变线年监测资料,本章首先研究分析了冬半年、夏半年高原竖切变线、高原横切变线活动特征,冬半年、夏半年不同生命史的高原竖切变线对我国降水的影响,冬半年、夏半年不同生命史的高原横切变线对我国降水的影响。冬、夏半年高原切变线是以横切变线为主,高原横切变线是高原竖切变线的 8 倍。冬半年高原切变线主要出现在 3、4 月。与高原低涡相比、夏半年高原切变线一般不易移出高原,4 月有五分之一能移出高原。夏半年高原切变线主要出现在 5—9 月。夏半年高原切变线比高原低涡不容易移出高原,8—9 月有五分之一能移出高原。冬半年高原横切变线、竖切变线活动一般能带来降水天气。竖切变线一般活动时间 12 h,最长 48 h;竖切变线活动主要造成高原中雨雪天气,4 月可造成高原暴雨雪。横切变线一般活动时间 12~24 h,活动时间最长可达 84 h;横切变线活动时间增长造成降水强度增强、范围扩大;3、4 月横切变活动时间多在 24 h 以上,可造成高原及其周边省份中雨雪,还可影响高原周边省份以外的少数省、市造成中雨或大雨。

夏半年高原竖切变线一般活动时间 12~24 h,最长 60 h;活动时间 12 h 的高原竖切变线主要造成青藏高原中雨以上降水,甘肃、云南小雨,少数可造成四川盆地小雨以上的降水,其中有一半能造成暴雨以上降水。活动时间 24 h 的高原竖切变线,可造成青藏高原暴雨,甘肃中雨以上的降水,四川盆地、云南小雨以上的降水;还有一半以上年份,每年有 1 次,可影响到山西、河南、陕西、重庆、贵州产生中雨到大暴雨(表 6.1)。随着夏半年高原横切变线活动时间的增长,高原与高原周边地区及我国其他地区的降水范围与强度增大。活动时间 12 h,24 h 的高原横切变线在青藏高原上造成大雨以上的降水,其中有一半能造成暴雨;前者,半数可影响甘肃、四川盆地、云南造成小雨以上的降水,多数年份每年有 1~4 次不等,可影响到重庆、贵州、陕西、宁夏产生小雨以上的降水。后者,大多数可造成甘肃小雨至中雨,四川盆地中雨以上的降水,云南半数中雨以上的降水,多数年份每年有 1~3 次不等,可影响到重庆、贵州、陕西产生大雨以上的降水,个别可影响到湖北、湖南、河南、山西等地。活动时间 36 h,48 h 以上的高原横切变线在青藏高原上造成暴雨以上的降水;可影响甘肃中雨以上的降水,四川盆地大雨以上的降水,云南小雨以上的降水;多数年份每年有 1~4 次不等,活动时间 36 h 的可影响到陕西、贵州、重庆产生大雨以上的降水,有的可影响到湖北、湖南、江西、安徽产生暴雨或大暴雨。48 h 以上的可影响到贵州、湖北、陕西、重庆产生暴雨以上的降水,有的可影响到安徽、江西、广西、广东、河南产生暴雨或大暴雨。因此,夏半年活动时间在 36 h 以上的高原横切变线对我国降水影响大,应特别关注(郁淑华等,2013)。

表 6.1　夏半年 36 h 以上活动时间的高原竖切变线造成的降水量级

高原	高原周边			其他省份				
	甘肃	四川盆地	云南	小雨	中雨	大雨	暴雨	大暴雨
1998-06-29—30(36 h 移出) 大暴雨	中雨	大暴雨	暴雨			陕、贵	豫	鄂、渝
2001-05-26—27(36 h 移出) 暴雨	小雨	大雨	中雨	陕	渝、贵	鄂、湘		
2003-08-25—26(36 h 移出) 暴雨	大雨	暴雨	小雨			陕		
2010-07-16—17(36 h 移出) 暴雨	大雨	大暴雨	大雨	贵		鄂	渝	陕
2000-00-06—08(48 h 移出) 暴雨	暴雨	大暴雨	大雨	湘		晋、渝、贵、宁	鄂	陕
2010-08-14—15(48 h 移出) 暴雨	小雨	大暴雨	暴雨			陕、贵、湘	渝、鄂	
2003-07-21—23(60 h 移出) 暴雨	大雨	暴雨	大暴雨	渝		陕、贵		

6—8 月是高原涡在青藏高原以东持续活动的主要时段,7 月最多。在青藏高原以东持续活动的高原涡,主要在长江以北活动,其移动路径多数是在切变环境场中向东、向东北移动

(图6.1)。这与一般移出高原涡多数随低槽向东、向东南移动是不同的。在青藏高原以东持续活动的高原涡不仅影响中国的范围广,还可影响到朝鲜半岛、日本、越南。在青藏高原以东持续活动的高原涡的强度、性质会有变化,在高原以东持续活动时多数为斜压性低涡与冷性低涡,低涡加强,多数可产生大暴雨、持续性区域暴雨。在青藏高原以东持续活动的高原涡的一些特殊变化现象为:高原涡移到海洋,会因下垫面而变化,出海后都有降水加强,多数位势高度下降的现象;移出高原后的高原涡会因东面海上热带气旋活动而少动,在河套地区打转;会与台湾以东或南海洋面登陆的热带低压相向而行。

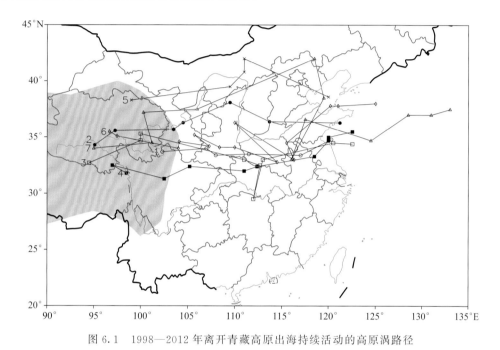

图6.1　1998—2012年离开青藏高原出海持续活动的高原涡路径

在普查、分析1998—2012年持续性、强影响高原涡移出青藏高原持续强盛期的500 hPa环流形势、影响系统基础上,根据不同类型的持续性、强影响高原涡在移出青藏高原与持续强盛期的多种物理场的不同特点,可以将持续性、强影响高原涡分为切变线型、低槽前部型、东阻型、热带低压影响型4种类型,各类高原涡移出青藏高原后持续的对流层中层大尺度条件是:影响高原持续的天气系统在高原涡移出后得到进一步发展;低涡受冷空气影响,为斜压性低涡;北支西风、南支偏南风气流比低涡移出高原时增强,为各类低涡活动过程中最强;南支有来自西太平洋的偏南气流侵入低涡。这些共同的环境场条件提供了使高原涡移出青藏高原后得以持续的有利物理特性场,即与影响系统相伴随的辐合区、上升运动区的范围比移出高原时大;与南支气流相伴随的水汽输送比移出高原时强;使低涡内维持正涡度及正涡度平流。持续性、强影响高原涡以东阻型环境场对我国降水影响最大,主要影响河套地区;切变线型、热带低压影响型、低槽前部类主要影响地区分别是黄淮流域、西南地区、长江流域;持续性、强影响高原涡出高原后持续活动时对40°N以北环流形势依赖性不强,主要是受低涡周边对流层中层西风带天气系统、副热带天气系统与热带天气系统相互作用的影响。揭示了低涡移出青藏高原后持续的对流层中层大尺度条件及其各类主要差异,为预报高原涡移出青藏高原后持续造成暴雨、洪涝提供了依据(郁淑华 等,2015;Yu et al.,2014;2016;李国

平 等,2014)。

6.2.2 高原天气系统演变及能量传播对持续性强降水的影响

2011 年 8 月 20—21 日四川西部陡峭地区雅安暴雨的发生、维持及结束与区域波包大值区的时间演变相对应,显示出波动能量的传播、积累和频散的过程对暴雨形成的重要作用。强降水区域基本是在波包大值区或波包较大值位相控制下。波包的分布及传播能明显反映出降水过程的发生、维持和结束。波包的大值区域与强降水区域基本一致,强降水过程基本上产生于波包扰动能量积累的高值时段或高位相阶段。从波包分布和传播特征看,雅安强降水过程的扰动能量主要来源于高原地区和孟加拉湾地区,雅安强降水过程的形成和发展主要反映了孟加拉湾暖湿气流和高原冷空气系统的共同作用。波包分布及其传播特征对青藏高原—四川盆地交界区域强降水的预报有指示意义(闵涛 等,2013)。

利用波包传播的诊断方法,分析 2013 年 6 月 29 日—7 月 18 日我国四川地区 4 次连续暴雨过程的波包传播和积累特征。500 hPa 和 700 hPa 波包的传播表明:4 次强降水过程的扰动能量都主要源自孟加拉湾和南海地区,为强降水提供了源源不断的暖湿气流,高纬巴尔喀什湖至蒙古西部地区的扰动能量提供了南下的干冷空气,青藏高原地区的能量扰动对降水也有着重要的影响。在扰动能量逐渐累积且在较高位相时,有利于降水产生,并可能出现强降水天气,而扰动能量频散释放阶段会使强降水强度加大,过程结束后扰动能量处在较小的正常相位。在中低层 500 hPa 和 700 hPa 上,不同降水过程扰动能量所处的相位高低既有一致性,也有差异性(董元昌和李国平,2015)(图 6.2)。

6.2.3 高原天气系统引发持续性强降水过程的物理机制

2008 年 6 月 11—14 日华南地区严重暴雨天气过程与西南涡东移密切相关。西南涡在本次暴雨过程中呈现出阶段性的过程。其中,第一阶段西南涡从北往南移动,呈经向型移动。第二阶段西南涡东移进入华南强烈发展,移动呈东西纬向路径。暴雨发生时间与落区和低涡活

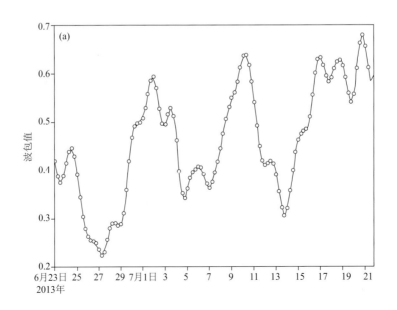

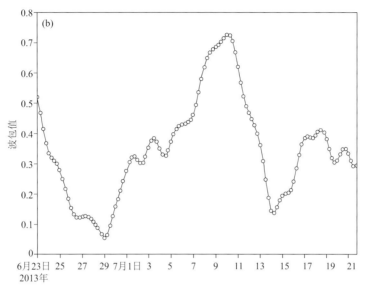

图 6.2　四川地区 2013 年 6—7 月波包平均值曲线

(a)500 hPa,(b)700 hPa

动路径及强烈发展期基本一致,表明了西南涡对持续性强降水雨带形成的重要性(图 6.3,图 6.4)。大尺度环流形势的持续稳定与维持,在高空急流、西风槽等系统引导下,西南涡始终沿高空急流入口区右侧的强辐散区、西风槽前的强上升速度区移动,在移动过程中西南涡处于大相对螺旋度环境中,环境风场不断将正涡度输送给低涡,以维持自身发展所需的正涡度源;同时低涡前(后)部暖(冷)平流明显,这种热力分布对推动其移动具有重要影响。因此,在这种动热力协同作用下,湿位涡的湿正压项对低涡形成与维持具有影响,湿斜压项对低涡的移动起重要作用。在低涡诱发暴雨中,有中尺度对流系统(MCSs)生成且组织性呈多样化,加之雨区不断有水汽辐合,长时间的频繁活动造成了此次持续性暴雨天气(Chen et al.,2015)(图 6.5)。

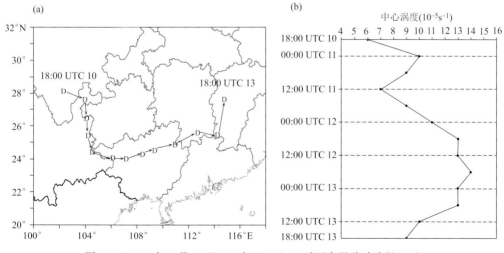

图 6.3　2008 年 6 月 10 日 18 时—13 日 18 时西南涡移动路径(a)和

700 hPa 中心涡度(单位:$10^{-5} s^{-1}$)逐 6 h 变化(b)

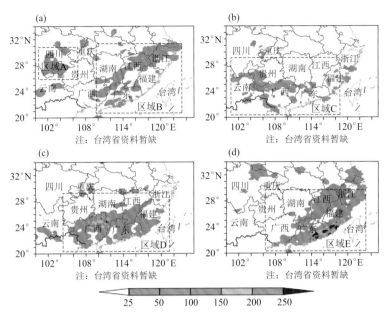

图 6.4　2008 年 6 月 11 日(a)、12 日(b)、13 日(c)、14 日(d)逐日降水(mm)分布

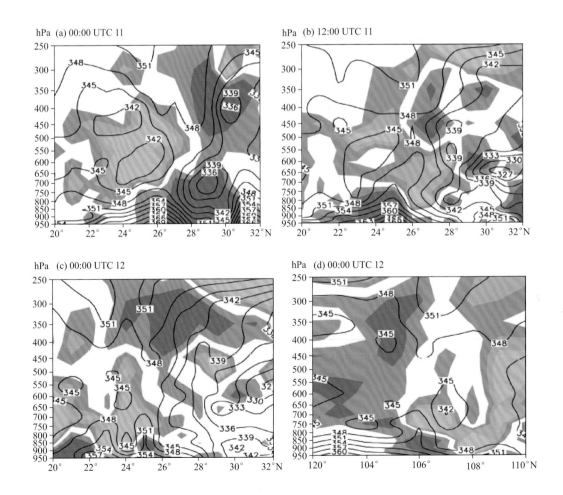

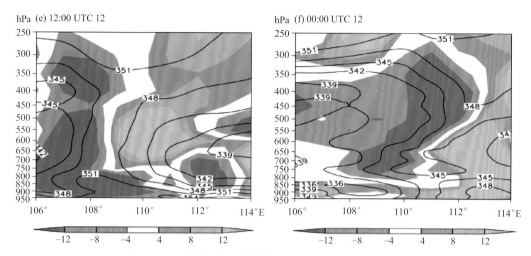

图 6.5 2008 年 6 月 10—13 日引起华南持续性暴雨过程中假相当位温(等值线,单位:K)及其
平流(阴影)沿不同经度和纬度的垂直剖面图,(a) 104°E,(b) 105°E,
(c) 106°E,(d,f) 25°N 和(e) 24°N

一些奇异路径的高原涡对持续性强降水也有重要作用。2010 年 7 月 21—26 日高原涡呈
现出东移转向折回路径,分析得到高比例且稳定的层云降水是其持续的维持条件,对流降水雨
强集中在 10～20 mm/h,能很好指示低涡各阶段的演变过程;低涡移出高原后降水量大幅增
加,向西折回时,降水面积最大,降水量最多,降水云团在 3～5 km 高度出现若干强对流降水
中心,最高到 15 km;低涡东移过程中,降水粒子在中低层明显增多,向西折回时,6～18 km 高
度云冰粒子大量增多;潜热释放中心始终超前于低涡中心,高原涡沿着潜热释放高值区方向移
动,且移出青藏高原后的潜热释放比在高原上时显著(Xiang et al.,2013)(图 6.6)。

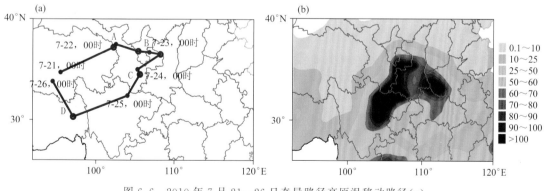

图 6.6 2010 年 7 月 21—26 日奇异路径高原涡移动路径(a)
及其降雨量(b,单位:mm)

2013 年 7 月 7—11 日四川盆地西部的持续性强降水与青藏高原东部边缘频繁生成的
MCSs 非常密切,暴雨中有 4 次对流活动,其中有 3 次东传影响暴雨区,并造成 3 个阶段的强
降雨。造成暴雨持续的原因在于 MCSs 频繁生成并东传至暴雨区,由于西南涡始终停滞于川
西高原,500 hPa 西风带中不断分裂天气系统,以槽、切变、涡的形势与西南涡相互叠加,进而
造成高原地区一次次对流云生成,并随低涡产生的切变线移至暴雨区。因此,尽管西南涡未移

出高原地区,但其低压环流中的切变线却直接影响暴雨区,高原东传的 MCSs 则在切变线附近发展,并造成了暴雨天气过程。由于其列车效应,多次在同一区域造成暴雨,进而形成持续性暴雨天气。MCSs 东传还与四川盆地内大气湿、热有关,由于大气层结不稳定,且有潜在的对流有效位能,假相当位温高,当 MCSs 到达盆地时,对流更加旺盛,降水效率亦更高。第 4 阶段,盆地内对流不稳定能量得以释放,虽然湿度仍较大,但假相当位温减小,气层已处于稳定,不再利于对流活动发生(胡祖恒 等,2015)。

有暴雨和无暴雨产生的两类西南涡形成前 6 h 环流场和两类低涡形成前后的物理场有较大差异。大尺度环境场上,有暴雨西南涡(简称暴涡)和无暴涡环流场区别明显,在对流层低层,有暴涡强度和尺度相对较大,涡中心附近南北侧风速也较大,在涡中心西北侧有一股强冷空气侵入,有暴涡气温较高,来自西南暖湿气流的输送有利于降水产生;中层,有暴涡上游有小槽,而无暴涡无此特征;高层,有暴涡位于南亚高压东北侧,高空急流在涡区北侧较远位置,而无暴涡高空急流轴位于涡中心上空,且风速比有暴涡大。有暴涡这样的高、中、低层配置可能比无暴涡更有利于暴雨天气的发生。两类系统形成前后的物理场上,有暴雨产生的西南涡低层来自孟加拉湾和南海的水汽输送更大更北,涡中心附近东、南侧始终存在强水汽辐合和深厚垂直上升运动,为东、南侧集中降水提供了有利的动力和水汽条件,而涡中心及西、南侧的不稳定或中性层结和北侧干冷空气气旋性侵入涡后部可能为涡的发生发展积累并释放能量,此外,涡中心附近低层正涡度、辐合同高层负涡度、辐散的一致性叠置更利于西南涡暴雨的发生发展;没有暴雨产生的西南涡西侧低层为浅薄中性层结,涡中心附近垂直上升运动虽然随着时间增加而稳定存在,但在距涡中心 2 个经距东侧出现下沉运动,涡中心附近水汽输送、辐合较小,高、低层涡度和散度没有像有暴雨产生的西南涡那样一致性的配置,这些条件可能不利于降水产生和低涡发展(何光碧和余莲,2016)。

本节进一步揭示了 2010 年 7 月下旬川、陕、甘一次持续暴雨过程中环流背景、高原涡与热带气旋的相互作用,低涡、中尺度对流系统、冷暖平流等对持续性暴雨形成的作用。持续性暴雨过程发生对应的有利条件有:对流层高层南亚高压由纬向型转为经向型,对流层中层副热带高压东退变西进,热带气旋登陆西行,高原涡东移受阻,中尺度对流系统不断生消。高原涡与热带气旋相互作用使两者移速减缓,两系统相互作用区切变流场加强与正涡度平流输送使低涡加强与维持,导致高原涡长时间滞留在陕、甘、川一带。低涡为暴雨发生提供了有利的抬升和能量垂直输送条件,使降水期涡区呈现较强的正涡度和辐合上升运动,降水最大值出现时间对应辐合上升运动最强时,降水过程中对流层中低层为垂直正螺旋度,不断将低层能量向上输送,垂直正螺旋度大值区及出现时间对强降水发生及落区有一定指示性。对流层低层暖平流输送使暴雨区能量持续积累,同时也使暴雨区中尺度对流系统异常活跃,降水得以发生和持续。

6.3 青藏高原动力热力作用对持续性强降水的影响

6.3.1 青藏高原热力作用对中国南方持续性强降水过程的影响

在 2003—2012 年 6 月我国南方地区的平均降水量中,2008 年和 2010 年降水量最大。为对比分析其降水分布特征及持续性降水成因的异同,本节重点研究了 2010 年 6 月 14—24 日连续出现的几次强降水天气过程,从天气学角度分析了逐次过程的降水分布特征及主要天气影响系统演变,并利用 WRF 模式设计并实施了"显式对流分辨率"的集合模拟试验,在控制试验重现了观测到的地面降水、大气环流和天气系统主要特征的基础上,进一步实施敏感性试验,将青藏高原主体及其南坡的地表短波反照率修改为 1.0,研究了高原热力作用对中国南方 6 月持续性强降水的影响。结果表明:控制试验中青藏高原的地表感热加热作用使得高原及其周边地区的大气温度发生变化,相应的热成风平衡调整使得对流层低层至高层大气环流和天气系统特征发生显著变化,增强了我国南方的持续性降水。200 hPa 高原西部形成反气旋性环流异常、东部形成气旋性环流异常,高原东部南下的冷空气加强,我国南方辐散增强;500 hPa 高原北部的脊加强,我国东部的槽加深,副高西北侧的西南风明显增强,从青藏高原向下游传播的正涡度也显著加强;850 hPa 西南涡强烈发展并逐步东移,华南沿海的西南低空急流更为强盛,导致降水区的水汽辐合、上升运动及降水强度都增强(李雪松 等,2014)(图 6.7)。

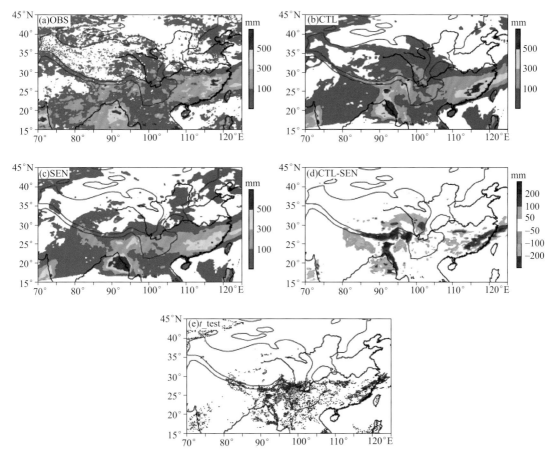

图 6.7　高原热力作用影响南方持续性强降水的 2010 年 6 月 14—24 日总降水量
观测实况(a)、控制试验(b)、敏感性试验(高原主体和南坡地表反射率＝1)
(c)及控制试验与敏感性试验差值(d)和差别显著性检验(e)

6.3.2　青藏高原加热异常对南方持续性低温雨雪冰冻天气的影响

　　本节进一步分析了 1958—2005 年青藏高原热力作用与东亚最低气温、降水、500 hPa 环流、高低层风场的关系,得到青藏高原地面热源对中国南方地区低温雨雪冰冻天气的影响主要表现为热力影响(即低温),而非降水。高原热源偏强有利于近地面吹北风,中低层吹南风,从而有利于逆温层出现和南边暖湿气流向北输送。与高原相关的 Rossby 波列产生的能量频散对中国南方持续性天气异常提供了有利而充沛的能量供应。2008 年的南方低温雨雪冰冻天气,在 2007 年 12 月高原地区并无明显波通量,但 2008 年 1 月青藏高原地区是波通量的辐散区,即高原成为波源区,高原热源异常偏强时,可以激发 Rossby 波列向东南传播,高原热源产生的高度、流场异常分布形势与冰冻灾害天气的分布形势基本一致,在 20°—40°N 纬度带上形成一正负交替的波列,影响持续性低温雨雪冰冻天气(Fan et al.,2015;范瑜越和李国平,2014)(图 6.8)。

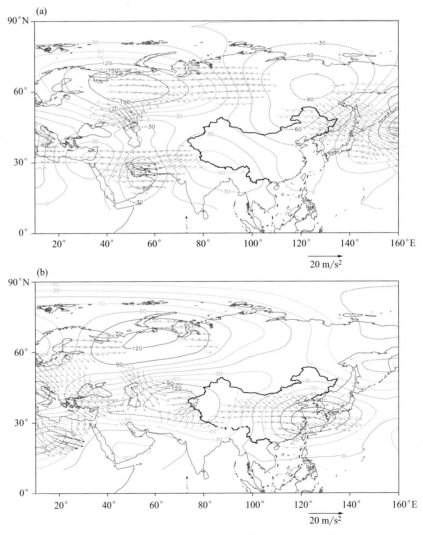

图 6.8　2007 年 12 月(a)高原热源偏弱、2008 年 1 月(b)
高原热源偏强的青藏高原地区波通量分布特征

6.3.3 青藏高原激发准定常波及其对华南持续性暴雨的影响

利用包含地形动力、热力作用的正压模式方程组,从理论上分析了 Rossby 波的性质、波能传播特征及青藏高原大地形的动力、热力作用对波动的影响,并重点讨论了高原的地形坡度对大气 Rossby 波的作用。进而通过新一代中尺度数值模式 WRF3.2 及 NCEP/NCAR 逐日 4 次的 FNL 再分析资料,设计了改变青藏高原地形坡度的对比试验,对 2010 年 5 月发生在中国华南的一次持续性暴雨过程进行数值模拟(图 6.9),用模式模拟结果验证了理论分析的结论。对比表明:青藏高原大地形本身的存在有利于大气 Rossby 波的形成;且高原大地形及其所产生的摩擦和加热作用均可使波动向低频方向发展;高原的动力和热力作用通过使低频波产生上游效应,进而以能量频散的形式影响着我国的天气;高原南北坡度对 Rossby 波相速度的作用相反且当坡度达到一定值时,可产生准定常的波动;高原地形坡度的作用总体上使得高原西侧(上游)以下沉运动为主,东侧(下游)为上升运动,有利于对流活动在高原东侧的发生发展;高原地形坡度对 Rossby 波的调制作用可使波动的振幅增强、波数减少、波长加长,导致 Rossby 波的低频化,从而促使 Rossby 波最终演化为与高原相联系的准定常行星波,且高原南坡较北坡更有利于出现这种现象(图 6.10)。稳定维持的定常波及其能量频散利于在华南地区形成持续性强降水过程(何钰和李国平,2013)。

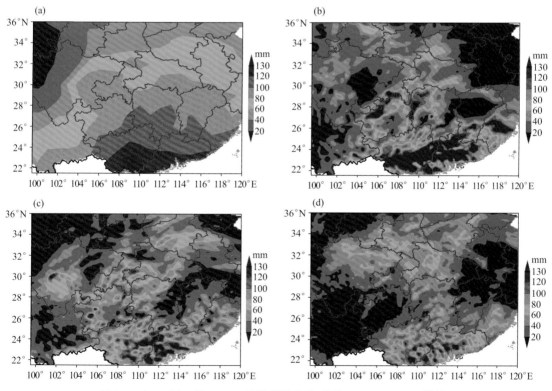

图 6.9 2010 年 5 月 26—30 日累积降水量(单位:mm):(a)FNL 资料、
(b)TP 试验、(c)LJ 试验、(d)NTP 试验

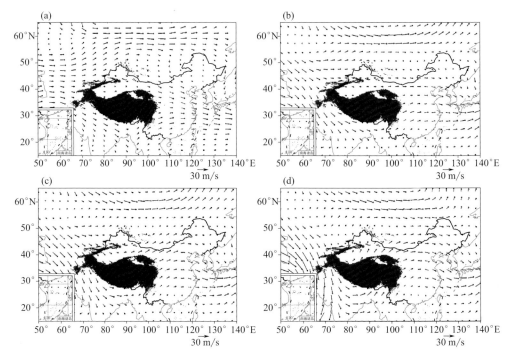

图 6.10　2010 年 5 月 26—30 日 500 hPa 大气流场：(a)FNL 资料、
(b)TP 试验、(c)LJ 试验、(d)NTP 试验

6.4　青藏高原大气低频振荡对持续性强降水的影响

6.4.1　青藏高原大气低频振荡与低涡系统的关系

经统计分析得到高原涡生成的高频区主要分布在唐古拉山、杂多、德格、曲麻莱和柴达木 5 个地区。移出的高原涡高频生成源地在曲麻莱最为集中。500 hPa 纬向风 30～50 d 振荡的西风位相区和弱振荡区，以及 500 hPa 相对涡度 10～30 d 振荡的正位相区或弱负位相区和弱振荡区有利于高原涡的生成。500 hPa 纬向风 30～50 d 振荡经向传播以 30～50 d 正位相扰动（即西风扰动）在高原为扰动汇，从高纬地区自北向南传播至青藏高原，或经高原向低纬地区传播为主；500 hPa 相对涡度 10～30 d 振荡在纬向传播方向上，以正位相扰动（即正涡度扰动）从青藏高原西侧自西向东经高原向下游传播为主；在经向传播方向上，正位相扰动以从低纬地区自南向北，经高原向高纬地区传播为主。大多数高原涡生成于 30～50 d 西风扰动和 10～30 d 正涡度扰动的传播过程中，纬向风 30～50 d 振荡为高原涡的生成提供了必要的环流背景场，而相对涡度 10～30 d 振荡的正位相区为高原涡的生成提供了必要的动力场条件。高原涡对应的 5～7 d 高频低涡的生成、发展、减弱和消失的演变过程，以及对应的位势高度场、风场和相对涡度场的大小范围变化，体现了东移高原涡高频振荡的传播特征。个例分析表明，高原涡低频大气扰动能量的东传和下传，可能是引发青藏高原下游地区大暴雨的重要原因之一(Zhang P F,2014)。

6.4.2　青藏高原大气低频振荡与高原涡群发效应的可能联系

青藏高原大气涡度低频振荡与高原涡群发效应有密切的关系，其年际变化、强度和位相与高原涡活动有重要影响。活跃期与非活跃期的高原涡存在显著差异,青藏高原夏季 10～30 d 大气振荡与高原涡的对应关系比过去认为的 30～60 d 大气振荡更为密切。10～30 d 振荡通过提供有利的(不利的)气旋式(反气旋式)环境流场直接调制高原涡的活动。印度季风区和高原西南边界的水汽输送对于高原对流及低涡产生具有重要作用。因此 10～30 d 大气振荡有助于开展高原涡活动及其对下游持续性天气、气候影响的预报。1998 年高原涡有 9 个活跃期,高原低涡的群发与 500 hPa 涡度场的季节内振荡有关(图 6.11)。10～30 d 尺度上,在来自印度季风区低层暖对流引起的对流不稳定配合下,西风槽扰动可激发高原涡活动(图 6.12)。

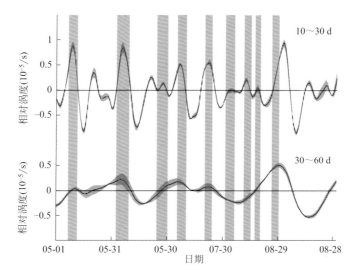

图 6.11　1998 年 5—9 月青藏高原中东部 500 hPa 相对涡度的 10～30 d

和 30～60 d 季节内振荡序列及其高原涡 9 个活跃期(灰色柱)

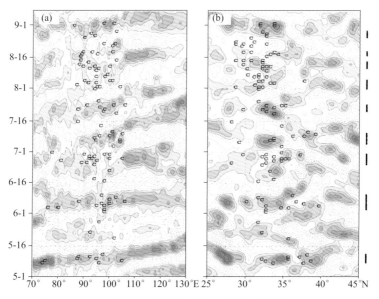

图 6.12　1998 年 5—9 月青藏高原大气相对涡度的 10～30 d

振荡(C 代表高原涡,竖黑线代表高原涡群发时段)的纬向(a)和经向(b)传播

6.5 本章小结

结合青藏高原大气外场观测科学试验,"973 计划""我国持续性重大天气异常形成机理与预测理论和方法研究"将重点放在剖析青藏高原与持续性天气异常的联系上,取得了较为丰硕的研究成果。青藏高原天气系统对下游持续性重大天气异常影响研究加深了对高原天气系统及其影响的认识,揭示了持续性强降水过程、高原涡和西南涡演变及其影响等一系列重要特征、发展的物理过程与异常机制。研究了造成我国持续性强降水的高原涡群发效应与高原大气 10～30 d 低频振荡的联系;此外,还揭示了青藏高原热力作用对中国南方持续性强降水的具体影响,提出了其物理机制,分析了青藏高原加热异常对大气 Rossby 波活动及其中国南方持续性雨雪冰冻天气的影响,研究了青藏高原地区大气重力波的区域特征及其与持续性强降水的关系。在大尺度波列的研究上,发现了青藏高原热力作用引发的大气准定常行星波及华南持续性暴雨天气的影响,分析了青藏高原地形坡度对大气 Rossby 波演变的影响及其异常特征。在此基础上,研究了青藏高原动力、热力强迫影响大气准定常行星波形成和维持的有关机理。

对这些高原热力动力对持续性天气异常影响过程和机理认识的深入,有利于发展我国持续性重大天气异常预测理论,开拓我国持续性重大天气异常预测思路,推进了其理论研究和技术研发。

第 7 章　冬季持续性低温雨雪冰冻事件的形成机理

7.1　概述

　　自 1850 年以来,全球平均地表温度显著上升(IPCC,2013),极端暖事件的频次呈增多趋势而极端冷事件趋于减少(Alexander et al.,2006)。全球极端天气气候事件频发已是不争的事实,在"暖冬"事件受到了越来越多关注的同时,大范围持续性低温事件也会给人民生命财产、交通出行、农业生产以及能源需求带来巨大的影响,当它与雨雪冰冻过程相结合时,这无疑将增加其致灾性,尤其是对于南方地区来说(Changnon,2003;Millward and Kraft,2004;Changnon et al.,2005;Stien et al.,2012;Stewart et al.,2015)。例如,2008 年初,我国南方地区经历了一次历史罕见的大范围雨雪冰冻灾害,整个过程持续时间长达 20 多天,20 多个省市相继遭受影响,交通电力等设施遭受重创,超过一亿人的生活工作受到严重影响,直接经济损失达 1000 多亿元(Sun and Zhao,2010;Zhou et al.,2011)。

　　正是由于 2008 年初的这次极端冷事件以及这类高影响事件的极端性和高致灾性,不少学者就此次过程进行了相关研究。这次事件发生在拉尼娜背景下,欧亚中高纬度阻塞高压稳定维持,西太平洋副热带高压异常偏西偏北,南支槽系统异常活跃,一系列异常环流系统相互叠加和配合最终导致了此次异常低温雨雪冰冻的发生(布和朝鲁 等,2008a)。与此同时,有关学者也开始反过来寻找历史上发生的持续性雨雪冰冻灾害,有关冬季冷事件的定义也相继给出(Zhang H Q et al.,2011;江漫 等,2014)。Qian 等(2014)综合持续性低温、降水和冰冻影响提出了持续 5 d 以上的持续性低温雨雪冰冻事件定义,同时识别出了 1951—2011 年 5 d 以上的区域性低温雨雪冰冻事件 21 例。部分学者通过对低温雨雪事件个例的研究提出了云贵准静止锋概念模型(Deng et al.,2012;高守亭 等,2014;杜小玲 等,2014),给出了冬季南方冰冻灾害形成的大尺度环流配置模型。但总体看来,相对于其他极端天气气候事件,有关冰冻事件的研究还有一定局限性,对于冰冻事件的认知还不足,需要更深入的研究(Kunkel et al.,2013)。且之前大多研究主要关注一些冰冻雨雪的个例研究,本章所研究的所有个例与前期研究的事件的环流配置是否相同值得进一步研究。

　　持续性的极端事件往往与异常环流的稳定维持有关。相关研究表明,北极涛动(Arctic Oscillation,AO)的异常活跃有利于行星尺度波动的稳定少动,从而可能导致阻塞形势的维持。在更长尺度上,AO 能通过影响西伯利亚高压或者定常行星波影响东亚气候(Gong et al.,2001;Wu and Wang,2002;陈文和康丽华,2006;Wang and Chen,2010;Cohen et al.,2010)。在全球变暖背景下,北极地区的增暖幅度强于中低纬度地区,导致极地海冰的快速减少,促使 AO 负位相、欧亚阻塞形势出现的频次增多,从而有利于极地冷空气南下使得中纬度大陆地区出现更多的严寒事件(Mori et al.,2014)。但在不同 AO 位相下,依然均有极端低温雨雪冰冻事件的发生,那么针对不同 AO 位相背景下持续性低温雨雪冰冻事件的特征差异、环流异常原因以及事件期间的冷空气来源及传播路径也值得进一步研究。

2016 年 1 月 21—25 日,一股强寒潮席卷我国。受其影响,大部分地区经历了气温剧烈下降,82 个站点突破建站以来最低气温历史极值,并且本次过程降温范围广,降温幅度大,降温 6 ℃以上面积占国土面积 81.9%,降温 12 ℃以上面积占国土面积 18.4%,最低气温达 0 ℃以下地区面积占全国面积 98%。此次过程地面冷空气偏强,南下速度快,但来自低纬度地区的水汽输送不足,因而并未产生大范围降水降雪天气。

因此,本章基于前人对区域持续性低温雨雪冰冻事件定义及气候特征的研究(详见第 1 章),从其发生的大尺度环流背景切入,深入研究事件之间的大尺度环流配置的异同;基于多个事件个例,对其环流进行分型并分析其环流特征。此外,探讨其在不同 AO 位相背景下,中高纬冷空气的来源以及热带水汽的来源条件配置。进一步,对 2016 年初的强寒潮的大尺度异常环流形势进行分析,讨论其形成机理,并将其与典型的持续性低温雨雪冰冻事件——2008 年初的南方低温雨雪冰冻事件进行细致对比,分析两次事件的异同。最后,对本章主要结论进行小结。

7.2   环流分型及其特征

正如前文所述,持续性的低温雨雪冰冻事件离不开大尺度的环流异常,因而对于导致事件发生的大尺度环流背景分析可以加深对这类高影响的极端事件的认识,进而可以为其预报提供一定科学依据。考虑到卫星遥感资料可减小大气环流资料的误差,且持续性低温雨雪冰冻事件主要发生在南方,接下来的分析主要研究卫星时代即 1979 年以后的南方地区的事件。1980—2010 年我国南方总计发生了 8 次持续性低温雨雪冰冻事件(个例信息如表 7.1 所示),不同个例的影响范围和持续时间存在较大差异。本节中为了叙述方便将每个个例用起始年-月-日的方式来表示此事件,如 2008 年 1 月 13 日发生、持续时间 21 d 的事件用 2008-1-13 表示。温度和降水是持续性低温雨雪冰冻事件的两个关键性因素,因而图 7.1 给出了每个个例的降水过程和温度概况。从事件的空间分布来看,事件主要发生在 100°—110°E、25°—30°N 范围内,并且事件发生区域主要位于逐日最高温度出现频次多的区域,但与累计降水最大的区域重合度较低。从图 7.1 中可以明显看出,事件期间,降水、逐日最低、最高气温三个条件缺一不可,即满足持续性的降水,逐日最低气温低于相应阈值,逐日最高气温也不高于 0 ℃。例如,作为所有个例中持续时间最长、强度最大的一次持续性低温雨雪冰冻事件,2008 年 1 月 13 日—2 月 2 日的这次个例,如图 7.1 所示,事件核心区域中心位于 27.4°N,109.6°E,其中影响了 28 个气象观测站,该次事件持续了 21 d,此次事件强度指数 PT 值高达 479.7;又如 1984 年 12 月 18 日的个例(图 7.1a3),事件核心区域中心位于 28.8°N,106.7°E,其中影响了 7 个气象观测站,该次事件持续了 12 d,此次事件的 PT 值高达 121.5。这些事件前期一直有降水,但是温度条件不满足,只要温度条件一满足,即使降水量不大也能导致事件产生。

也有个例如 1993 年 1 月 13 日,事件核心区域中心位于 27.9°N、105.1°E,其中影响了 5 个气象观测站,该次事件持续了 11 d,此次事件 PT 值高达 90.2。事件发生前最高温度和降水条件都满足,但是最低温度未能达到阈值。直到最低温度达到阈值,降水和温度条件都满足时形成了持续性低温雨雪冰冻事件。综上所述,不同个例间的降水过程既有共同点也有不同之处,因而有必要对这些个例进行进一步的分析。

表 7.1　持续性低温雨雪冰冻事件基本信息

起始日期 (年-月-日)	结束日期 (年-月-日)	持续时间 (d)	影响站数	经度 (°E)	纬度 (°N)	PT 值	AO 位相
1980-1-29	1980-2-12	15	8	106.7	28.7	111.4	−
1983-1-8	1983-1-14	7	3	109.8	27.9	28.7	+
1984-1-17	1984-2-6	21	13	105.9	28.3	238.1	+
1984-12-18	1984-12-29	12	7	106.7	28.8	121.5	+
1993-1-13	1993-1-23	11	5	105.1	27.9	90.2	+
1996-2-17	1996-2-25	9	5	106.7	28.5	76	+
2008-1-13	2008-2-2	21	28	109.6	27.4	479.7	+
2008-2-6	2008-2-14	9	3	103.7	27.4	38	−

注:阴影部分为单阻型事件,其余为双阻型事件;AO 位相栏中"−"表示 AO 负位相,"+"表示 AO 正位相;强度指数(PT 值)是衡量区域低温雨雪冰冻的综合强度

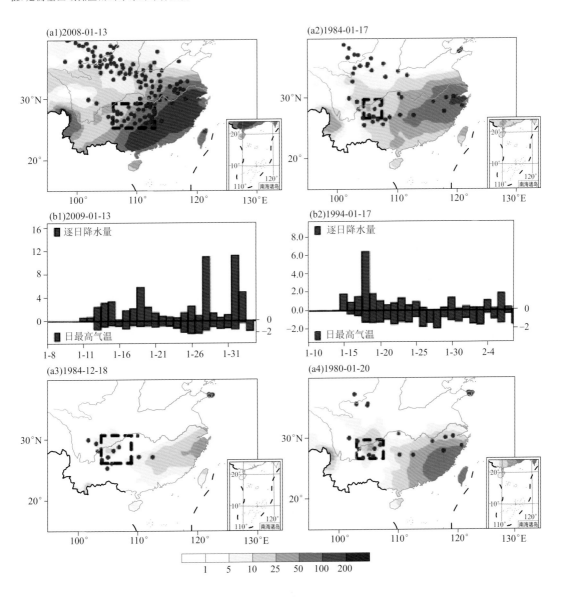

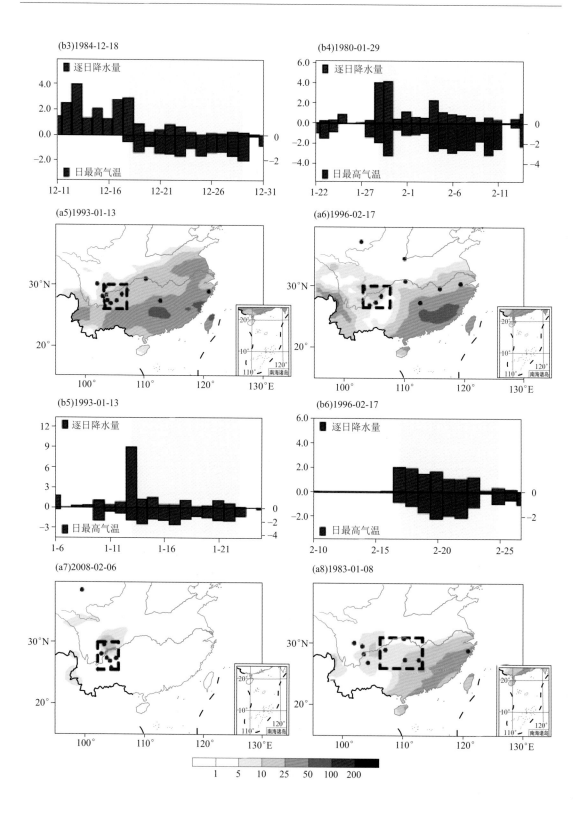

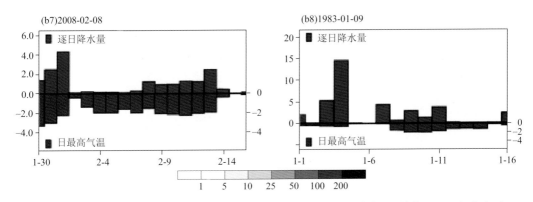

图 7.1　持续性低温雨雪冰冻事件过程特征图：(a)事件期间累计降水量(单位：mm)，红点表示
事件期间站点最高温度低于 0 ℃的日数大于等于 5 的站点，事件核心区域用黑色虚线框
标出；(b)表示事件期间核心区域日降水量及日最高温度(蓝色柱单位：mm；
红色柱单位：℃)，事件发生时段用浅灰色填充标出

7.2.1　分型依据

最近，通过对 8 个个例的高、中、低层环流特征以及系统间相互配置的诊断分析(翟盘茂等，2016b)发现持续性低温雨雪冰冻事件发生时具有两个相同点：欧亚 500 hPa 中高纬度都具有稳定的阻塞形势，中纬度低值系统增强；200 hPa 上西风急流稳定且有所加强。值得注意的是，不同个例间的环流形势差异性主要表现为北半球中高纬度的阻塞形势不同。而对于低纬度系统，西太平洋副热带高压只在 1983 年 1 月 8 日和 2008 年 1 月 13 日事件期间西伸并稳定维持，其他个例中西太平洋副热带高压不稳定或者没有明显西伸影响，因此在接下来的环流分型中主要考虑中高纬度环流系统对持续性低温雨雪冰冻事件的影响。将事件期间位势高度场的距平场进行标准化，并求其标准化的正负距平在事件期间出现的概率，即求事件期间高低值系统的概率分布(图 7.2)。从系统概率分布(图 7.2)看，事件主要分为两种环流形势，一种是期间极地为负异常主导，欧亚大陆贝加尔湖附近地区为正异常，且事件期间相应异常系统稳定维持时间达 2/3 以上，符合上述环流特征的个例有 1983 年 1 月 8 日、1993 年 1 月 13 日、1996 年 2 月 17 日和 2008 年 1 月 13 日；另一种事件如 1980 年 1 月 29 日、1984 年 1 月 17 日、1984 年 12 月 18 日和 2008 年 2 月 6 日低温雨雪冰冻事件期间，极地地区上空位势高度场正异常，欧亚大陆位势高度场正异常中心主要位于乌拉尔山地区和鄂霍次克海地区，而中纬度东亚地区以位势高度场负异常为主。综上所述，这里初步将事件期间大尺度异常环流形势分为两种：一是阻塞高压较为稳定地维持在贝加尔湖附近，另一种是阻塞高压稳定维持在乌拉尔山地区和鄂霍次克海附近。

为进一步将个例进行客观分型，首先通过对逐个个例事件期间欧亚大陆(范围：40°E—180°，30°—90°N)500 hPa 标准化的位势高度距平场进行合成，然后对这些合成场进行经验正交分解，并提取个例的主模态，由于事件后期异常环流形势趋于衰弱并且可能与事件前期稳定的形势不大相同，所以这里选取事件起始日期至事件结束前三日做合成。经验正交分解结果的前两个主要模态如图 7.3，第一模态方(EOF1)差贡献占 37.13%，其环流形势主要为东半球中高纬度中层阻塞形势主要是乌拉尔山阻塞高压和鄂霍次克海阻塞高压，同时有异常加深的东亚大槽，且槽的位置更靠近我国东部地区，贝加尔湖以南地区也为明显的低值系统控制，极地地区以正高度异常为主；第二模态(EOF2)方差贡献占 21.58%，基本上描述出了贝加尔湖阻塞

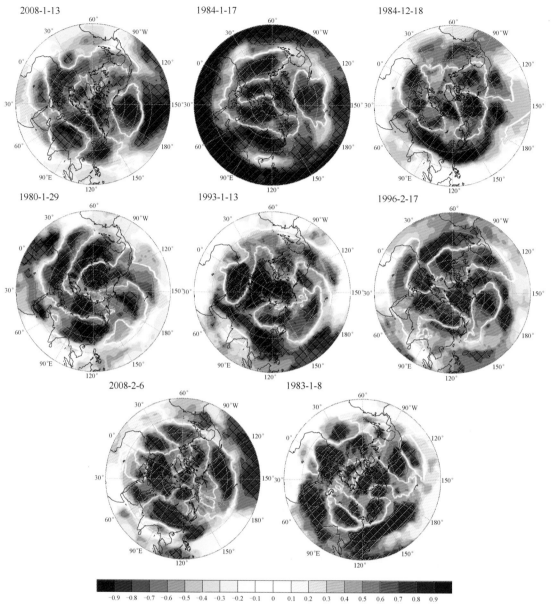

图 7.2　高低值系统概率分布图：正值（负值）填色表示事件期间高值（低值）系统出现
概率，网格填充表示对应系统事件期间出现概率达 2/3 以上的区域

高压，以及相对于双阻型位置更偏东的东亚大槽，极地为负异常。

　　考虑到逐个个例合成结果可能会受到事件期间极端高值或者极端低值的影响，所以这里
将 8 个个例事件日拼接起来进行经验正交分解，分析全部事件日中异常环流形势的主要模态，
所得结果如图 7.4 所示。从事件日的 EOF 主模态来看，事件日最主要的两个模态和合成的结
果较为相似，即事件异常环流形势主要是分两种：一是阻塞高压在贝加尔湖地区，另一种是阻
塞高压在乌拉尔山、鄂霍次克海地区。这两种主要模态方差贡献都达 20％以上，而第三模态
方差贡献则在 10％左右（图略），较前两个模态影响较小。

　　通过经验正交分解对 8 个个例进行了分型，所提取的主模态与之前通过系统概率分布图

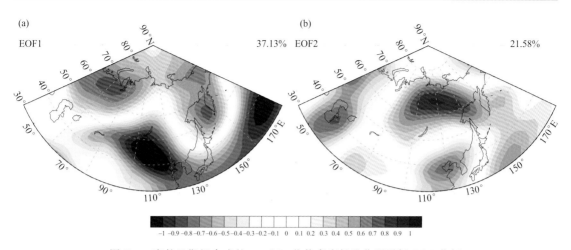

图 7.3　事件日期间合成的 500 hPa 位势高度标准化距平场 EOF 分解

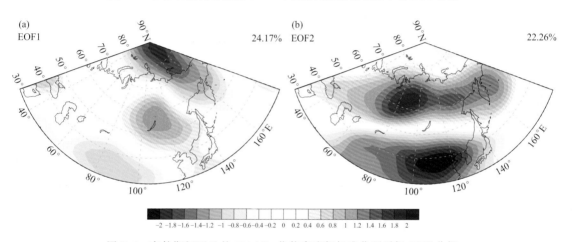

图 7.4　事件期间逐日的 500 hPa 位势高度场标准化距平场 EOF 分解

识别出的中高纬度阻塞型相同,即贝加尔湖单阻型和乌拉尔山、鄂霍次克海双阻型。此外,利用 K 均值聚类分析对事件日合成的欧亚大陆 500 hPa 位势高度标准化距平场进行分析,所得结果也与前面结果相同。

　　综合前面的分析,这 8 个持续性低温雨雪冰冻事件的个例环流分型至少存在两种,即一是贝加尔湖单阻型,二是乌拉尔山和鄂霍次克海双阻型(表 7.1)。

7.2.2　分型特征

　　研究表明 AO 对于东亚冬季的气候有影响,因此,接下来针对两类事件在不同 AO 位相背景下的环流特征做进一步分析并讨论相应环流特征下事件产生的可能原因。首先将 500 hPa 标准化距平场进行合成,单阻型事件(图 7.5a)阻塞高压位于贝加尔湖地区,中亚以及我国大部分地区以负异常为主,东亚大槽从鄂霍次克海经日本海向我国东部沿海延伸,中低纬度南支系统较强,极地位势高度场处于负异常。结合 NOAA CPC 提供的逐日 AO 指数,单阻型事件对应发生在 AO 正位相背景下(表 7.1 最后一列)。双阻型事件(图 7.5b)阻塞高压位于乌拉尔山地区和鄂霍次克海地区,东亚大槽位于日本海向我国东部加深,相较于单阻型事件强度更强,位置也更靠西,南支槽比单阻型更强,此外,孟加拉湾有弱的正高度异常,极地位势高度场

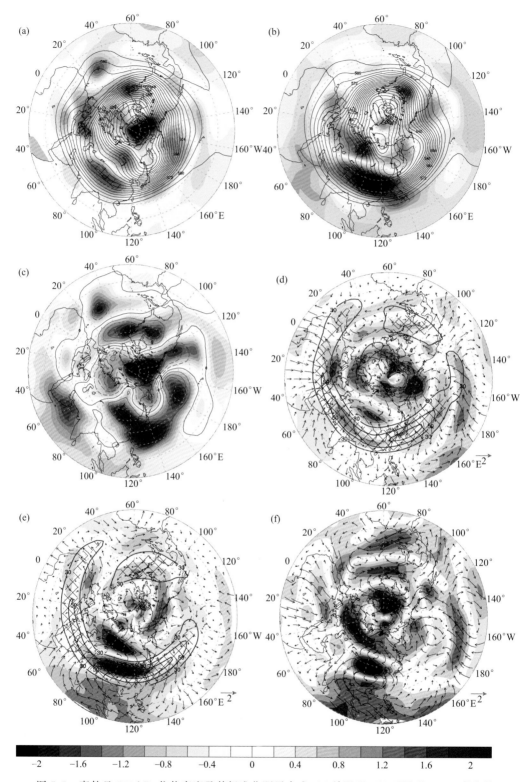

图 7.5 事件日 500 hPa 位势高度及其标准化距平合成:(a)单阻型,(b)双阻型,(c)二者之差;
200 hPa 水平风场标准化距平、纬向风及其标准化距平合成:(d)单阻型,(e)双阻型,(f)二者
之差,单位:m/s。黑色网格填充表示对应高低值系统事件期间出现概率达 2/3 以上的区域

处于正异常。从逐日 AO 指数上看(图略),双阻型事件并非都发生在同一 AO 位相背景下,而是 AO 正负位相都有,但 AO 负位相的事件日数略多于正位相背景,也就是说双阻型事件多半可能是发生在 AO 负位相背景下。值得注意的是,双阻型事件发生在 AO 正位相背景下时,事件期间存在正位相向负位相的转变,并且更强的东亚大槽以及乌拉尔山地区中层反气旋异常易出现在 AO 负位相背景下,这也与前人研究一致(Gong et al., 2001; Li et al., 2012)。当 AO 处于负位相时,北极地区的气压较常年偏高,与中纬度的气压差变小,高空急流减弱且其经向度加强,北极的寒冷空气南下,利于欧亚大陆发生低温雨雪冰冻事件。由图 7.5c 差值图可以看出两类事件差异最大的地方主要在极地和乌拉尔山、鄂霍次克海以及贝加尔湖地区,此外东亚大槽、南支槽的强弱差异及位置差异也比较明显。考虑到合成结果可能会被某个个例的异常所影响,导致结果偏向于该个例的异常环流形势,这里用事件期间高低值系统出现概率来反映系统的稳定性,从事件期间系统稳定性的角度来看(图 7.5a、b),AO 正位相背景下,单阻型事件期间东亚中纬度低值系统和极地低值系统出现频次较多,系统较为稳定;至于双阻型事件期间东亚中纬度低值系统范围比单阻型更广,且长时间维持,此外乌拉尔山地区高值系统也较稳定,可见双阻型事件中乌拉尔山阻塞高压稳定维持,而鄂霍次克海阻塞高压没有乌拉尔山阻塞高压稳定,通过对逐个个例的分析,发现部分低温雨雪冰冻事件期间鄂霍次克海阻高在东西方向有所移动并且在中后期处于衰弱期。

高空西风急流具有强的风速切变,能通过引起对称不稳定从而加强上升运动,并且可能影响对流层中、下层大气环流变化及东亚冬季气候。因而对事件期间高层 200 hPa 西风急流进行分析,将事件期间 200 hPa 矢量风标准化距平场及纬向风进行合成,发现单阻型事件(图 7.5d)高层副热带急流在事件期间位于 20°—30°N,急流中心靠近西太平洋,并且其位于青藏高原西侧的部分异常增强,阿拉伯海地区为一反气旋异常,其南侧的西风异常对应急流加强地区,事件核心区区域位于急流入口区的南侧,对应由高空急流所引起的次级地转环流的上升支,为事件的发生提供垂直运动条件。而双阻型事件(图 7.5e)高层副热带急流在事件期间稳定维持在 20°—35°N,急流中心主要位于东亚大陆,急流覆盖位置较单阻型偏北一些,而且急流加强区域位置与单阻型不同,主要在东亚中纬度区域,我国南方大部分地区处于大范围的高层反气旋异常控制,反气旋异常北侧西风异常对应西风急流加强。两类事件期间西风急流都稳定维持,从二者的差值图(图 7.5f)上看,最主要的差异在西风异常区域不同,且气旋/反气旋异常位置也不相同,此外急流中心的位置不同对于事件期间的作用不同,如间接提供充足水汽条件(杜银 等,2008)或者为事件提供大尺度辐散背景,进而产生上升气流,当其与地面的上升运动重合,从而形成深厚的上升运动利于降水的发生。

为了进一步分析低层水汽输送和冷空气路径,将 700 hPa、850 hPa 和 925 hPa 的矢量风的标准化距平场和温度平流进行合成。

在 700 hPa,图 7.6a 表示单阻型事件期间在贝加尔湖西北侧地区有一大范围的异常反气旋,对应地面的西伯利亚高压,异常反气旋的前侧的偏北气流从中西伯利亚经我国东北部将冷空气向南输送,我国华北、华中和东北地区以冷平流为主,西南地区以南则为暖湿平流,二者在西南地区相遇,为低温雨雪冰冻事件的发生提供必要的冷空气和暖湿气流条件。因此,单阻型事件冷空气路径跟寒潮路径中的东路路径相对应,冷空气自鄂霍次克海及西伯利亚东部向西南方侵入我国;孟加拉湾的西南急流偏强,并且在我国南海有东风异常,二者分别将孟加拉湾和南海的水汽向我国大陆输送,提供充沛的水汽条件。这可能与高空急流中心的位置有关。

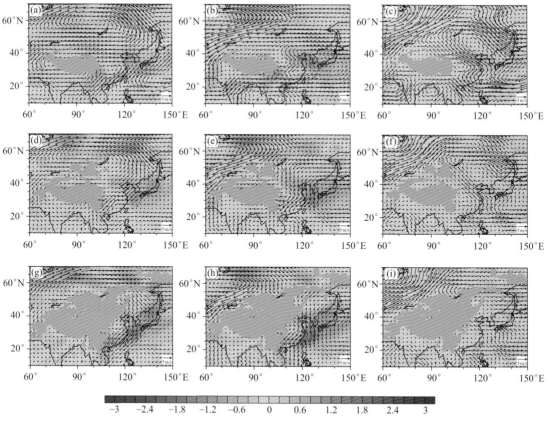

图 7.6　事件日矢量风标准化距平场、温度平流合成图：第一至第三列分别为单阻型、双阻型及
二者之差，第一至第三行分别为 700 hPa、850 hPa 及 925 hPa。棕色网格填充为地形

有研究表明，当急流位于西太平洋上空时（图 7.5e），我国长江中下游地区有充足的水汽条件和持续的水汽通量（杜银 等，2008），这有利于该类事件降水区域的形成。对双阻型事件（图 7.6b）而言，在乌拉尔山地区及其以东有一异常反气旋，其前侧的偏北气流在贝加尔湖以西地区分为两支，西侧这支经巴尔喀什湖及青藏高原西侧向南输送冷空气，而东侧这支经贝加尔湖南下直接影响我国，我国南方大部分地区以冷平流为主，对应寒潮路径的西北路径，冷空气经蒙古南下直达我国南方地区；低纬度主要以来自孟加拉湾的西南水汽输送为主，南海附近异常反气旋偏西偏南，故南海水汽输送不明显；相对于单阻型，双阻型事件西南水汽输送更强，这在两类事件的差值图上反映明显（图 7.6c），并且双阻型事件中我国南方地区冷平流比单阻型事件更强，从矢量风场上来看，双阻型的北风异常更为显著，从 AO 位相的角度来看，双阻型对应AO 负位相背景，由于北极地区位势异常偏高，极地的冷空气被迫南下，沿着乌拉尔山阻塞高压前的偏北气流南下入侵我国，从而使得双阻型事件冷平流比单阻型更强，影响位置更加偏南。

在 850 hPa 上，情况与 700 hPa 相似，但冷暖气团的输送更为明显。具体为单阻型事件（图 7.6d）期间贝加尔湖地区也有一异常反气旋，异常反气旋的前侧的偏北气流从中西伯利亚经我国东北部将冷空气向南输送，我国西南地区北侧以冷平流为主，且范围较 700 hPa 上的更广，南侧则为暖湿平流，二者在西南地区相遇，利于低温雨雪冰冻事件的发生。相较于单阻型事件，双阻型事件（图 7.6e）则反映我国中东部更强的冷平流和北风异常，这在差值图（图

7.6f)能很好地表现出来,并且单阻型事件的东风异常比双阻型的明显。

　　在对流层低层(925 hPa),两类事件期间我国中东部大部分地区都是强烈的北风异常和冷平流(图 7.6g、h),而不同之处是,我国中东部单阻型事件东风异常比双阻型事件东风异常明显,但双阻型事件冷平流比单阻型事件的强(图 7.6i)。此外,从对流层 700 hPa、850 hPa 和 925 hPa 可以看出,反气旋异常较为深厚,其前侧的偏北风异常引导冷空气南下入侵我国,为持续性低温雨雪冰冻事件的发生提供温度条件。

　　温度的垂直结构对于低温雨雪冰冻事件的发生有重要影响,如 2008-1-13 的逆温层对于事件中冻雨的形成起着至关重要的作用(Deng et al.,2012)。考虑到不同事件所发生的地区地形不同,因而在对个例的温度垂直结构诊断时不进行合成,而是逐个个例分析(图 7.7)。在对每个个例进行普查时,发现单阻型事件(图 7.7 无红框)中 1983-1-8、1996-2-17 和 2008-1-13 的逆温层结明显。逆温层对于冻雨的形成有着重要影响,这是经典的"融冰过程"冻雨形成过程(Stewart and King,1987;Thériault et al.,2006),即逆温层下存在冷层,这个次冻层将融化的雪再次冻结或者形成过冷雨滴最终造成冻雨;对于双阻型事件(图 7.7 红框)而言逆温层结不明显,可见这类事件形成冰冻的方式与单阻型事件的冻雨形成方式不同,没有逆温层的事件可能是通过其他方式形成冰冻,如"暖云过程"机制可使雨滴不需要暖层的融化和冷层的冻结作用,而是通过暖雨过程在增长过程中保持过冷却状态并发生碰并从而冻结形成冻雨(Huffman and Norman,1988;Bernstein,2000;Rauber et al.,2000)。有关冻雨形成的云微物理过程不是本文关注点,故这里不作进一步讨论。双阻型事件期间中纬度有显著的温度负异常(图 7.8 红框),负异常区域范围较为深厚宽广,垂直方向上可至 400 hPa,水平方向上从 30°—50°N 左右,并且负异常区域在事件期间维持时间达 2/3 以上,为事件提供低温的环境背景,考虑到双阻型事件很可能出现在 AO 负位相的背景下,因而极地冷空气被迫南下,有利于这样深厚宽

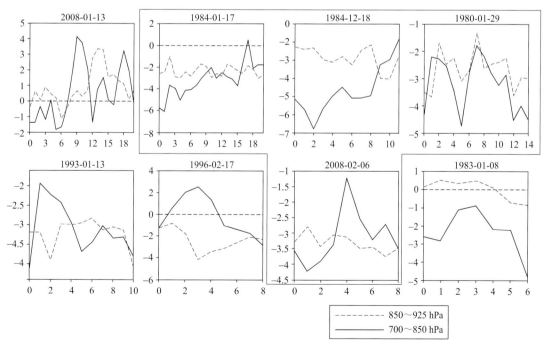

图 7.7　事件日核心区域低层温度之差时间演变图:700 hPa 与 850 hPa(蓝实线)、850 hPa 与 925 hPa
(红虚线)温度之差(单位:℃);红色框表示双阻型,其他无框为单阻型

广的负异常区域的产生。对于单阻型事件,极地以负异常为主(图 7.8 无红框),参考对应事件时期 AO 位相,单阻型事件主要是发生在 AO 正位相的背景下,对应极涡稳定,中高纬度盛行纬向环流,极区冷空气被限制,事件期间冷空气主要是通过西伯利亚高压前侧偏北气流经我国东北部向西南方向到达我国南方。

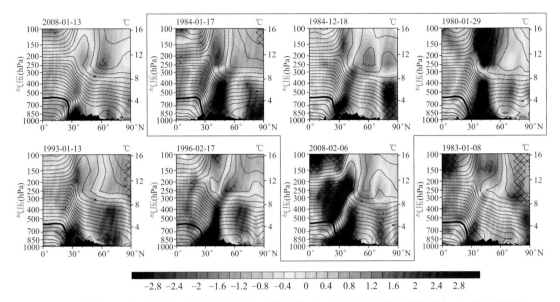

图 7.8　事件日温度垂直剖面图:红色实线表示温度大于 0 ℃,蓝色虚线表示温度小于 0 ℃,黑粗线
表示温度等于 0 ℃;填色表示温度的标准化距平场;黑色网格填充表示事件期间对应温度高低值
异常系统出现概率达等 2/3 以上的区域;红色框表示双阻型,其他无框为单阻型

结合前文的环流特征分析,将单阻型和双阻型这两类持续性低温雨雪冰冻事件的环流配置进行综合,得出两类事件的大尺度环流配置概念模型(图 7.9,图 7.10)。单阻型事件中(图 7.9),中层(500 hPa)阻塞高压位于贝加尔湖地区,东亚大槽从鄂霍次克海经日本海向我国东部沿海延伸,极区极涡偏强,该类事件极有可能发生在 AO 正位相背景下;高层(200 hPa)副热带急流位于青藏高原西侧部分异常增强;冷空气主要是从中西伯利亚地区经我国东北部将冷空气向南输送;低层(850 hPa)水汽输送主要为两条,分别为经孟加拉湾往我国大陆而来的西南低空急流和来自南海的偏南气流;有明显逆温层存在。图 7.10 为双阻型事件环流配置示意图,其中中层(500 hPa)阻塞高压位于乌拉尔山地区和鄂霍次克海地区,东亚大槽位于日本海向我国东部加深,相较于单阻型事件强度更强,位置偏西,极区极涡偏弱,该类事件多半可能出现在 AO 负位相背景下或者 AO 弱的正位相背景下,AO 负位相主要是通过影响乌拉尔山地区的反气旋异常以及东亚大槽,从而影响事件的发生;高层(200 hPa)副热带急流在青藏高原以及其以东位置异常增强,并且急流正异常中心相较于单阻型更偏北;冷空气从乌拉尔山地区以东经贝加尔湖南下影响我国;低层水汽输送主要为西南低空急流;没有显著逆温层。

7.2.3　AO 对持续性低温雨雪冰冻事件影响

AO 对于东亚冬季气候的影响十分重要,它可以通过地表温度和海平面气压直接影响东亚(Wu and Wang,2002),或者通过西伯利亚高压间接影响东亚(Gong et al.,2001)。为了分析 AO 与持续性低温雨雪冰冻的两类事件的关系,这里将两类事件期间日数对应的标准化逐

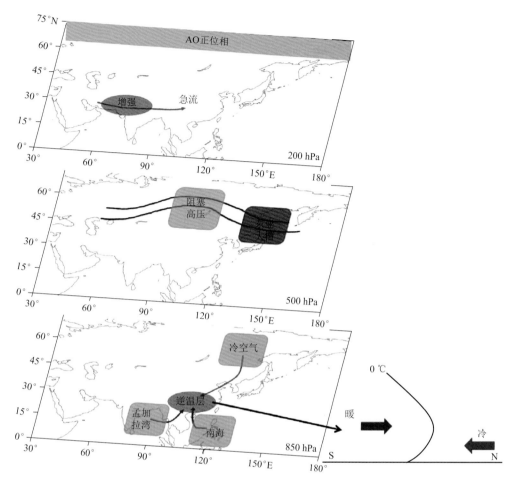

图 7.9 单阻型事件大尺度环流配置概念模型:极区蓝色区域表示极涡偏强,对应 AO 为正值;200 hPa:
带箭头曲线代表高空急流位置,红色椭圆区域表示急流加强区域。500 hPa:黑色曲线代表位势高度
等值线,蓝色方框代表贝加尔湖阻塞高压,红色方框对应东亚大槽。850 hPa:红色箭头代表水
汽路径(孟加拉湾水汽和南海水汽),蓝色箭头代表冷空气路径,红色椭圆区域对应
事件区域。850 hPa 右边对应小图为事件区域的南北向逆温层垂直结构

日最低温度和 AO 指数用散点图的形式表现出来(图 7.11),发现单阻型持续性低温雨雪冰冻
事件期间标准化逐日最低温度绝大多数都落在正的 AO 指数区,这表明该类事件主要发生在
AO 正位相背景下,并且对应事件核心区域的标准化逐日最低温度都小于负的一倍标准差,大
多数小于负的两倍标准差,散点分布较离散;至于双阻型事件温度指数在 AO 指数的正负两个
半区都存在,但以负的 AO 指数半区为主,即双阻型事件发生时 AO 正位相和负位相的情况都
存在,但事件期间处于 AO 负位相的天数略多于 AO 正位相,且 AO 正位相时指数大部分小于
一倍标准差,也就是说,双阻型事件多半可能发生于 AO 负位相背景下或者弱的 AO 正位相背
景下,因为当 AO 负位相时,极地冷空气被迫离开极地向更低纬度侵袭,从而使得东亚极有可
能发生极端低温事件(Mori et al.,2014)。此外,事件期间大多数天数标准化逐日最低温度小
于负的一倍标准差,即逐日最低温度指数和 AO 指数绝对值都大于一倍标准差,散点分布较单
阻型更集中,并且双阻型 AO 负位相的强度没有单阻型 AO 正位相时强度大,表明 AO 正位相
与单阻型事件极端低温的联系比 AO 负位相与双阻型事件极端低温的联系更明显。综上所

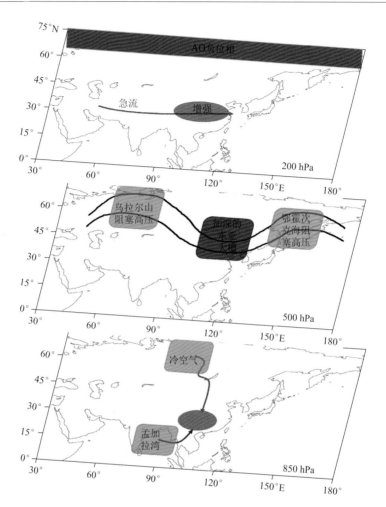

图 7.10 双阻型事件大尺度环流配置概念模型:极区红色区域表示极涡偏弱,对应 AO 为负值;200 hPa:带箭头曲线代表高空急流位置,红色椭圆区域表示急流加强区域。500 hPa:黑色曲线代表位势高度等值线,蓝色方框代表贝加尔湖阻塞高压和鄂霍次克海阻塞高压,红色方框对应加深的东亚大槽。850 hPa:红色箭头代表水汽路径(孟加拉湾水汽),蓝色箭头代表冷空气路径,红色椭圆区域对应事件区域

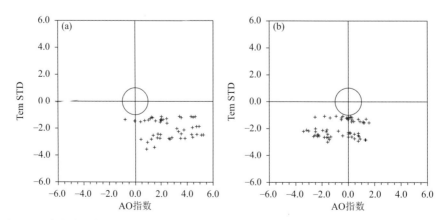

图 7.11 事件期间标准化逐日最低温度距平(Tem STD)和 AO 指数散点分布:(a)单阻型,变量均经过标准化;(b)同(a),为双阻型散点图;圆圈外为指数绝对值大于 1 的区域

述,贝加尔湖单阻型持续性低温雨雪冰冻事件极有可能出现在 AO 正位相背景下,而乌拉尔山、鄂霍次克海双阻型持续性低温雨雪冰冻事件多半可能发生于 AO 负位相背景下,两类事件期间 AO 位相与温度的极端性都有联系,且两类事件散点分布集中程度不同,即单阻型散点分布比双阻型散点分布更离散,单阻型事件异常极端的日数比双阻型事件异常极端日数多,极端性更强。

　　AO 还可以通过行星波影响中纬度地区(Wang et al.,2010;Cohen et al.,2010),这里依据 Takaya 和 Nakamura(2001)的方法,通过对波活动通量的水平分量的来诊断行星尺度 Rossby 波能量的频散路径,从而分析事件发生的大尺度异常环流背景的形成原因。两类事件期间波活动通量合成图如图 7.12 所示。单阻型持续性低温雨雪冰冻事件(图 7.12 无红框)行

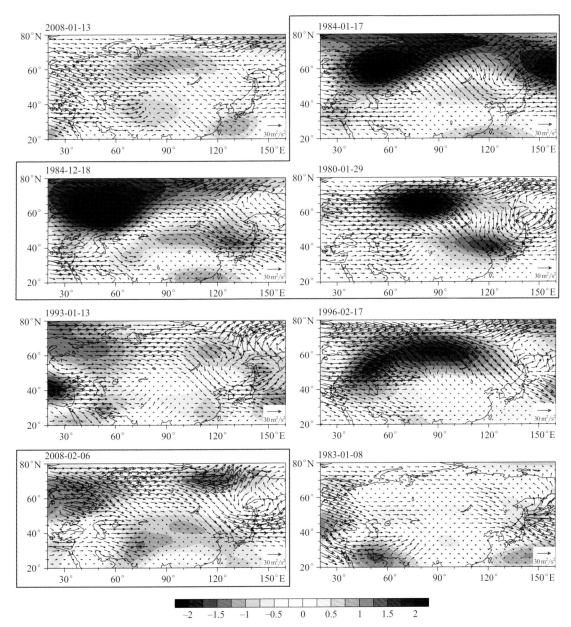

图 7.12　事件期间 500 hPa 流函数和波活动通量合成:填色代表流函数(单位:10^7 m^2/s),矢量代表
波活动通量(单位:30 m^2/s^2),左上角为对应日数;红色框表示双阻型,其他无框为单阻型

星尺度 Rossby 波能量自欧洲向东频散路径主要有两条：北侧这条自冰岛以东洋面向东经西西伯利亚向贝加尔湖地区频散（如 2008-1-13、1993-1-13 和 1996-2-17 事件期间），北侧这条路径 Rossby 波能量频散使得能量在贝加尔湖地区堆积，维持事件期间贝加尔湖阻塞高压的稳定，利于阻塞高压前侧偏北气流持续引导冷空气南下，为事件的发生提供持续的冷空气条件；南侧这条经黑海、里海向东频散，期间对应南支槽活跃，这可能与南侧这支 Rossby 波能量频散有关，可能是 Rossby 波能量沿着亚非副热带急流向下游传播，导致南支槽在我国南方地区形成并加深（布和朝鲁 等，2008a），南支槽前的西南暖湿气流给事件的发生提供水汽条件。

至于双阻型持续性低温雨雪冰冻事件（图 7.12 有红框）行星尺度 Rossby 波频散路径主要也分两条：北侧自冰岛以东经乌拉尔山向东南向频散，并在东北、朝鲜半岛一带转向东北方向往鄂霍次克海地区继续频散，Rossby 波活动通量在乌拉尔山和鄂霍次克海地区频散明显，对应这两个地区的阻塞高压在事件期间稳定维持，为事件提供稳定的大尺度异常环流形势以及乌拉尔山阻塞高压前侧的偏北气流为事件提供稳定的冷空气来源；南侧这支路径自地中海地区向东频散能量，并且比单阻型更强，对应更强的南支槽（布和朝鲁 等，2008b），从而槽前的西南低空急流也更强，这也间接解释了为什么双阻型西南低空急流比单阻型的西南急流更强。值得注意的是，两类事件期间中纬度我国南方大范围地区对流层高层处于流函数正异常，对应反气旋异常环流，为事件的发生提供大的辐散背景，而这个流函数正异常与 Rossby 波的能量频散有关，即不断有 Rossby 波向这里频散能量。

7.3　2008 年低温雨雪冰冻事件与 2016 年初强寒潮比较分析

2016 年初的超强寒潮使我国大部分地区遭受了极端低温灾害，此次大范围极端低温事件发生较快，持续时间较短，这与 2008 年初典型的持续性低温雨雪冰冻事件的特征有着明显差异。因此，对这两次典型的极端冷事件的形成机理异同进行分析有利于加深理解极端冷事件，特别是与雨雪冰冻相结合的低温雨雪冰冻事件。2016 年 1 月 21—25 日发生的寒潮所导致的降温幅度极大，异常的大气环流形势在 500 hPa 高度场及海平面气压场上均有所体现。从图 7.13a 给出的事件发生期间 500 hPa 位势高度场及其标准化距平场看，欧亚中高纬度地区呈明显的两槽一脊型，即脊位于乌拉尔山以东地区，两槽分别位于欧洲地区和东亚地区。具体表现为，在乌拉尔山以东地区有阻塞形势，并且正异常十分强盛，中心值超过正的四倍标准差，暖脊向东、向北伸入极地，迫使极地冷空气向低纬地区侵袭，乌拉尔山地区的阻塞形势呈东北-西南走向，根据波流相互作用原理，这种环流形势有利于阻塞扰动从平均气流中获得能量，导致其快速发展；东欧和东亚地区分别对应两个大槽，且有明显的负异常，其中东亚大槽槽后冷平流利于引导高纬度冷空气南下，为寒潮降温过程提供有利条件。同时中纬度南支系统较弱，导致西南气流水汽输送较少，且低纬度的副热带高压并未明显西伸北抬，不利于南海的水汽沿着偏南气流向大陆输送。

从图 7.13b 给出的事件期间海平面气压场及其标准化距平场看，地面系统与中层系统相对应。西伯利亚高压比常年异常偏强，其中心区域平均值在四倍标准差之上，最大值大于正的五倍标准差，这意味着冷空气的强度也异常偏强，这在事件期间我国南方地区区域平均的标准化地表气温距平序列上反映明显（图 7.14），最低值小于负的五倍标准差。此外，事件期间西伯利亚主体不仅强度偏强，而且范围偏大，高压主体东进南压。

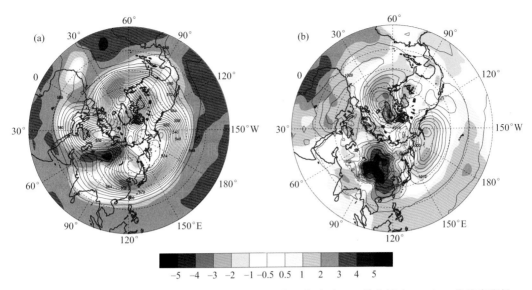

图 7.13　强寒潮事件 500 hPa 位势高度场和海平面气压场合成：(a)等值线为 500 hPa 位势高度场
（单位：dagpm），填色图为 500 hPa 位势高度标准化距平场；(b)等值线为海平面气压场
（单位：hPa），填色图为海平面气压标准化距平场

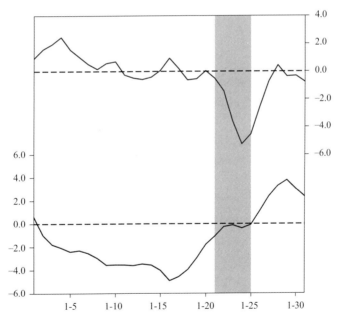

图 7.14　地表面气温标准化距平和北极涛动指数序列：红色和蓝色实线分别代表事件期间我国
南方地区（100°—120°E，22.5°—30°N）标准化的地表面气温标准化距平序列和
标准化的北极涛动指数序列。灰色阴影对应事件期间

　　结合事件期间北极涛动指数（图 7.14）来看，事件期间处于北极涛动负位相，这在中层环流场上能清楚地反映出来，即中高纬度环流经向度明显，极地以正异常为主，中纬度地区负异常为主。北极涛动负位相下容易出现强的西伯利亚高压（Gong et al.，2001），从而利于高纬度的冷空气南下爆发寒潮事件，这次强寒潮事件中强西伯利亚高压可能是由于北极涛动负位相所导致的。

随着乌拉尔山阻塞形势的快速发展,相应的西伯利亚高压也快速东进南移,致使强冷空气快速南下,造成大范围极端低温事件。从图 7.15a 的 1 月 20 日(事件开始前一日)到 1 月 25 日逐日最低温度的零度线分布来看,20—22 日地面温度零度线处于长江流域及长江以北地区,而 22—23 日零度线迅速南跃至江南南部,之后至过程结束则逐渐南推至华南地区,由此表明在事件期间冷空气快速南下并过境。从事件期间 100°—120°E 纬向平均的气温垂直剖面图(图 7.15b)看,中纬度中层至地面气温负异常异常偏强,中心区域平均值低于负四倍标准差,而极地对流层中层出现了正异常,对应事件期间北极涛动正位于负位相。这种极地环流异常形势易导致北半球出现大范围寒潮天气,在这种背景下,中纬度地区(特别是东亚地区)出现了大范围异常冷过程。

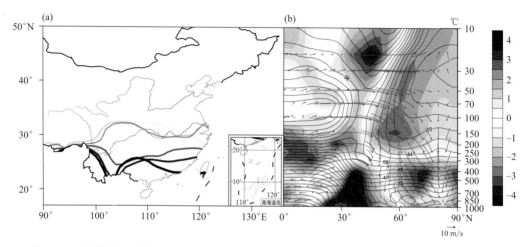

图 7.15　事件期间地表气温 0 ℃线演变和纬度高度剖面图:(a)等值线为逐日最低温度 0 ℃线
(单位:℃),等值线粗细及颜色表示事件日时间,从事件发生前一日至事件结束等值线逐渐
加粗,颜色变深;(b)为 100°—120°E 区域平均的纬度高度剖面,填色对应气温标准化距
平场,等值线对应气温场(单位:℃),矢量图对应风场(单位:m/s)

这次强寒潮事件中冷空气过境迅速,降温幅度大,但是没有造成像 2008 年 1 月那样的持续性低温雨雪冰冻事件,故接下来,将这次强寒潮事件和 2008 年初的低温雨雪冰冻事件的异常环流形势进行比较分析。

7.3.1　阻塞高压系统

从 20 日环流场(图 7.16)上看,乌拉尔山地区阻塞高压呈东北—西南向,其东侧倾斜的槽线也呈东北—西南向(又称曳式槽),由于等压面上槽脊系统大致上可看作是叠加在基本流的缓变 Rossby 波包,而倾斜的槽脊能导致动量的南北输送,根据波流相互作用关系,此曳式槽位于急流以北,在其过程中从基本流中吸取能量。20—22 日,能量从上游向阻塞高压输送,阻塞高压演变发展,阻塞高压区域正异常加强。而 22—23 日能量从阻塞高压向其下游曳式槽输送,阻高演变衰弱,曳式槽发展,并且倾斜的槽开始转为南北走向,这意味着事件期间,阻塞高压能量频散导致其崩溃,不能稳定维持,而其下游的曳式槽受能量频散的影响,经历发展衰弱的快速演变,曳式槽衰弱,横槽转竖引导中高纬度冷空气快速南下影响我国造成大范围强寒潮事件。

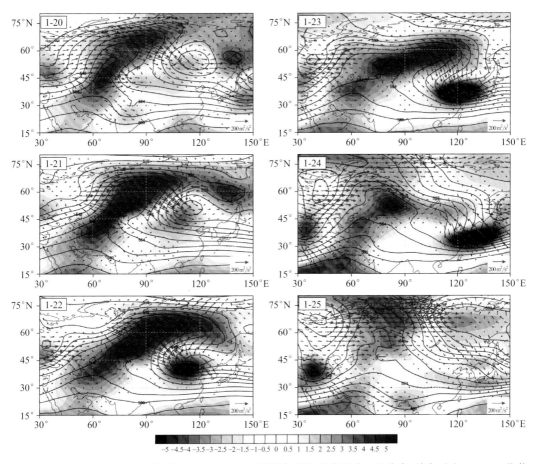

图 7.16　1 月 20—25 日极端冷事件期间 500 hPa 位势高度场和波活动通量分布：填色对应 500 hPa 位势高度标准化距平场，黑色等值线对应 500 hPa 位势高度场（单位：dagpm），矢量对应 500 hPa 波活动通量（单位：200 m²/s²），其中数值小于 10 m²/s² 的矢量在图中略去。每幅图左上角图标表示对应日数

关于 2008 年 1 月 13 日至 2 月 2 日南方大范围持续性低温雨雪冰冻事件期间，阻塞高压则稳定维持长达 20 多天。图 7.17 为 2008 年持续性低温雨雪冰冻事件期间环流形势。从图中可以看出，事件期间在乌拉尔山以东的区域一直有阻塞高压存在，在 60°E 以西不断有能量向阻塞高压区域传输，使得阻塞高压在事件期间稳定维持。相关研究表明，AO 的异常活跃有利于行星尺度波动的稳定维持，从而可能导致阻塞高压稳定维持。

图 7.18 为 55°—65°N 区域平均波活动通量纬向分量随时间演变。从图 7.18a 中看，2016年 1 月下旬这次强寒潮事件期间 60°—90°E 区域（阻塞高压区域）能量向下游传输，这意味着阻塞高压发展到盛期后将作为波源向下游频散能量，但阻塞高压本身并没有得到上游能量的汇入，从而导致阻塞高压演变崩溃，高压脊前冷平流引导冷空气快速南下造成大范围大幅度降温。而根据图 7.18b 对应为 2008 年持续性低温雨雪冰冻事件期间波活动通量纬向分量随时间变化趋势，在阻塞高压上游不断有能量向阻塞高压区域传输，而阻塞高压并未向下游明显传输能量，从而使得阻塞高压在事件期间稳定维持。

再来看 70°—90°E 区域平均的波活动通量经向分量随时间变化图，图 7.19a 可以看出2016 年初事件期间阻塞高压所在区域（55°—65°N）的能量有明显的南传，对应阻塞高压向下游能量频散，且下游的曳式槽发展并向衰弱演变，槽线转竖之后，槽后冷平流引导冷空气南下

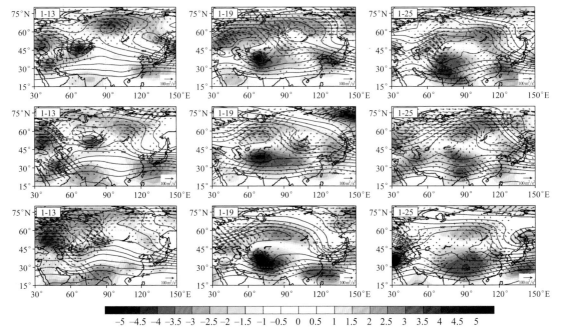

图 7.17 2008-1-13 事件期间 500 hPa 位势高度场和波活动通量分布:填色对应 500 hPa 位势高度
标准化距平场,黑色等值线对应 500 hPa 位势高度场(单位:dagpm),矢量对应 500 hPa 波活动通量
(单位:100 m²/s²),其中数值小于 10 m²/s² 的矢量在图中略去。每幅图左上角图标表示对应日数,
由于事件持续时间较长,故隔几天画一幅

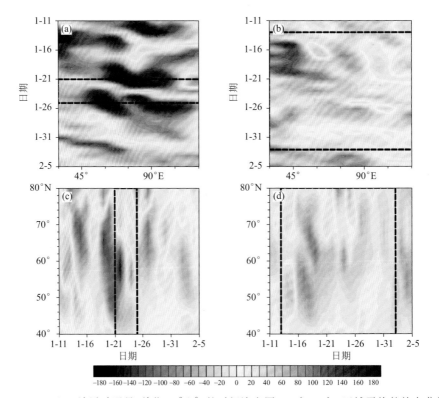

图 7.18 500 hPa 波活动通量(单位:m²/s²)的时间演变图。55°—65°N 区域平均的纬向分量:
(a)2016 年 1 月;(b)2008 年 1 月。70°—90°E 区域平均的经向分量:(c)2016 年 1 月;(d)2008 年 1 月

导致我国发生大范围强寒潮事件。而图 7.19b 为 2008 年持续性低温雨雪冰冻事件期间,能量并未有明显南传现象。

2016 年 1 月下旬的强寒潮事件期间,阻塞高压演变较快,由于阻塞高压的能量频散,阻塞高压未能稳定维持,而是快速崩溃重建,冷空气南下入侵我国,并快速过境,并未造成持续性事件,同时此次西伯利亚高压异常偏强,冷空气也偏强,导致我国大部分地区发生了强寒潮事件。而 2008 年 1 月我国南方持续性低温雨雪冰冻事件期间,阻塞高压上游不断有时强时弱的能量向阻塞高压区域输送,使阻塞高压得以维持,为事件持续发生提供稳定的环流形势。

7.3.2　低槽系统

这次强寒潮事件期间中、低纬度的低槽系统较弱,这导致事件期间西南气流较弱,对应水汽输送较弱。图 7.19 为中、低纬度低槽系统的时间-经度剖面图。图 7.19a 对应为 30°—40°N 区域平均的标准化位势高度距平场,中纬度低槽系统一般对应 65°—75°E 的区域,在强寒潮事件期间该区域以正异常为主,这表明事件期间中纬度低槽系统较弱;图 7.19b 为 15°—25°N 区域平均的标准化位势高度距平场,南支槽一般对应 85°—95°E 的区域,在强寒潮事件期间该区域也以正异常为主,对应南支槽不活跃。综合图 7.19a 和图 7.19b 来看,强寒潮事件期间低槽

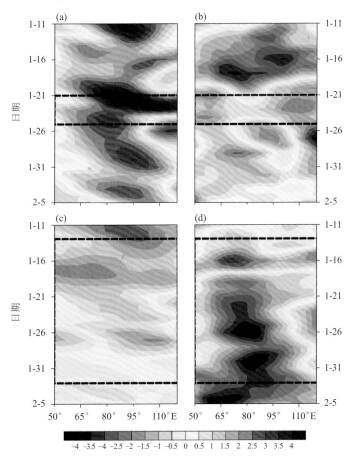

图 7.19　500 hPa 中低纬度低值系统时间-经度演变图:填色代表区域平均(a、c 为 30°—40°N;
b、d 为 15°—25°N)的 500 hPa 位势高度标准化距平场:(a)、(b)对应 2016 年初强寒潮事件,
(c)、(d)对应 2008 年 1 月 13 日事件。黑框对应 2008 年 1 月事件发生期

系统较弱,槽前西南暖湿气流较弱,从而使得水汽输送较弱。而事件结束后,对应区域转为负异常,南支槽加深,水汽输送加强,这与强寒潮事件结束后我国大范围降水相对应。

关于2008年持续性低温雨雪冰冻事件,最突出的特点:江淮流域的降水具有夏季梅雨锋强降水的性质,即所谓"冬行夏令";江南南部的冻雨历史上少见。在拉尼娜事件发生对应当年的强冬季风环流背景下,大范围的雨雪冰冻事件还需要足够的水汽条件,那么水汽从何而来?2008年事件期间阻塞高压稳定维持,高压脊前冷平流不断引导高纬度冷空气南下入侵我国,中低纬度低槽系统持续活跃(图7.19c),南支槽也以活跃为主(图7.19d),槽前西南暖湿气流持续输送水汽,提供有利的水汽条件。

7.3.3 西太平洋副热带高压系统

西太平洋副热带高压的变动对于我国的天气影响较大,特别是冬季当其异常偏西时,西太平洋副热带高压的西侧偏南气流将大量南海的暖湿空气向北输送,并与南下的冷空气在大陆交汇形成相应降水过程。图7.20b为500 hPa位势高度场,这里用588 dagpm线的移动表征

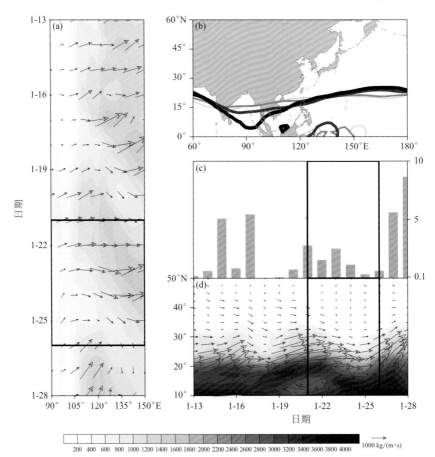

图7.20 强寒潮事件西太平洋副热带高压和水汽输送演变图:(a)填色对应整层水汽积分,矢量对应整层水汽通量场在20°—27.5°N区域平均的时间-经度剖面(单位:kg/(m·s));(b)等值线对应500 hPa位势高度场588线(单位:dagpm),从事件开始至事件结束等值线逐渐加粗,颜色变深;(c)我国南方20°—28°N,100°—120°E区域平均的降水序列(单位:mm);(d)填色对应整层水汽积分,矢量对应整层水汽通量在100°—120°E区域平均纬度-时间剖面(单位:kg/(m·s))。黑框对应事件发生期

西太平洋副热带高压的移动。从图中可以看出,事件期间西太平洋副热带高压与印度洋副热带高压合并成带状,副热带高压北侧对应西风气流,这种配置不利于南海的水汽向我国大陆的输送。而图 7.20a、7.20d 分别为整层水汽积分及整层水汽通量的纬向 100°—120°E 平均和经向 20°—27.5°N 平均。从水汽场来看,事件期间水汽输送以西向分量为主,南向分量较弱,这意味着事件期间水汽输送较弱,水汽条件不充足。根据我国南方(20°—28°N,100°—120°E)区域平均的降水分布(图 7.20c)来看,事件期间降水较少,这与水汽条件不充足从而可能导致降水较少的情况相吻合。事件发生前以及结束后,南向水汽输送较明显(图 7.20d),这与图 7.20c 中事件发生前以及结束后两次降水相对应,也从另一方面反映事件期间南向水汽输送较弱,从而水汽条件不充分。

从图 7.21b 位势高度场中看,2008 年持续性低温雨雪冰冻事件期间西太平洋副热带高压整体偏西偏北。至于事件期间西太平洋副热带高压为什么会西伸北抬,有研究表明,在持续性低温雨雪冰冻事件期间,有明显的热带大气季节内 30～60 d 振荡(MJO)东传现象,而这会引起西太平洋副热带高压偏北偏强(Weickmann and Berry,2007)。西太平洋副热带高压西伸,

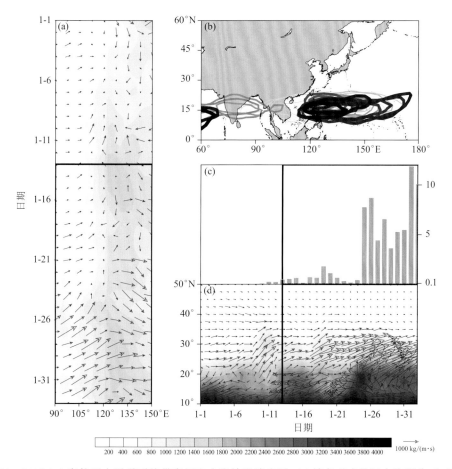

图 7.21　2008-1-1 事件西太平洋副热带高压和水汽输送演变图:(a)填色对应整层水汽积分,矢量对应整层水汽通量场在 20°—27.5°N 区域平均的时间-经度剖面(单位:kg/(m·s));(b)等值线对应 500 hPa 位势高度场 588 线(单位:dagpm),从事件开始至事件结束等值线逐渐加粗,颜色变深;(c)我国南方 20°—28°N,100°—120°E 区域平均降水序列(单位:mm);(d)填色对应整层水汽积分,矢量对应整层水汽通量在 100°—120°E 区域平均纬度-时间剖面(单位:kg/(m·s))。黑框对应事件发生期

将南海的水汽通过其西侧的偏南向气流向我国大陆输送,对应事件中水汽输送的南向分量较强(图7.21a,图7.21d),这为降水提供充足的水汽,图7.21c中降水较多的情况下对应整层水汽输送南向分量也较强。这与前人的研究相一致,即西太平洋副热带高压西伸北跳,从而使得南海水汽沿着西太平洋副热带高压西侧气流向我国南方输送,提供大量水汽(布和朝鲁 等,2008a;陶诗言 等,2008;高辉 等,2008)。

7.4　本章小结

本章针对1980年以来南方持续性低温雨雪冰冻事件的8次过程及其相关降水温度观测资料和大气环流再分析资料,利用客观分析方法进行环流分型并分析其关键分型特征。结果表明,我国南方持续性低温雨雪冰冻事件至少有两种大尺度环流分型,具体表现如下。

(1)单阻型:500 hPa阻塞高压位于贝加尔湖地区,东亚大槽位置偏东,高度场上中亚以及我国大部分地区以负异常为主,事件极有可能发生在AO正位相背景下;高层(200 hPa)副热带急流位于青藏高原西侧部分异常增强;低层(850 hPa)冷空气经我国东北部向西南方向输送;低层(850 hPa)水汽输送主要为两条,分别为经孟加拉湾的西南低空急流和来自南海的偏南气流;多数个例对流层低层具有逆温结构。

(2)双阻型:500 hPa阻塞高压位于乌拉尔山地区和鄂霍次克海地区,东亚大槽比单阻型事件期间的东亚大槽强度更强,位置偏西,极地位势高度场主要处于正异常,事件多半可能发生在AO负位相背景下;高层(200 hPa)副热带急流主要在东亚中纬度区域异常增强,并且急流正异常中心相较于单阻型更偏北;低层(850 hPa)冷空气经贝加尔湖南下影响我国;低层(850 hPa)水汽输送主要为西南低空急流;对流层下层大气没有明显逆温层。

此外,通过对事件期间行星尺度Rossby波能量频散诊断分析,揭示了行星尺度Rossby波能量频散对于事件期间大尺度异常环流的稳定维持以及南支槽的活动有着重要作用。

进一步从大尺度环流背景角度比较分析了2008年持续性低温雨雪冰冻事件典型个例与2016年初强寒潮的成因差异,结果表明:(1)2008年典型个例期间,阻塞区域不断有能量从上游输送而来,使得阻塞高压不断维持,形成稳定的阻塞形势;而2016年强寒潮期间阻塞高压区域有较强的向下游的能量频散,而其上游并未有明显能量输送到阻塞区域,从而使阻塞高压快速演变并崩溃;(2)2016年事件期间西伯利亚高压比2008年典型个例期间异常偏强,冷空气也异常偏强,不利于降水的发生;(3)2016年初中低纬度低槽系统不活跃,使得事件期间水汽输送较弱,而2008年中低纬度低槽系统较强且活跃,为2008年事件提供充足的水汽;(4)2016年事件期间西太平洋副热带高压相较于2008年事件期间位置偏东偏南,自南海水汽输送较弱。在这一系列的异常环流系统的组合配置下,使得2016年强寒潮发生迅速,降温幅度更大,主要为极端温度事件,而2008年个例则是长持续的极端温度与降水相组合的低温雨雪冰冻事件。

第 8 章 持续性强降水客观预报技术

8.1 概述

夏季持续性暴雨、冬季雨雪冰冻灾害、春秋季低温连阴雨等持续性强降水及其引发的次生灾害是我国最突出的气象灾害种类,常可引发城市内涝、洪水、泥石流及冰冻灾害,灾害严重时甚至会威胁到人民群众的生命安全。及时、准确地对未来可能发生的持续性强降水时段、影响范围及强度做出预警,可有效减轻国民经济损失和人员伤亡,对气象防灾减灾工作意义重大。数值模式预报作为现代天气预报业务的基础,对持续性强降水预报业务已然起到有力的支撑作用,然而目前数值模式预报对持续性强降水过程的预报精准度仍不能满足国家气象防灾减灾服务的需求,并且随着预报时效的延长,模式对强降水预报的不确定性迅速增大、可靠性明显下降,为此学者们力图在现有模式预报的基础上通过模式结果后处理技术来进一步订正和提高强降水的预报能力。本章重点介绍了三种可用于持续性强降水预报的动力-统计客观预报方法,依次为基于关键影响系统的强降水相似预报、基于最优概率的中期延伸期过程累计降水量分级订正预报、基于神经网络的中国南方低温雨雪冰冻预报。

8.2 基于关键影响系统的强降水相似预报

交互式全球大集合预报系统 TIGGE(THORPEX Interactive Grand Global Ensemble)集结了世界多国业务预报中心模式 1~2 周的预报资料,分辨率能达到 0.5°,但由于降水在时间和空间上的高度不连续性,对于天气模式,这样的精度仍不能满足常在局地很小区域发生的持续性强降水的预报要求。很多的研究也均表明模式中强降水的预报效果较差,且可用预报时效也不能满足需求。

针对以上数值预报对于较小区域持续性强降水预报的缺陷,一般有两种方法可提高模式的预报技巧。一种是继续提高模式分辨率或发展嵌套的区域模式,另一种则是发展统计降尺度方法。一味提高模式分辨率或模式嵌套的计算量大且潜力有限,而统计降尺度方法计算量小,易于构造,方法多样,所以统计降尺度方法不失为更好的选择。统计降尺度从模式输出的预报技巧更高的大尺度环流场出发,构造局地气象要素与大尺度环流场的统计关系,从而来预报局地气象要素,如温度和降水。因而利用当今 TIGGE 中各国业务预报中心的模式输出预报效果较好的大尺度环流资料,运用降尺度技术来开展 1~2 周持续性强降水的预报研究将是弥补模式直接预报的降水预报技巧不足的重要手段。

8.2.1　数据及方法

8.2.1.1　训练及预报数据

1951—2010 年的区域持续性强降水有 25 例集中在江淮江南区域(Chen and Zhai,2013;第 1 章表 1.3)。25 个个例中选用前 24 个作为相似模型训练的样本,24 个强降水事件共 144 d,最后一个 2010 年的个例作为独立预报检验的样本。其中预报因子的训练数据选的是美国国家环境预报/大气研究中心 (NCEP/NCAR)提供的再分析数据,分辨率为 2.5°×2.5°(Kalnay,1996)。预报的环流场数据则为欧洲中期数值预报中心(ECMWF)12:00 UTC 起报的预报时效 1～15 d 的环流场预报数据,分辨率也为 2.5°×2.5°。训练及预报检验中选用的降水量均为中国国家气象信息中心提供的 756 站气候数据集中的逐日降水数据,数据时间范围是 1951—2010 年,为了规避缺省值以及方便与模式直接输出的降水预报场进行对比,则运用 Cressman 插值方法将站点降水插值到了 1°×1° 的网格点上。另外,在独立预报检验中,还选择了欧洲中心(ECMWF)12:00 UTC 起报的预报时效为 1～15 d 的降水预报数据作为预报模型预报结果的对比,分辨率也为 1°×1°。

8.2.1.2　预报区域和预报因子的选取

1951—2010 年的区域持续性强降水有 25 例集中在江淮江南区域,区域范围基本均在 112°—121°E 及 26°—34°N,所以挑选该区域作为研究区域,如图 8.1 所示红色框线区域。

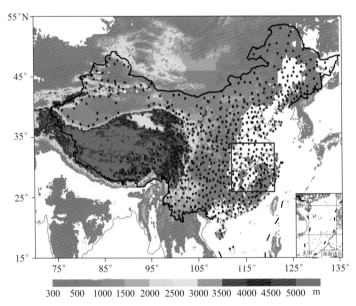

图 8.1　本章研究区域及东亚地形高度,红色线框注为本章研究的江淮江南持续性
强降水发生区域(112°—121°E 及 26°—34°N)。

根据 Chen 和 Zhai(2014c)的研究,影响该区域持续性强降水的关键环流系统主要有 200 hPa 的南亚高压以及副热带西风急流。500 hPa 上则主要是受高纬的阻塞高压以及西太平洋副热带高压的影响,当然这里的阻塞高压包括 500 hPa 乌拉尔山和鄂霍次克海地区同时出现阻塞高压以及贝加尔湖地区南侧存在的阻塞高压或者高压脊。另外还有低层水汽的配合,该区域的持续性强降水才得以发生。Chen 和 Zhai(2014c)通过对有阻塞形势但无持续性暴雨发生的个例的分析,进一步说明了是各个关键系统组合性的持续性异常导致了持续性暴雨的发生和维持,各系统异常的位置和强度处于一种合理的搭配。所以选择该区域持续性强降水的相似降尺度预报因子时,也要考虑这些因子的配合。

考虑到多种关键环流系统的组合异常,且为了突出各系统的异常程度,选择不同高度层上关键环流系统的气象变量与 1951—2009 年历史上当天为非持续性强降水事件日的气候平均之差作为降尺度模型预报的配对因子。200 hPa 上,考虑到持续性强降水期间,常有高空急流加强且位置偏南,使得江淮江南区域上空位于急流轴入口区南侧,形成的辐散环流为持续性强降水的发生提供了有利的条件。所以选择夏季 200 hPa 上副热带西风急流活动区域(70°—160°E,25°—55°N)的纬向西风与历史当日为非事件日的气候平均之差作为一个相似配对因子。500 hPa 上,高纬度阻塞高压的维持以及副热带高压的配合是持续性强降水期间重要的环流配置,所以用 500 hPa 上 30°E—180°及 0°—70°N 区域的高度场与历史当日为非事件日的气候平均之差作为另一个相似配对因子。低层水汽在持续性强降水的发生和维持中也起到了至关重要的作用,这里取 700 hPa 的经向和纬向水汽输送与历史当日为非事件日的气候平均之差作为最后两个预报因子,区域范围为 70°—160°E 及 0°—35°N。这里选择700 hPa 而没有选择 850 hPa 是因为相关研究表明 700 hPa 上的水汽在夏季逐日降水的降尺度预报中有着比较重要的作用(Cavazos et al.,2002)。所以预报模型更着重考虑了对持续性强降水发生维持的关键环流系统,下文会通过分配权重来突出这些关键环流系统对预报结果的影响。

8.2.1.3　相似方法及相似结果的选取

选用余弦相似度作为寻找配对相似形势的相似方法,余弦相似度取值范围为−1~1,在几何意义上代表空间中两个向量之间的夹角,夹角越小,余弦相似度越大。以往的研究表明,运用余弦相似度方法的相似降尺度模型能够相对较好地模拟及预报连续性的干湿日,鉴于此方法在持续性特征事件预报上的优势,选用它作为本书相似预报持续性强降水的相似方法。

因为所选的预报因子所在区域范围均是较大的,为了突出各预报因子所在区域中对持续性强降水影响更大的格点对整个相似形势配对的影响,对余弦相似度进行了改进,在各个格点上加上了一个权重。这个权重为各格点上预报因子序列与研究区域(112°—121°E,26°—34°N)144 个持续性强降水日平均降水的相关系数的绝对值占预报因子所在区域所有格点相关系数绝对值的和的比例,如式(8.2),预报因子序列与平均降水时间长度一致,但在时间前后顺序上预报因子序列可与平均降水同期也可以提前于平均降水。

另外,本节将余弦相似度做了变形,如式(8.3)所示,将其取值范围改变成 0~1,其中 S 取值为 1 时代表完全相同,取 0 时代表完全相反,取 0.5 时代表没有关系。

$$\text{similarity} = \frac{A \times B}{\|A\| \times \|B\|} = \frac{\sum_{i=1}^{n} G(i)A_i G(i)B_i}{\sqrt{\sum_{i=1}^{n}\left[G(i)A_i\right]^2}\sqrt{\sum_{i=1}^{n}\left[G(i)B_i\right]^2}} \tag{8.1}$$

$$G(i) = \frac{|r_i|}{\sum_{i=1}^{n}|r_i|} \tag{8.2}$$

$$S = 1 - \frac{\cos^{-1}(\text{similarity})}{\pi} \tag{8.3}$$

考虑到持续性强降水事件受持续性环流异常的影响,为了突出持续性,认为目标日(φ^0)的降水由当天及其前 7 天的大气环流形势决定。这样一个大气环流形势序列 $\vec{\varphi} = (\varphi^7, \varphi^6, \cdots, \varphi^0)$ 被称为目标序列。除了该目标日所在持续性强降水事件以外,再从剩余的持续性强降水事件日与各自前 7 天组成的序列里寻找相似序列。目标序列及可能寻找到的相似序列 $\vec{\phi} = (\phi^7, \phi^6, \cdots, \phi^0)$ 之间的相似度可由下式计算。

$$S_{\gamma_P, d}(\vec{\varphi}, \vec{\phi}) = \sum_{k=0}^{7} \gamma_P(k) d(\varphi^k, \phi^k) \tag{8.4}$$

其中 φ^k 和 ϕ^k 代表序列中各日的环流形势,d 代表上文所述变形的余弦相似度算法。$\gamma_P(k)$ 代表序列各日的余弦相似度对整个序列总的相似度贡献的权重,它能够表现出目标日当日及其前 7 天对整个序列寻找相似的重要程度。为了突出临近目标日天气形势的重要性,在本节中选用的是式(8.5),序列中越接近目标日的权重越大,目标日当天的权重达到最大,各权重的总和为 1。

$$\gamma_P(k) = (8 - k)/36 \tag{8.5}$$

得到的这个序列的相似度相当于目标序列与可能寻找到的相似序列中对应各日的余弦相似度带权重的和。根据变形的余弦相似度值越大则两个场越相似,所以得到的使等式左边项的值最大的序列则为目标序列的最相似序列。

为计算上述相似度,首先需计算余弦相似度中的权重,对序列的各日而言,这个权重即为各个格点上同期或提前 1~7 d 的预报因子与研究区域 144 个持续性强降水日平均降水的相关系数的绝对值占预报因子所在区域所有格点相关系数绝对值的和的比例。图 8.2 即为所选的与持续性强降水事件日同期的四个预报因子与研究区域 144 个持续性强降水日平均降水的相关系数。各个格点上的相关系数绝对值大小反映了该点在对预报因子寻找相似计算相似度时所占的权重大小,也即重要程度。

如图 8.2 所示,200 hPa 上,与持续性强降水正相关性最大的区域均处在副热带急流的活动区域,最大正相关区位于我国东部沿海到日本上空的副热带急流中心所在区域。500 hPa 上则主要表现为高纬度的阻塞高压或高压脊及与高压相伴的大槽对持续性强降水的高影响,包括乌拉尔山地区、贝加尔湖以南地区及鄂霍次克海地区常有阻塞形势发生,而乌拉尔山和鄂霍次克海地区同时存在阻塞高压时以及贝加尔湖以南单独存在阻塞高压时常是江淮江南区域持续性强降水的有利因素。另外 500 hPa 上不可忽视的是副热带高压所在地区的高相关,副热带高压的稳定维持带来的水汽输送及高空辐散也是持续性强降水的有利形成条件。至于700 hPa 上的水汽输送,可以明显看到西南气流及副热带高压南侧东南气流对江淮江南区域的水汽输送是和持续性强降水高相关的。将这些高相关区域的格点赋予更高的权重,有利于在寻找相似时更多地突出关键环流系统及其所在区域的作用,弱化对强降水影响不大的预报因子所在区域的影响,从而能够寻找到更贴合的相似场。

将四个预报因子变量及上文计算得到的配对因子所在区域各格点的权重代入上述的相似度方程后,可以得到四个因子各自的与可能得相似场的相似度,分别为 S_{200}、S_{500}、S_{700qu} 及 S_{700qv}。将四个因子的相似度结合在一起,可定义为一个总相似度:

$$S_{\text{total}} = P_1 S_{200} + P_2 S_{500} + P_3 S_{700qu} + P_4 S_{700qv} \tag{8.6}$$

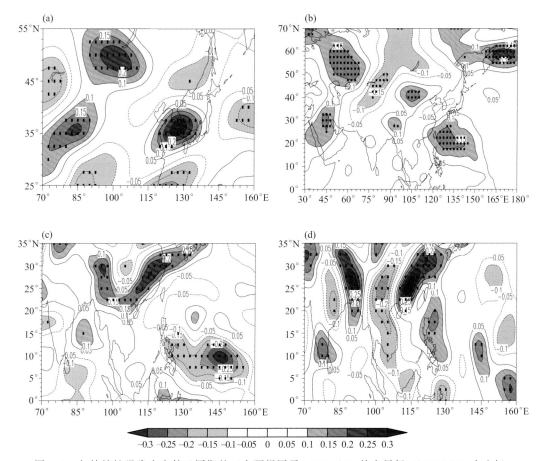

图 8.2　与持续性强降水事件日同期的四个预报因子(a)200 hPa 纬向风场、(b)500 hPa 高度场、(c)700 hPa 纬向水汽和(d)700 hPa 经向水汽与研究区域 144 个持续性强降水日平均降水的相关系数

这里 P_1、P_2、P_3 及 P_4 是赋给各个因子标准化的权重,它们的总和为 1。它们的值由下文的参数优化过程确定。由余弦相似度的取值大小可以推导出 S_{total} 的取值范围也是 0~1,且越大代表了对于四个匹配参数整体相似程度越高。

8.2.1.4　相似预报输出及优化训练

由于 S_{total} 最大则代表相似度最大,所以与目标序列相似度最大的序列即为目标序列的相似序列,得到的相似序列的第 8 天的降水即为要模拟或预报的目标序列的最后一天也即第 8 天的降水。这就是如图 8.3 左侧分支所示的寻找单一相似得到降尺度输出的方法,针对预报因子,在历史时间段里找到与目标日最相似的某一天,当然本节寻找相似时加上了当天之前 7 天的预报因子组成了序列。所谓降尺度,即把用预报因子场得到的与 t_3 最相似的那天的预报量作为 t_3 那天的预报量。然而,一些历史的样本会与目标序列达到十分接近的高相似度,仅仅选择一个相似会忽视掉其余的拥有几乎同等质量的相似场,而这些相似场可能带来不同的降水分布及降水量。将这些相似序列第 8 天的降水进行简单的平均得到的目标日降水,可能会由于其中一些稍差的相似序列损害了最相似样本降尺度的效果。解决这一问题的办法可用图 8.3 中右侧分支展示的多相似权重平均方法。将找到的 n 个与目标序列最相似的历史序列的第 8 天的降水,用各自与目标序列的相似度作为权重进行加权平均得到的降水即作为目标日的降水（Fernández and Sáenz，2003）。本节选用了 n 分别为 1、3、6 及相似序列数分别为 1、3、6 对相似模型进行了训练。需要说明的是，在训练过程中为保证天气形势的相似，要求在寻找相似序列时一定保证 $S_{500} > 0.5$。此外，一个判定历史环流序列与目标环流序列是否足够相似的参数 P_{cv} 在训练时被引入，当 S_{total} 大于 P_{cv} 时，认定目标环流序列在历史上找到了相似。该判定参数 P_{cv} 也由参数优化方法在训练过程中确定。

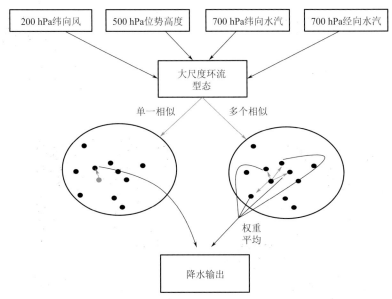

图 8.3　降尺度方法中寻找相似的单个和权重相似方案

左侧为寻找的单个的相似，右侧为寻找的多个相似的权重平均

训练中用到的是 24 个江淮江南型持续性强降水事件（共 144 d）所对应当天的 NCEP 再分析资料以及当天的 756 站的降水资料，以此来确定对寻找可能相似序列起决定作用的相似度计算式中的权重 P_1、P_2、P_3、P_4 及判定参数 P_{cv}。寻找这些参数使相似预报模型在 144 d 的训练期达到最佳模拟效果的方法选用的是布谷鸟搜索算法（Yang and Deb，2009）。优化过程为将训练期中的一天作为预报目标日，从训练期别的样本中寻找最相似的 1、3、6 个相似，经过加权平均得到预报结果，之后再将另一天作为预报寻找相似，如此重复直至最后一天。寻找优化参数所用的目标函数是得到的 144 个持续性强降水日预报的 ≥ 50 mm 降水的 TS 评分（式（8.7）右侧第一项，其中 H、M 和 F 分别是命中、漏报和空报）与强降水日未寻找到相似的样本比例的差值（式（8.7）右侧第二项），再与 1880 个非强降水日未找到相似比例的和（式（8.7）右侧第三项）。即参数优化过程致力于寻找参数使整个相似预报模型在训练期模拟 ≥ 50 mm 降水的 TS 评分最高且强降水日未寻找到相似的样本比例最低，而非强降水日未寻找到相似的样本比例最高。在运用布谷鸟搜索优化算法对预报模型进行训练之后得到 P_1、P_2、P_3、P_4、P_{cv} 以及目标函数值的结果如表 8.1 所示。可以看到低层 700 hPa 的水汽输送占的权重比中高层的因子所占的权重更高，所以其在江淮江南持续型强降水的预报中的影响是更为显著的。

$$\text{SF} = \frac{H}{H + M + F} - \text{NFR}_1 + \text{NFR}_2 \tag{8.7}$$

表 8.1　相似个数 n 分别选 1、3、6 时训练期参数优化得到的各参数及目标函数的最终值

	P_{200}	P_{500}	P_{700qu}	P_{700qv}	P_{cv}	SF
$n=1$	0.1731	0.1578	0.3583	0.3108	0.5826	0.5927
$n=3$	0.0951	0.2234	0.2633	0.4182	0.5740	0.6277
$n=6$	0.1278	0.2292	0.2325	0.4105	0.5634	0.6001

8.2.2　回报检验及 KISAM 预报模型的建立

从表 8.1 还可以看到,随着选用的最相似数目的增加,整个相似预报模型在训练期模拟≥50 mm 降水的 TS 评分与未寻找到相似的样本比例的差也在逐渐减小,这是由于增加相似结果数来做集合平均得到预报结果弱化了整个降水场的极值。另外,通过计算均方根误差以及方差技巧考察了相似结果数分别取 $n=1$、3、6 时训练期该相似模型的模拟效果,其中方差技巧为预报模型在训练期模拟出来的序列的方差与实况的序列的方差的比值,该值越接近 1 则对实况序列方差的模拟效果越好。由图 8.4a 来看,基本符合 n 越大,均方根误差越小,即采取更多的相似结果来做权重平均后预报效果要更好一些。但是可以看到的是当 $n=6$ 时,其相对于 $n=3$ 时误差的减小即预报效果的增长就不那么明显了。另外,从研究区域中每个格点的 144 个持续性强降水日序列的均方根误差也可以看出北边的格点的均方根误差要略小一些。说明预报模型在训练期对北方格点的模拟效果要好一些。增加相似结果数的弊端是可能会平滑掉整个序列中的极端值,从而使模拟的序列的方差偏小。从图 8.4b 可以看出,经过权重平均的相似方法模拟出的方差均小于原序列的方差,且方差技巧随所选 n 值的增大而减小。所以在增加相似结果数 n 时,虽然模拟误差有减小的趋势,但 n 大于 3 时减小趋势已不明显,且模型模拟的方差技巧越低。所以在做多个相似的权重平均作为模型的模拟及预报结果时,所选择的多个相似的数目并不是越大越好,因此下文做预报检验时主要使用 $n=3$ 来做预报和检验。当 $n=3$ 时,训练时期 KISAM 回报的 144 个强降水日研究区域平均降水与观测到的平均降水的相关系数达到 0.47(图 8.5),通过了 $\alpha=0.01$ 的显著性检验。这一点进一步证实了将相似个数选择为 3 的较好回报效果,说明了预报模型的可靠性。综上所述,就建立了一个基于关键环流系统的时空结构相似的降尺度模型,简称为 KISAM(Key Influential Systems Based Analog Model)。

8.2.3　KISAM 预报模型预报效果检验

8.2.3.1　KISAM 独立回报强降水事件逐日降水量效果检验

基于欧洲中期天气预报中心(ECMWF)12:00UTC 起报的预报时效为 1~15 d 的 2010 年 6 月的集合平均环流场预报数据运用 KISAM 降尺度模型对 2010 年发生一例持续性强降水事件(2010 年 6 月 17—25 日)进行了逐日回报,并将其与 ECMWF 直接输出的集合平均降水预报场(DMO)进行了检验和对比分析。图 8.6 为检验 2010 年持续性强降水事件期间 KISAM 和 DMO 预报时效分别为 1、3、6、9、12、15 d 的逐日降水预报所得的 40 mm 以上降水的 TS 评分,其中 TS 为 0 分说明雨区完全偏移或者预报的降水强度不足 40 mm,而其中的 TS 为 -0.1 代表 KISAM 的漏报,即预报的该日没有在持续性强降水历史个例里找到相似,KISAM 判定其不属于持续性强降水。由图 8.6 可以看出,对于 1 d 预报时效的预报,DMO 普遍要好于

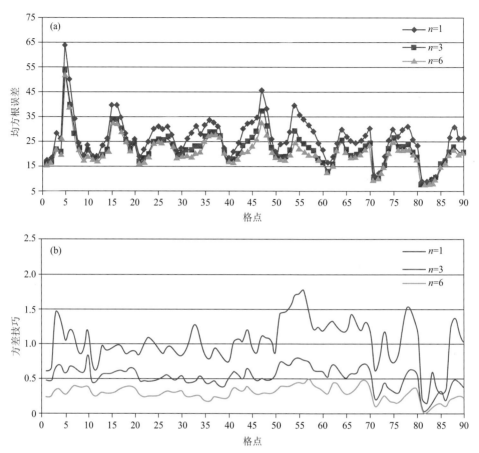

图 8.4　交叉验证期研究区域中每个格点的 144 个持续性强降水日序列的(a)均方根误差以及(b)方差技巧,其中相似结果数分别选 $n=1,3,6$,图中 90 个格点是从西到东,从低纬到高纬排列的

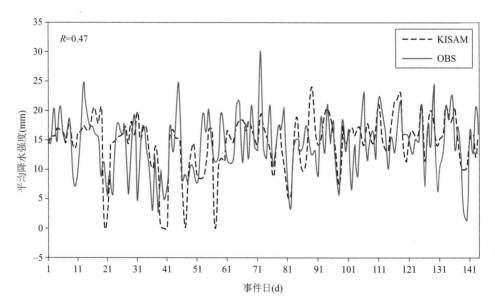

图 8.5　交叉验证期 144 个持续性强降水日观测及 KISAM 回报的研究区域平均降水序列

KISAM,这可能与 KISAM 的预报因子为大尺度环流场,无法考虑到发生在短时临近的中小尺度活动有关。随着预报时效的延长,3 d 预报时效时 KISAM 已逐渐占有一定优势,可以看到除了 17、19 和 20 日,KISAM 的 TS 评分都要高出 DMO 许多,整体来说,KISAM 的预报效果要好于 DMO。到了预报时效为 6 d 时,KISAM 的预报效果优势就更明显了,特别是 17—18 日以及 21—25 日。而至于 1 周以上的预报效果,从 9、12、15 d 预报时效的 TS 评分可以看出,DMO 已基本无预报能力,而 KISAM 在一些持续性强降水日如 18、22、23 和 24 日均还能对持续性强降水有一定预报能力,特别是提前 9 d 的预报。所以,从预报的降水落区和强度来说,KISAM 在预报时效为 3 d 以上时相对 DMO 均有一定优势,就针对强降水的预警来说,KISAM 能在一周以上捕捉到强降水的迹象,而 DMO 在一周以上以完全无预报能力。

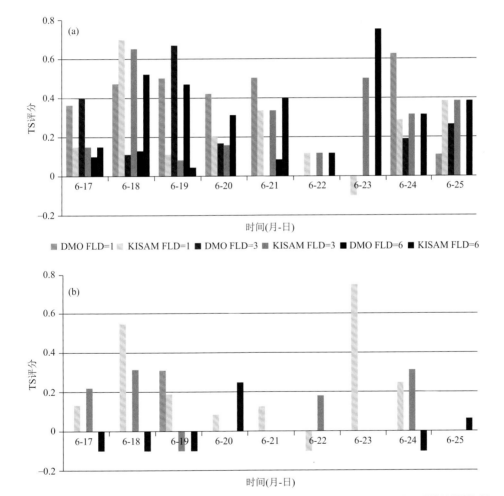

图 8.6　ECMWF 模式直接输出(DMO)的 2010 年 6 月 17—25 日持续性强降水发生期间的降水
预报和 KISAM 模型预报的降水的 TS 评分,预报时效分别为(a)1、3、6 d,(b)9、12、15 d,
其中 FLD(Forecast Lead Time)代表预报时效

另外,考查 DMO 和 KISAM 在 3、6、9、12 d 预报时效预报 2010 年 6 月 17—25 日持续性强降水回报的均方根误差,如图 8.7 所示。在不同预报时效,KISAM 和 DMO 回报的均方根误差相比有高有低。总体而言,DMO 的 RMSE 略高于 KISAM,尤其是在 18、21、23 和 24 日。从图 8.7b 的 3、6、9 和 12 d 预报时效的 RMSE 平均值中,也可以发现 6 月 18—21 日,KISAM 的平均 RMSE 比 DMO 低。因此,在预测 PEP 的强度时,总体上较低的 RMSE 还可以证明 KISAM 的性能优于 DMO。需要注意的另一个方面是,DMO 的 RMSE 在 18 日和 23 日在 3、6、9、12 d 预报时效都比 KISAM 高得多,而 18 日和 23 日的降水也比其他强降水日强得多,达到 100 mm/d 左右。这可以说明 KISAM 对强持续性降水的更好回报,而 DMO 低估了强降水。综上所述,在预测持续性强降水的位置和强度方面,KISAM 在 3 d 或更长时间的预报时效均优于 DMO。

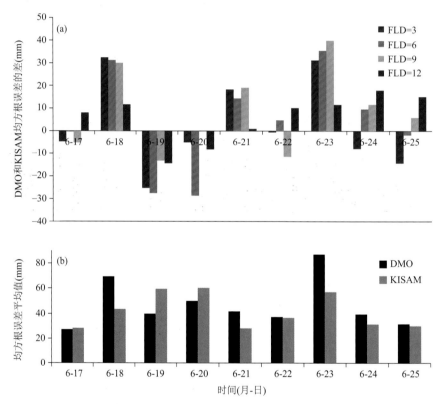

图 8.7 (a)ECMWF 模式直接输出(DMO)和 KISAM 模型回报的 2010 年 6 月 17—25 日持续性强降水事件逐日降水的均方根误差的差,预报时效分别为 3、6、9、12 d,(b)上述预报时效下,DMO 和 KISAM 预报均方根误差的平均值

8.2.3.2 KISAM 独立回报强降水事件效果检验

根据 Chen 和 Zhai (2013)的定义,一次持续性强降水至少得满足维持 3 d 的 50 mm 以上的降水才能称为一次持续性强降水事件,所以以 3 d 为一次持续性强降水事件的最基本的时间长度来考察 KISAM 和 DMO 对持续性强降水事件的有效预报时效,即两者预报出未来可能发生持续性强降水的提前时间。图 8.8a1—a3 为实况的 17—19 日的持续性强降水,最强降水中心的日降水均达到了 50 mm 以上,且降雨落区主要在江南南部。对于 DMO,在 6 月 11 日对此持续性强降水事件进行预报,则对于整个事件来说为提前了 6 d 的预报(图 8.8b1—b3)。可见降水分布基本能够预报出来,但降雨位置仍稍有偏移,强度也不够 50 mm 的持续性强降

水的强度标准。一天之后的 6 月 12 日,对 17—19 日的预报中降水强度有所提升,虽然降雨落区仍有偏移,但已可初见 50 mm 以上降水,则这一天可以作为预报出该持续性强降水的有效预报时效,即在这个事件开始发生的 5 d 之前 DMO 就能对该事件有一个较为有效的预报。而对于 KISAM 而言,提前 8 d 时,在 6 月 9 日时就能运用大尺度环流场预报出 50 mm 以上的降水场,所以对于 KISAM 方法而言,最占优势的地方就是能够运用 1 周以上的大尺度环流预报提前检测出可能发生的持续性强降水事件(图 8.8d1—d3)。此外,通过比较 DMO 和 KISAM 在同一天即 6 月 12 日对该持续性强降水事件的预报,从图 8.8c1—c3 和 e1—e3 的对比来看,KISAM 对降水强度的预报效果要明显好于 DMO,即在 5 d 预报时效时就已对该持续性强降水的预报有着较高的预报技巧。因此就 2010 年这一次持续性强降水事件来说,KISAM 能够提前于 DMO 较早的预报出持续性强降水事件,且在 DMO 预报出强降水的预报时效下 KISAM 对持续性强降水的强度及落区预报较 DMO 更好。

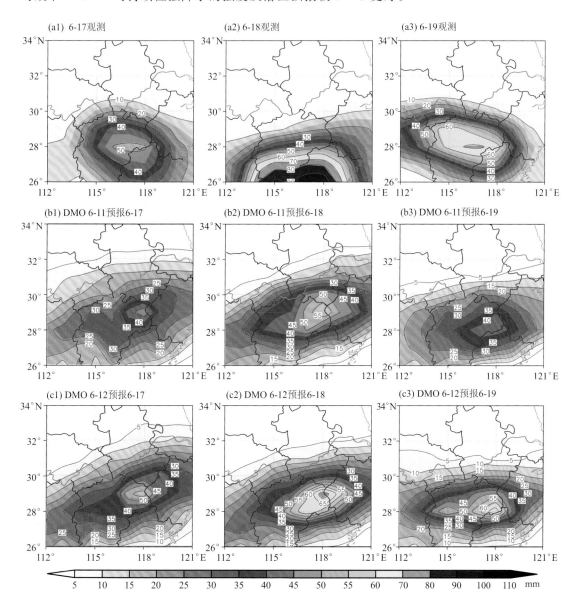

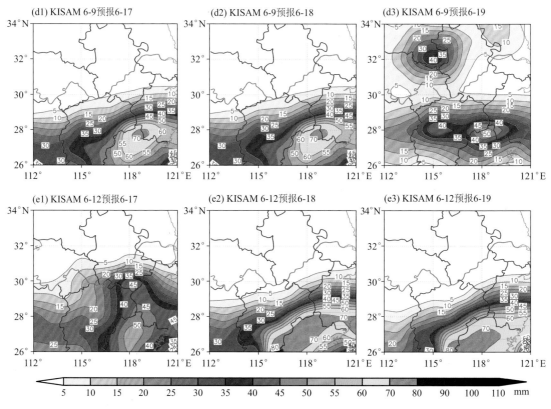

图 8.8 实况的 2010 年 6 月 17—19 日的降水以及 DMO、KISAM 预报出持续性强降水时
17—19 日的降水(a)实况,(b)DMO 提前 6 d 预报,(c)DMO 提前 5 d 预报,(d)KISAM
提前 8 d 预报,(e)KISAM 提前 5 d 预报。

8.2.3.3 实际预报效果检验

为了验证 KISAM 预报持续性强降水的技巧水平,进一步使用 KISAM 在 2015 年 6 月进行了实际预报试验。运用 ECMWF 输出的 1~15 d 预报时效的大尺度环流预报作为预报因子,KISAM 可以每天输出对未来 1~15 d 的强降水预报。以 6 月 18 日为例,KISAM 将与 1~6 d 预报时效相对应的 6 月 19—24 日均预报为非强降水日。而如图 8.9 a1—a6 所示,KISAM 在 6 月 18 日预报 25—28 日将发生强降水。换句话说,KISAM 提前 7 d 预报了一个将持续 4 d 的持续性强降水事件。然而,由于 6 月 26 日实际观测到的降水量小于 50 mm,因此观测到的 25~28 mm 的降水(图 8.9 c1—c6)不符合 Chen 和 Zhai(2013)的持续性强降水事件定义。此外,在 6 月 29 日间断一天后,强降水在 6 月 30 日再次发生。对于这种复杂的降水过程,KISAM 将其误报为持续 4 d 的持续性强降水,且漏报了 6 月 30 日发生的强降水。但是可以理解的是,KISAM 在 6 月 30 日漏报了强降水是因为预报时效达到了 12 d。相比之下,DMO 的预报从 6 月 18 日起报的 6 月 25—30 日的逐日降水如图 8.9 b1—b6 所示。DMO 产生的降水明显弱于观测,并且未能预报出 6 月 30 日,27—28 日的强降水。在这种复杂的降水过程中,KISAM 的预报性能远优于 DMO。值得一提的是,KISAM 在一周前将 6 月 25 日至 27 日正确地确定为强降水日。特别是在降水的位置和强度方面,KISAM 在 6 月 27—28 日的预报中表现出很高的技巧,这可以为预报员提供很大的帮助。

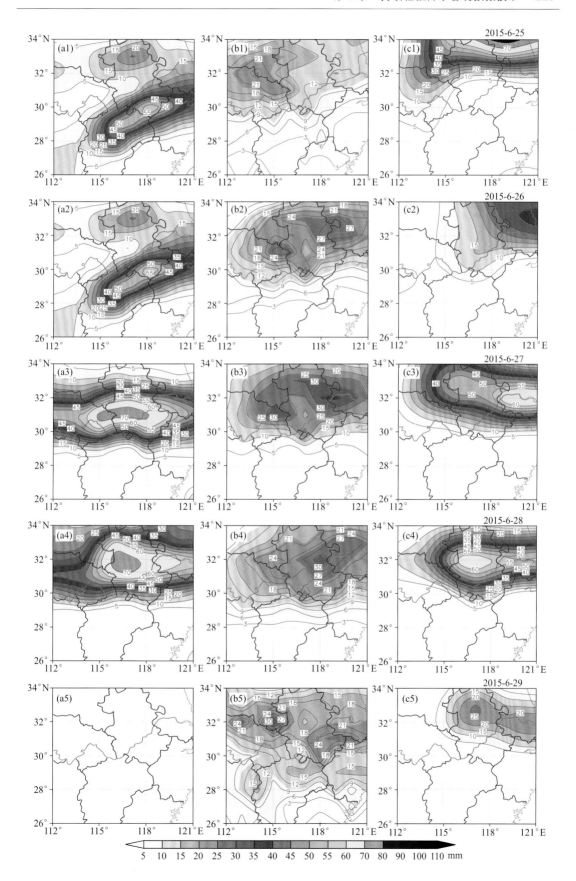

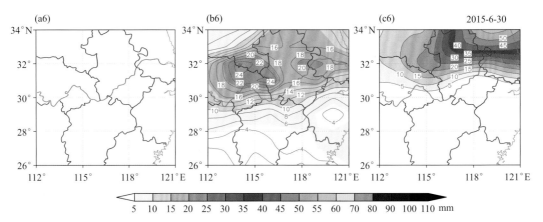

图 8.9　DMO、KISAM 预报的以及实况的 2015 年 6 月 25—30 日的降水。(a1)—(a6)KISAM 于 6 月 18 日起报的预报结果,(b1)—(b6)DMO 于 6 月 18 日起报的预报结果,(c1)—(c6)为观测

此外,图 8.10 中 2010 年 6 月和 2015 年 6 月强降水日 40 mm 降水预报的平均 TS 评分进一步证实了 KISAM 的效果更佳。DMO 的 TS 评分随着预报时效的延长而降低,在预报时效为 10 d 之内时就基本下降为 0。KISAM 的 TS 评分在预报时效为 6 d 内处于较稳定状态,并在预报时效第 7 天及以后开始下降。在第 3 天和更长的预报时效(第 4 天除外),根据平均的 TS 评分,KISAM 在预报持续性降水方面显示出相比 DMO 的优势。KISAM 的优势在 7～12 d 的中期预报时效内更明显,这进一步验证了上述结果。

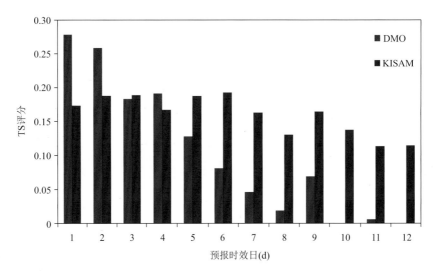

图 8.10　KISAM 和 DMO 预报 2010 年 6 月和 2015 年 6 月强降水日 40 mm 降水预报的平均 TS 评分

综上所述,KISAM 在预报持续性强降水的发生及位置强度方面具有相对较高的技巧。即使是在一周或更长时间的预报时效,KISAM 能够预报出持续性强降水事件,预报时效长于 DMO。在预报时效为 3 d 或更长时,平均来说 KISAM 预报的持续性强降水的位置和强度均要比 DMO 好。

8.3 基于最优概率的中期延伸期过程累计降水量分级订正预报

8.3.1 过程累计降水量分级订正预报方法

过程累计降水量是指一次强降水过程开始至结束时刻期间的累计降水量(PPr),基于最优概率的过程累计降水量分级订正预报(OPPF)总体技术思路是:针对每次过程选取滑动训练期(亦即历史同期一定长度的训练期),进而确定历史同期训练样本对,再通过统计训练样本对的模式降水量预报值与降水量观测值之间的关系,分等级求出过程累计降水量 TS 评分最高的概率预报阈值(亦即最优概率阈值);最后利用实时集合预报累计降水量和各等级最优概率阈值,反演得出该过程累计降水量分级订正预报,具体计算方法和步骤见下。

设定当前实时集合预报报出未来有强降水过程发生,记当前起报时刻为 $YYYY_0MM_0DD_0HH_0$ ($YYYY$ 为四位年,MM、DD、HH 分别为两位月、日、时),预计强降水过程的开始和结束时刻(也即起止时刻)依次为 $YYYY_1MM_1DD_1HH_1$ 和 $YYYY_2MM_2DD_2HH_2$,对应地起、止预报时效为 t_1 和 t_2($0 \leqslant t_1 < t_2 \leqslant 360$ h),强降水过程持续时间为 $dt = t_2 - t_1$(h)。

8.3.1.1 历史同期滑动训练期和训练样本对

(1)选定历史同期滑动训练期

在当前预报的强降水过程起始时刻($YYYY_1MM_1DD_1HH_1$)至其前 5 年同一时刻(($YYYY_1 - 5)MM_1DD_1HH_1$)期间,以每年的 $MM_1DD_1HH_1$ 为基点向前延展 30 d,以每年的 $MM_1DD_1HH_1 + dt$ 为基点向后延展 30 d,作为该过程的近 5 年历史同期滑动训练期(图 8.11)。

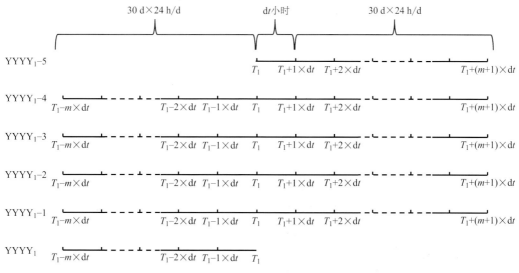

图 8.11 历史同期观测样本时段截取示意图

($YYYY_1MM_1DD_1HH_1$ 为当前实时预报的强降水过程起始时刻,$T_1 = MM_1DD_1HH_1$

$dt = t_2 - t_1$,t_1 和 t_2 为该强降水过程对应的开始、结束预报时效,$m \times dt \leqslant 30$ d × 24 h/d $< (m+1) \times dt$)

(2)确定历史同期训练样本对时段

在选定的历史同期滑动训练期内,以每年的 $MM_1DD_1HH_1$ 为基点,以 dt 为时间间隔,分别向前、向后平移截取出 m 和 $m+1$ 个时段($m \times dt \leqslant 30$ d $\times 24$ h/d $< (m+1) \times dt$)作为历史同期观测样本时段,从而获得每个观测样本时段的起止时刻;再根据每个观测样本的起止时刻,推算出起止预报时刻与观测样本起止时刻相同且起止预报时效为 t_1 和 t_2 的预报样本起报时刻。以此确定出历史同期训练样本对时段,每对训练样本均由一个观测样本及与之匹配的预报样本组成,预报样本起止预报时刻与观测样本的起止时刻相同且起止预报时效为 t_1 和 t_2。

历史同期训练样本对的总数(M)与 t_1 和 dt 的大小有关,当 $t_1 = 0$ 时,也即当前实时集合预报的起报时刻 $YYYY_0 MM_0 DD_0 HH_0$ 与强降水过程起始预报时刻 $YYYY_1 MM_1 DD_1 HH_1$ 重合时,$M = (2m+1) \times 5$;当 $t_1 > 0$ 时,由于当前实时集合预报的起报时刻 $YYYY_0 MM_0 DD_0 HH_0$ 至起始预报时刻 $YYYY_1 MM_1 DD_1 HH_1$ 期间还没有观测数据,$YYYY_1$ 年可获得的观测样本数为 $m - \left[\text{int} \left(\frac{t_1 - 12}{dt} \right) + 1 \right]$ 个,为此 $M = (2m+1) \times 5 - \left[\text{int} \left(\frac{t_1 - 12}{dt} \right) + 1 \right]$。

(3)计算观测样本

计算出每个观测样本起止时刻期间的全国各站累计降水量(记为 POH_i, $i = 1, \cdots, 2425$ 站),得到观测样本。

(4)计算预报样本

计算出与每个观测样本配对的预报样本起止预报时效为 t_1 和 t_2 的各个集合成员累计降水量格点预报,接着采用双线性插值法得到各集合成员的全国加密气象站点累计降水量预报(记为 PFH_{ie}, $i = 1, \cdots, 2425$ 站,$e = 1, \cdots, 51$ 个集合成员),得到预报样本。

8.3.1.2 OPPF 计算方案

为深入分析研究订正预报技巧和效果,本文设计了 3 种不同的 OPPF 计算方案。

(1)方案 1(OPPF1)

① 分等级提取最优概率阈值

根据现行业务规范,将过程累计降水量预报等级设为 6 个等级,其取值记为 G_k($k = 1, \cdots, 6$),依次为 0.1 mm、10 mm、25 mm、50 mm、100 mm、250 mm。其中任一过程累计降水量预报等级 G_k 的最优概率阈值 $OPCV_k$ 计算步骤如下。

第一步,计算出历史同期每个训练预报样本中,全国每个气象站点累计降水量预报 $\geqslant G_k$ 的概率 PH_{ki}($i = 1, \cdots, 2425$ 站)。

$$PH_{ki} = NH_{ki} / 51 \times 100\% \tag{8.8}$$

NH_{ki} 为第 i 个气象站点的集合成员累计降水量预报 $PFH_{ie} \geqslant G_k$ 的成员个数。

第二步,计算出每个概率界值下的累计降水量预报 TS 评分。ECMWF 集合预报共有 51 个成员,因此也设定了 51 个概率界值,记为 P_j($j = 1, \cdots, 51$)(式(8.9))。设在任一概率界值 P_j 下,先对每对训练样本中的全国每个气象站点累计降水量预报概率 PH_{ki} 进行两分类处理,当 $PH_{ki} \geqslant P_j$ 且该站累计降水量观测值 $POH_i \geqslant G_k$,计正确预报 1 次;$PH_{ki} \geqslant P_j$ 且 $POH_i < G_k$,计空报 1 次;$PH_{ki} < P_j$ 且 $POH_i \geqslant G_k$,计漏报 1 次。统计出所有历史同期训练样本对(M 对)中全国所有气象站点的二分类检验结果,再累计得到正确预报次数 N_{kH}、空报次数 N_{kF}、漏报次数 N_{kM},按照式(8.10)计算出每个概率界值 P_j 下的过程累计降水量预报 TS_{kj} 评分。

$$P_j = j / 51 \times 100\% \tag{8.9}$$

$$\mathrm{TS}_{kj} = \frac{N_{kH}}{N_{kH} + N_{kF} + N_{kM}} \tag{8.10}$$

第三步,提取出 $\mathrm{TS}_{kj}(j=1,\cdots,51)$ 中的最大值所对应的概率界值作为过程累计降水量预报等级 G_k 的最优概率阈值 OPCV_k。

② 反演过程累计降水量分级订正预报

第一步,计算出当前实时集合预报的起报时刻为 $\mathrm{YYYY}_0\mathrm{MM}_0\mathrm{DD}_0\mathrm{HH}_0$、起止预报时效在 $t_1 \sim t_2$ 期间各集合成员的过程累计降水量格点预报,继续采用双线性插值法得到各集合成员的全国各站过程累计降水量预报(记为 PFR_{ie},$i=1,\cdots,2425$ 站,$e=1,\cdots,51$ 个集合成员)。

第二步,基于实时集合预报的全国各站过程累计降水量预报,计算出各预报等级 G_k($k=1,\cdots,6$)下全国每个气象站点过程累计降水量预报 $\geqslant G_k$ 的概率 PR_{ki}($i=1,\cdots,2425$ 站)。

$$\mathrm{PR}_{ki} = \mathrm{NR}_{ki}/51 \times 100\% \tag{8.11}$$

NR_{ki} 为第 i 个气象站点的集合成员累计降水量预报 $\mathrm{PFR}_{ie} \geqslant G_k$ 的成员个数。

第三步,对任一气象站点,比较该站各预报等级的 PR_{ki} 和 OPCV_k,若 $\mathrm{PR}_{ki} \geqslant \mathrm{OPCV}_k$,则赋值 G_k 为该站的过程累计降水量预报等级值,记为 $\mathrm{OPPF1}_i$;若该站出现满足多个预报等级的 $\mathrm{PR}_{ki} \geqslant \mathrm{OPCV}_k$ 情况,选择最高的预报等级值作为该站的过程累计降水量预报等级值 $\mathrm{OPPF1}_i$。据此反演得出全国所有气象站点的过程累计降水量分级订正预报值,记为 $\mathrm{OPPF1}$。

(2)方案 2($\mathrm{OPPF2}$)

① 分等级提取最优概率阈值

改为对于任一降水量预报等级 G_k,分别求出每个气象站点的最优概率阈值 OPCV_{ki}。

第一步,同 $\mathrm{OPPF1}$。

第二步,改为分别计算出每个概率界值 P_j 下的每个气象站点的累计降水量预报 TS 评分。也即在任一概率界值 P_j 下,先按照 $\mathrm{OPPF1}$ 第二步所述统计得出所有历史同期训练样本对中全国所有气象站点的二分类检验结果;然后针对每个气象站点(如第 i 个气象站点),在所有历史同期训练样本对中选择与该站及与其距离 $\leqslant 1.5$ 个经纬距周边站点的二分类检验结果,累计得出正确预报次数 N_{kiH}、空报次数 N_{kiF} 和漏报次数 N_{kiM},并按照式(8.12)计算出每个概率界值 P_j 下、每个气象站点的累计降水量预报 TS_{kij} 评分。

$$\mathrm{TS}_{kij} = \frac{N_{kiH}}{N_{kiH} + N_{kiF} + N_{kiM}} \tag{8.12}$$

第三步,改为分别提取每个气象台站的 $\mathrm{TS}_{kij}(j=1,\cdots,51)$ 中的最大值所对应的概率界值作为该站降水量预报等级 G_k 的最优概率阈值 OPCV_{ki}($i=1,\cdots,2425$ 站)。

② 反演过程累计降水量分级订正预报

第一步和第二步,同 $\mathrm{OPPF1}$。

第三步,改为基于每个气象站点的 OPCV_{ki} 来反演出该站的过程累计降水量分级订正预报值 $\mathrm{OPPF2}_i$。即对任一气象站点,比较该站各预报等级的 PR_{ki} 和 OPCV_{ki},若 $\mathrm{PR}_{ki} \geqslant \mathrm{OPCV}_{ki}$,则赋值 G_k 为该站的过程累计降水量预报等级值,记为 $\mathrm{OPPF2}_i$;若该站出现满足多个预报等级的 $\mathrm{PR}_{ki} \geqslant \mathrm{OPCV}_{ki}$ 的情况,选择最高的预报等级值作为该站的过程累计降水量预报等级值 $\mathrm{OPPF2}_i$。据此反演得出全国各个气象站点的过程累计降水量分级订正预报值,记为 $\mathrm{OPPF2}$。

（3）方案 3（OPPF3）

① 分等级提取最优概率阈值

计算某过程累计降水量预报等级 G_k 的最优概率阈值 OPCV_k 时，先构建一个间隔为 $G_k \times 1\%$、取值范围为 $G_k \times (1-30\%) \sim G_k \times (1+30\%)$ 的等差子序列，记为 $G_{kl}(l=1,\cdots,61)$。任一降水量预报等级 G_k 的最优概率阈值 OPCV_k 计算步骤如下。

第一步，改为计算出历史同期每个训练预报样本中，全国每个气象站点累计降水量预报 $\geqslant G_{kl}$ 的概率 $\text{PH}_{kli}(l=1,\cdots,61,i=1,\cdots,2425$ 站）。

$$\text{PH}_{kli} = \text{NH}_{kli}/51 \times 100\% \tag{8.13}$$

NH_{kli} 为第 i 个气象站点的集合成员累计降水量预报 $\text{PFH}_{ie} \geqslant G_{kl}$ 的成员个数。

第二步，改为分别计算出每个概率界值 P_j 下的等差子序列中每个预报等级 $G_{kl}(l=1,\cdots,61)$ 的过程累计降水量预报 TS 评分。也即当概率界值为 P_j 且预报等级为 G_{kl} 时，先对每对训练样本中的全国每个气象站点累计降水量预报概率 PH_{kli} 进行两分类处理，当 $\text{PH}_{kli} \geqslant P_j$ 且该站累计降水量观测值 $\text{POH}_i \geqslant G_k$，计正确预报 1 次；若 $\text{PH}_{kli} \geqslant P_j$ 且 $\text{POH}_i < G_k$，计空报 1 次；若 $\text{PH}_{kli} < P_j$ 且 $\text{POH}_i \geqslant G_k$，计漏报 1 次；据此统计所有历史同期训练样本中全国所有气象站点的二分类检验结果，再累计得出正确预报次数 N_{klH}、空报次数 N_{klF}、漏报次数 N_{klM}，并按照式（8.14）计算出每个概率界值 P_j 下、每个预报等级 G_{kl} 的过程累计降水量预报 TS_{klj} 评分。

$$\text{TS}_{klj} = \frac{N_{klH}}{N_{klH} + N_{klF} + N_{klM}} \tag{8.14}$$

第三步，提取 $\text{TS}_{klj}(j=1,\cdots,51,l=1,\cdots,61)$ 中的最大值所对应的概率界值作为降水量预报等级 G_k 的最优概率阈值 OPCV_k，同时 TS_{klj} 最大值所对应的预报等级 G_{kl} 记为 G_{kL}。

② 反演过程累计降水量分级订正预报

第一步，同 OPPF1。

第二步，改为基于实时集合预报的全国各站过程累计降水量预报，计算出各个预报等级 $G_k(k=1,\cdots,6)$ 的全国每个气象站点过程累计降水量预报 $\geqslant G_{kL}$ 的概率 $PR_{ki}(i=1,\cdots,2425$ 站）。

$$\text{PR}_{ki} = \text{NR}_i/51 \times 100\% \tag{8.15}$$

NR_i 为第 i 个气象站点的集合成员累计降水量预报 $\text{PFR}_{ie} \geqslant G_{kL}$ 的成员个数。

第三步，同 OPPF1。反演得出的全国各个气象站点的过程累计降水量分级订正预报值记为 OPPF3。

下面以 2015 年 8 月 2 日 12 时—8 月 4 日 12 时发生在华北中南部和东北地区南部的一次大到暴雨、局地大暴雨过程的回报实例来进一步介绍、比对三种 OPPF 方案及差异。表 8.2、表 8.3 和图 8.12 分别给出了起报时刻为 2015 年 7 月 29 日 12 时起止预报时效分别为 96 h 和 144 h 的此次强降水过程三种 OPPF 方案的回报试验中间结果——此次强降水过程累计降水量各预报等级的最优概率阈值。比较可见，对其中任一预报等级而言，OPPF1 和 OPPF3 方案均仅对应一个最优概率阈值，在反演过程累计降水量分级订正预报时全国所有台站使用的是同一个最优概率阈值；OPPF2 方案中则每个气象站点都对应一个最优概率阈值，在反演过程累计降水量分级订正预报时每个气象站点都会使用各自的最优概率阈值。如：在反演过程累计降水量 $\geqslant 50$ mm 的订正预报时，OPPF1 方案对过程累计降水量 $\geqslant 50$ mm 的概率超过最优概率阈值 9.8％的站点赋值为 50 mm（表 8.2）；OPPF2 与 OPPF1 类似，只是每个气象站点都使用各自的最优概率阈值（图 8.12）；OPPF3 则是把过程累计降水量≥35 mm 的概率超过最优概率阈值 23.53％的站点赋值为 50 mm（表 8.3）。

表 8.2　OPPF1 方案计算所得 2015 年 7 月 29 日 12 时起报的 96～144 h 强降水

过程累计降水量各预报等级的最优概率阈值（OPCV$_k$）

k	1	2	3	4	5	6
G_k(mm)	0.1	10	25	50	100	250
OPCV$_k$(％)	80.39	41.18	21.57	9.8	3.92	1.96

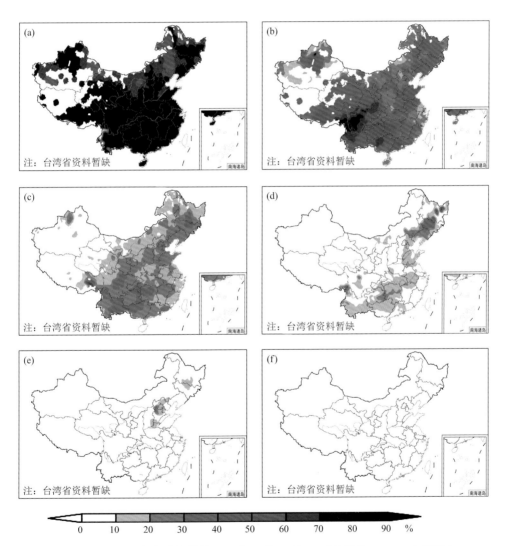

图 8.12　OPPF2 方案计算所得 2015 年 7 月 29 日 12 时起报的 96～144 h 强降水

过程累计降水量各预报等级的最优概率阈值（OPCV$_k$）

(a)$k=1$,$G_k=0.1$ mm；(b)$k=2$,$G_k=10$ mm；(c)$k=3$,$G_k=25$ mm；(d)$k=4$,$G_k=50$ mm；

(e)$k=5$,$G_k=100$ mm；(f)$k=6$,$G_k=250$ mm

表 8.3　OPPF3 方案计算所得 2015 年 7 月 29 日 12 时起报的 96～144 h 强降水
过程累计降水量各预报等级的最优概率阈值(OPCV_k)及其计算预报等级值(G_{kL})

k	1	2	3	4	5	6
G_k(mm)	0.1	10	25	50	100	250
OPCV_k(%)	31.37	45.10	27.45	23.53	9.80	3.92
G_{kL}(mm)	2.9	9.4	22.8	35	71	175

此外,集合平均过程累计降水量预报(EMPF)是采用等权重计算得到的 ECMWF 集合预报所有成员过程累计降水量的平均值。

$$\text{EMPF} = \frac{\sum\limits_{e=1}^{51} P_e}{51} \tag{8.16}$$

其中,P_e 为集合预报成员的过程累计降水量预报。

8.3.2　OPPF 应用试验效果对比分析

选用 2015—2017 年 5—9 月中国 91 次区域性强降水过程开展了基于最优概率的过程累计降水量分级订正预报(OPPF)回报试验,对比分析了三种 OPPF 计算方案在中期延伸期预报时效(96～360 h)的预报效果,考察了 OPPF 相对于集合平均(EMPF)和控制预报(CTPF)的优势。这 91 次区域性强降水过程的起止时间采用吴乃庚等(2012)记载的区域性暴雨过程判识方法得出。

图 8.13 展示了 3 种 OPPF 计算方案以及集合平均(EMPF)和控制预报(CTPF)对 2015—2017 年 5—9 月中国 91 次区域性强降水过程累计降水量预报的 TS 评分,图中预报时效对应的是强降水过程终止时刻(下同)。由图 8.13 可见:(1)对于有无降水(过程累计降水量 ≥0.1 mm)的预报,三种 OPPF 的 TS 评分在中期延伸期预报时效始终保持在 0.67 以上,较 EMPF 在 96～240 h 提高了 0.02～0.07,多较 CTPF 提高了 0.01～0.05,且 OPPF3 的 TS 评分略高于 OPPF1 和 OPPF2。(2)对于中等以上强度降水(过程累计降水量 ≥10 mm)的预报,OPPF1 和 OPPF3 中期延伸期预报时效的 TS 评分在 0.4～0.58,与 EMPF 基本接近(偏差绝对值<0.01,下同),没有显现出明显优势;OPPF2 的 TS 评分在 216 h 之前也与 EMPF 基本接近,在 240 h 之后低于 EMPF;但三种 OPPF 的 TS 评分较 CTPF 均有显著提高。(3)对于较强以上强度降水(过程累计降水量 ≥25 mm)的预报,OPPF1 和 OPPF3 的 TS 评分在 0.48～0.28,大多数预报时效与 EMPF 基本接近,仅在 312 h 以后较 EMPF 提高了 0.02 左右;OPPF2 的 TS 评分在 96～144 h 较 EMPF 下降了 0.01,在 168 h 之后与 EMPF 基本接近;三种 OPPF 的 TS 评分较 CTPF 提高显著。(4)对于强降水的预报,OPPF 普遍展示出了明显的优势。过程累计降水量 ≥50 mm 和 ≥100 mm 预报的 TS 评分在中期延伸期预报时效分别在 0.35～0.17 和 0.2～0.09,较 EMPF 和 CTPF 的提高了 0.02～0.11;过程累计降水量 ≥250 mm 预报的 TS 评分虽均不足 0.1,但也较 EMPF 和 CTPF 提高了 0.02～0.09。综上分析可知,对强降水和有无降水的预报效果,三种 OPPF 均明显优于 EMPF 和 CTPF;对中等以上强度和较强以上降水的预报效果,OPPF1 和 OPPF3 与 EMPF 基本接近,但明显优于 CTPF。三种 OPPF 相比,OPPF3 的预报效果较 OPPF1 总体略胜一筹,两者均好于 OPPF2。

鉴于实际预报服务中,强降水往往是引发洪涝灾害的关键因素,预报难度也相对较大,为

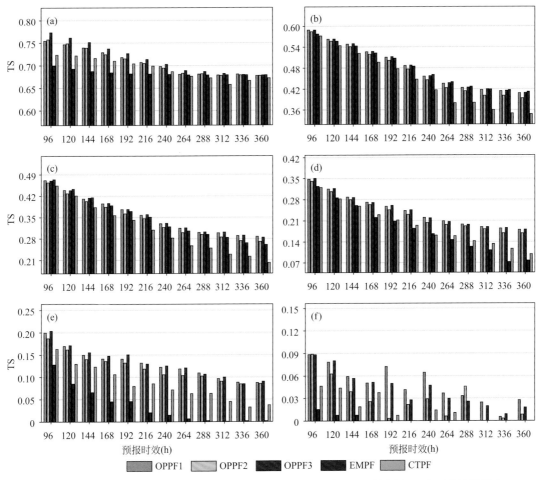

图 8.13　三种 OPPF 以及 EMPF 和 CTPF 对 2015—2017 年 5—9 月中国 91 次区域性强降水
过程累计降水量（PPr）预报的 TS 评分

（a）PPr≥0.1 mm，（b）PPr≥10 mm，（c）PPr≥25 mm，（d）PPr≥50 mm，（e）PPr≥100 mm，（f）PPr≥250 mm

此本节进一步考察和对比了 OPPF3 和 EMPF 对强降水的预报效果，在图 8.14 和图 8.15 中
展示了 OPPF3 和 EMPF 对这 91 次区域性强降水过程累计降水量≥50 mm 和≥100 mm 预
报的 TS 评分分布情况。由图中可见，预报效果存在明显的地域差异，南方地区强降水预报的
TS 评分总体高于北方地区，其中在江淮、江南及华南地区 OPPF3 的过程累计降水量≥50 mm
（≥100 mm）预报的 TS 评分在 96 h 预报时效普遍达 0.3～0.6（0.1～0.4），并且直至 360 h 预
报时效仍多保持在 0.2～0.3（0.1 左右）。北方地区中以东北地区东部 OPPF3 强降水预报的
TS 评分最高，部分地区过程累计降水量≥50 mm 预报的 TS 评分在 96～144 h 预报时效也可达
到 0.3～0.6，与南方地区几乎持平，但衰减速度很快，至 216 h 预报时效已基本降至 0.1 以下。

　　相比较而言，OPPF3 对强降水的预报效果在许多地区都要优于 EMPF，在南方地区表现
得尤为突出。如：在 96～192 h 预报时效，江淮、江南东部和南部、华南中西部及四川盆地东部
等地 OPPF3 过程累计降水量≥100 mm 预报的 TS 评分较 EMPF 提高了 0.1～0.3，在 216～
360 h 预报时效，江淮、江南北部、华南北部和东部及四川盆地东北部等地 OPPF3 过程累计降
水量≥100 mm 预报的 TS 评分也较 EMPF 提高了 0.1～0.3。在 96～240 h 预报时效，东北

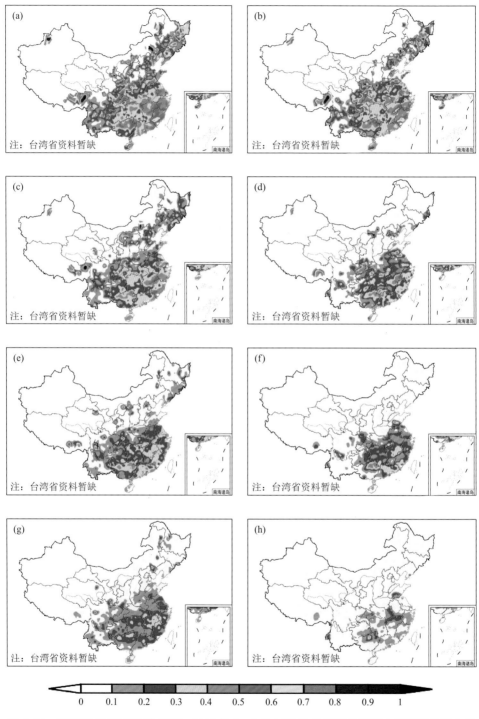

图 8.14　OPPF3 和 EMPF 对 2015—2017 年 5—9 月中国 91 次区域性强降水过程累计降水量
≥50 mm 预报的 TS 评分分布

(a)OPPF3 96 h,(b)EMPF 96 h,(c)OPPF3 168 h,(d)EMPF 168 h,(e)OPPF3 240 h,
(f)EMPF 240 h,(g)OPPF3 360 h,(h)EMPF 360 h

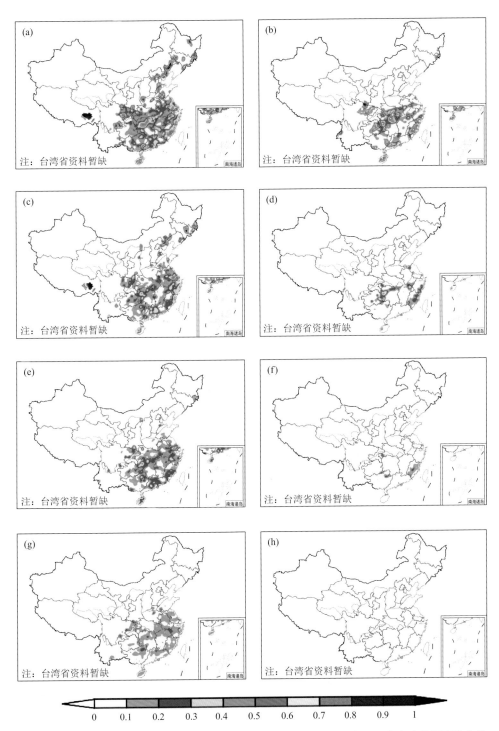

图 8.15 OPPF3 和 EMPF 对 2015—2017 年 5—9 月中国 91 次区域性强降水过程累计降水量
≥100mm 预报的 TS 评分分布

(a)OPPF3 96 h,(b)EMPF 96 h,(c)OPPF3 168 h,(d)EMPF 168 h,(e)OPPF3 240 h,
(f)EMPF 240 h,(g)OPPF3 360 h,(h)EMPF 360 h

地区东部 OPPF3 过程累计降水量≥50 mm 预报的 TS 评分较 EMPF 也大多提高了 0.2 以上。

8.4   基于神经网络的中国南方低温雨雪冰冻预报

8.4.1   粒子群-神经网络集合预报方法

　　粒子群优化(Particle Swarm Optimization,PSO)算法是由 Kennedy 和 Eberhart(1995)于 1995 年提出的,源于对鸟群捕食的行为研究,其最基本思想是通过群体中个体之间的协作和信息共享来寻找最优解。Kennedy 和 Eberhart 认为优化问题的每个解都是搜索空间中的一只鸟,将其抽象为没有质量和体积的微粒点则称之为"粒子",所有粒子都有一个被不断优化函数决定的适应值,根据每一个粒子的位置和速度决定搜索方向,各个粒子通过相互之间的作用,记忆、追随当前的最优粒子,在解空间中不断地搜索复杂空间的最优区域,如果找到较好的解,将会以此为依据来寻找下一个解。利用粒子群算法这种全局搜索特性对 BP 神经网络模型的连续权和网络结构进行优化,就可以比较客观地确定 BP 神经网络模型的网络结构,确定隐层节点数,避免 BP 神经网络连接权的选择不当导致收敛于局部最优的问题,同时还可以构建出 N 个有差异度的 BP 神经网络预报模型。大量数值预报研究与应用的结果都表明,数值预报的集合预报结果比单个模式的预报有更好、更稳定的预报效果,集合数值预报技术的优越性在国内外大气学科中得到了广泛的认同。因此,仿照数值预报的集合预报思想,以 BP 神经网络作为基本模型,利用粒子群算法优化神经网络的结构和初始连接权,以优化后的网络结构和连接权作为新的神经网络的结构和连接权,再进行新一轮的神经网络训练,生成 N 个 BP 网络模型,给予每个神经网络平均的权重系数,对这 N 个模型的预报值累加求平均,最后作为粒子群神经网络集成预报模型的输出结论。

　　粒子群-神经网络优化问题的数学描述(Jin et al.,2015)如下。

$$\begin{cases} \min E(w,v,\theta,\gamma) = \dfrac{1}{N}\sum_{k=1}^{N}\sum_{t=1}^{n}\left[y_k(t)-\hat{y}_k(t)\right]^2 \leqslant \varepsilon_1 \\ \hat{y}_k(t) = \sum_{j=1}^{P} v_{jk} \times f\left[\sum_{i=1}^{m} x \times w_{ij} + \theta_j\right] + \gamma_t \\ f(x) = \dfrac{1}{1+e^{-x}} \\ s \times t \quad w \in R^{m\times p}, v \in R^{p\times n}, \theta \in R^p, \gamma \in R^n \end{cases} \tag{8.17}$$

其中,x 为训练样本,$\hat{y}_k(t)$ 为神经网络的实际输出,$y_k(t)$ 为神经网络的期望输出。采用粒子群优化算法求解上述二次非线性规划问题,具体实现步骤如下。

　　(1)群体的位置和速度初始化,随机生成 N 个个体,每个个体都由群体的位置矩阵和对应粒子的速度矩阵 V 两部分组成:群体位置矩阵包括连接结构矩阵 S 和权重系数矩阵 X,结构矩阵 S 为二进制变量矩阵,对应的连接权存在则该变量为 1,否则为 0;权重系数矩阵为浮点数矩阵,取[-1,1]上的均匀分布随机数,它控制网络的权值和阈值的大小。

　　(2)输入训练样本,依据适应度函数公式 $F(w,v,\theta,\gamma)=\dfrac{1}{1+\min E(w,v,\theta,\gamma)}$ 计算每个粒子的适应值,并且初始化个体经历最好位置 $P_{\text{best}}(t)$,以及群体经历的最好位置 $P_{\text{gbest}}(t)$。

（3）对每个粒子，将其适应值与该粒子所经历的最好位置的适应值进行比较，若较好，则将其作为当前的最好位置；同样，将其适应值与全局所经历的最好位置的适应值作比较，若较好，则将其作为当前的全局最优位置。

（4）粒子的速度矩阵 $\boldsymbol{V}$ 的进化方程如下。

$$v_{ij}(t+1)=\omega v_{ij}(t)+c_1 r_1 \left[P_{\text{best}}(t)-x_{ij}(t)\right]+c_2 r_2 \left[P_{\text{gbest}}(t)-x_{ij}(t)\right] \tag{8.18}$$

$$\omega(t)=\omega_{\max}-\frac{\omega_{\max}-\omega_{\min}}{iter_{\max}} \times iter \tag{8.19}$$

其中 $\omega_{\max}$、$\omega_{\min}$ 分别是惯性权重的最大值和最小值，$iter$、$iter_{\max}$ 分别是当前迭代次数和最大的迭代次数，c_1、c_2 为记忆因子；r_1、r_2 为 $(0,1)$ 间的随机数。

（5）位置矩阵中的权重系数矩阵 $\boldsymbol{X}$ 的进化方程如下。

$$x_{ij}(t+1)=x(t)+v_{ij}(t+1) \tag{8.20}$$

（6）为保证连接结构矩阵进化后仍取 0 或 1，位置矩阵中的结构矩阵 $\boldsymbol{S}$ 的进化方程取如下。

$$\boldsymbol{S}_{ij}(t+1)=\begin{cases} 0, & r \geqslant \dfrac{1}{1+\exp\left[-v_{ij}(t+1)\right]} \\ 1, & r < \dfrac{1}{1+\exp\left[-v_{ij}(t+1)\right]} \end{cases} \tag{8.21}$$

其中，r 为 $[0,1]$ 均匀分布的随机数。

（7）反复进行（2）—（6）步的循环计算，对粒子的速度和位置进行优化，直到适应值满足要求或达到总的进化代数（总的进化代数 $iter_{\max}$）。

（8）把优化后的最后一代 N 个粒子全部解码，得到 N 组神经网络的结构和网络连接权，并作为新的神经网络初始连接权和网络结构，再次利用训练样本进入新的 BP 神经网络进行训练，最后可以得到 N 个神经网络预报模型。

（9）采用等权方法，求 N 个神经网络个体的预报值的平均值，此平均值则为粒子群-神经网络集合预报模型的预报值。

8.4.2 学习矩阵的构建与预报建模

如何建立合理的神经网络学习矩阵是神经网络建模的另一项关键技术问题，是保障预测模型具有良好泛化能力和进行实际应用的重要条件，但是神经网络本身并不提供如何构造学习矩阵的方法，本节尝试按照 Qian 等（2014）制定的区域持续性低温雨雪过程的标准，选择中国南方区域（23°—30°N，103°—115°E）作为研究区域，对研究区域内 1951—2013 年低温雨雪天气进行普查，以达到持续性低温雨雪标准的站点其冷湿指数 PT 值（Zhang and Qian，2011）之和组成预报量序列，再以 NCEP 提供的高度场、气温场、风场和湿度场等环流场和物理量场再分析资料（2.5°×2.5°格点的实况场和 24 h 预报场）作为基本的预测因子场，通过相关普查分析，根据已有的研究结果，提取影响因子，组建神经网络的学习矩阵进行建模，开展预测低温雨雪冰冻事件研究。

使用的站点资料是中国国家气象信息中心提供的全国 756 个台站的逐日最低气温、最高气温和降水量数据，使用的环流场和物理量场资料为 NCEP 提供的 2.5°×2.5°格点的实况场和 24 h 预报场资料，包括高度场、温度场、湿度场、水平风速、垂直风速和风场等，以上资料的时间范围为 1951—2013 年当年的 12 月至次年 2 月。

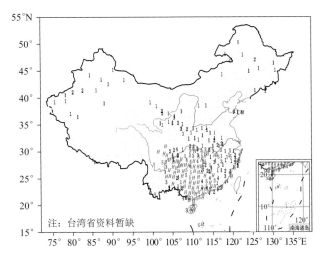

图 8.16   研究区域(数字表示单站低温雨雪事件频次值,H 表示频次值≥7)(Qian et al.,2014)

8.4.2.1   预报量的预处理

根据 Qian 等(2014)和 Zhang 和 Qian(2011)制定了单站和区域出现持续性低温雨雪事件的标准,单日冷湿指数计算公式如下。

$$\mathrm{PT} = \frac{P_i - \overline{P}}{P_s} - \frac{T_i - \overline{T}}{T_s} \tag{8.22}$$

式中 P_i、T_i 分别为过程第 i 日的降水量和最低温度,$\overline{P}$、$\overline{T}$ 分别为历史同期降水量和最低温度的平均值,P_s、T_s 分别为历史同期降水量和最低温度的标准差。

按区域出现持续性低温雨雪事件的标准,对研究区域内 1951—2013 年低温雨雪天气进行普查,检测出达到区域持续性低温雨雪过程标准的过程共有 47 次(表 8.4),对这 47 次区域持续性低温过程每次从开始日至结束日计算共有 553 d。根据 PT 值计算公式,逐日计算这 553 d 研究区域内达到持续性低温雨雪标准的站点的冷湿指数 PT 值(Zhang et al.,2011)之和,得到的逐日 PT 值的序列则作为预报量序列。

表 8.4   研究区域内持续性极端低温雨雪事件表

开始日期			结束日期			持续天数 (d)	影响站数	过程日最大 PT	开始日期			结束日期			持续天数 (d)	影响站数	过程日最大 PT
年	月	日	年	月	日				年	月	日	年	月	日			
1954	12	7	1954	12	15	9	3	13.05	1961	1	11	1961	1	16	6	3	7.43
1954	12	26	1955	1	10	16	30	70.42	1962	1	15	1962	1	29	15	3	8.34
1956	1	6	1956	1	12	7	6	20.18	1964	1	23	1964	2	4	13	8	22.90
1956	1	20	1956	1	26	7	4	9.08	1964	2	15	1964	2	28	14	46	112.27
1957	1	12	1957	1	16	5	4	20.86	1966	12	25	1967	1	12	19	11	17.74
1957	2	4	1957	2	16	13	10	18.77	1967	2	10	1967	2	15	6	4	6.56
1958	1	15	1958	1	19	5	4	8.83	1968	2	1	1968	2	10	10	11	21.06
1958	1	29	1958	2	4	7	5	12.91	1969	1	11	1969	1	17	7	17	26.24
1960	1	23	1960	1	28	6	3	5.68	1969	1	28	1969	2	9	13	23	80.65

续表

开始日期			结束日期			持续天数 (d)	影响站数	过程日最大 PT	开始日期			结束日期			持续天数 (d)	影响站数	过程日最大 PT
年	月	日	年	月	日				年	月	日	年	月	日			
1969	2	14	1969	2	28	15	4	6.19	1989	1	11	1989	1	16	6	9	35.09
1971	1	25	1971	2	5	12	16	63.73	1989	1	29	1989	2	9	12	3	6.87
1972	12	29	1973	1	6	9	6	13.25	1990	1	30	1990	2	4	6	7	11.65
1972	2	3	1972	2	11	9	51	138.71	1991	12	25	1991	12	31	7	4	24.31
1974	1	23	1974	2	12	21	29	65.51	1993	1	13	1993	1	24	12	14	23.36
1975	12	8	1975	12	15	8	22	73.48	1996	2	17	1996	2	26	10	32	81.31
1976	12	26	1977	1	17	23	18	36.67	1998	1	18	1998	1	25	8	3	13.11
1977	1	26	1977	2	4	10	21	64.39	2000	1	27	2000	2	5	10	3	25.30
1980	1	29	1980	2	13	16	38	79.62	2004	2	3	2004	2	8	6	3	7.63
1981	1	25	1981	1	31	7	9	17.59	2008	1	13	2008	2	15	34	71	264.24
1982	2	6	1982	2	15	10	7	37.71	2010	2	16	2010	2	20	5	3	10.47
1983	12	22	1984	1	2	12	7	51.72	2011	1	2	2011	2	1	31	24	118.86
1983	1	8	1983	1	23	16	12	31.13	2012	1	21	2012	1	27	7	6	14.64
1984	12	18	1984	12	31	14	13	31.27	2013	1	2	2013	1	13	12	5	7.28
1984	1	16	1984	2	11	27	28	50.74									

　　通过对以上检测出来的 47 次区域持续性低温雨雪事件分析表明,不同强弱程度的过程影响区域和持续时间相差较大,有些强过程影响站数多达 70 站、影响时间长达 30 多天,而有些弱过程影响站数只有几个站而且时间也只有几天,所以不同严重程度的过程,其所对应的天气环流类型、影响因子都是各不相同的,为了防止一些较弱过程的影响因子的信息被平滑忽略,本节将低温雨雪事件分为达到严重程度的区域持续性低温雨雪过程(以下简称"严重过程")和一般程度的区域持续性低温雨雪过程(以下简称"一般过程")两种类型来进行研究。

　　如何区分一般过程和严重过程呢? 首先通过计算分析预报量(PT 值)序列与 850 hPa 温度相关(图 8.17),可见图 8.17 中 A 区和 B 区与预报量存在一个较高相关区,并定义这两个区域温差大于 16 ℃时,当日所选研究区域内一般都有 10 个以上的站达到持续低温雨雪过程作为区分的标准。在对研究区域发生持续低温雨雪的 47 次过程统计分析中发现,如果当日研究区域内同时有 10 个以上的站出现持续低温雨雪天气,其造成的灾害都比较严重。因此,将此值作为过程当日是否达到严重过程的阈值是可行的,即 A 区和 B 区的温度差超过 16 ℃(阈值)则判定此日为严重过程日,其余为一般过程日。按此标准,将 553 个样本分为两个系列,其中严重过程系列样本数为 185,一般过程样本数为 368,分别留取最后 10 个样本作为独立预报样本,其余作为建模样本分别建立严重过程和一般过程的预测模型。

8.4.2.2　预报因子的挑选

　　本节以 NCEP 提供的再分析资料场(包括 850、700、500、200 hPa 各层的高度场、温度场、湿度场、水平和垂直风场)作为基本的预报因子场,计算严重过程和一般过程 PT 序列与同期各预报因子场的相关关系,挑出相关系数绝对值 0.2 以上的格点作为一个因子区,再对因子区内的格点值进行平均,作为代表该区域一个预选因子。经计算发现,在选因子时,将两个相邻

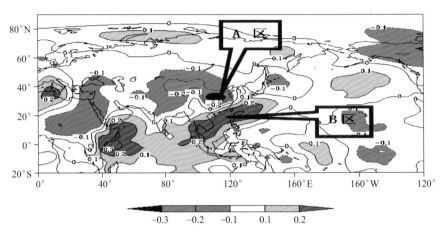

图 8.17　PT 值与 850 hPa 温度相关系数

或相近区域的因子相减后得到的组合因子,其相关系数比单个因子要高,故本节在挑选因子时,较多地用到了组合因子,以提高预报因子的高相关性。在计算预报量与高度场相关时发现,在北太平洋区域,从低层到高层都有一个稳定的高相关区,相关系数达到了 0.30 以上,表明副热带高压的异常与低温雨雪过程的发生和持续有很大的相关关系。从 850—700 hPa 气温差普查逆温与预报量相关情况来看,江南区域即研究区域上空,无论是一般过程或严重过程都存在一个很明显的相关区,相关系数高达 −0.31 和 −0.49,可见研究区域上空的逆温条件与预报量相关很好。在普查中也发现,850 hPa 贝加尔湖区域的温度与预报量有一个高相关区,相关系数 0.35,同时 700 hPa 鄂霍次克海与蒙古高原区域垂直风速差与预报量相关也很明显,相关系数为 0.41,说明研究区域出现严重持续性低温雨雪冷空气与贝加尔湖区域的冷空气堆积,并在源源不断的偏北气流引导南下影响关系非常明显。在普查严重低温雨雪过程水汽与预报量的相关时也发现,孟加拉湾上空 850 hPa 的水汽与预报量的相关达到 0.58,同时这一带的中高层的水平风速也与预报量有一个高的相关,孟加拉湾区域上空的纬向风与预报量相关达到 0.38,说明由于这种低纬的偏西风把孟加拉湾的水汽源源不断地输送到我国南方地区,与北方南下冷空气形成持久稳定的冷暖空气交绥区,致使低温雨雪天气持续。

因此,根据以上分析中提到的主要影响系统所在区域中提取了 54 个(严重过程 29 个,一般过程 25 个)相关系数较高、物理意义较明确的因子作为初选因子,其中高度场因子 8 个,温度场因子 13 个,湿度场因子 8 个,风场(包括 U、V 风场)因子 25 个,各因子的相关系数正相关在 (0.22,0.58),负相关在 (−0.62,−0.25)。另外,在以上所提取的 54 个因子中,有 22 个是组合因子。

8.4.3　预报结果分析

根据上面严重过程和一般过程初选出来的因子,采用逐步回归方法,取 $F=3$ 时,各筛选出来 10 个因子(表 8.5),用筛选出来的因子和预报量分别组成神经网络的输入矩阵,按照 8.4.2 介绍的建模计算步骤,分别建立一般和严重低温雨雪过程的预报模型,其建模样本数分别为 358 个、175 个,独立样本数都为 10 个,而且在做独立样本预报时,因子场资料使用 NCEP 提供的 24 h 的预报场资料。为了保证预报建模的客观性,在建立预报模型时,不管是严重过程或是一般过程,粒子群进化神经网络中的参数均设置如下:粒子群规模为 50,惯性因子取

0.9，记忆因子设为 2，粒子群最大优化代数为 50，粒子位置上限为 5，下限为 −5，隐节点为输入节点的 1.5 倍，神经网络训练学习因子为 0.5，训练次数为 2000 次，训练总体误差为 0.01。两种粒子群-神经网络预报模型的拟合效果见图 8.18，两种模型对 10 个独立样本的预报试验结果见表 8.6。

表 8.5　两种过程建模所选预报因子($F=3$)

一般过程预报因子及其与预报量的相关系数			严重过程预报因子及其与预报量的相关系数		
因子序号	因子名称	相关系数	因子序号	因子名称	相关系数
X3	850 hPa 江南区域气温	−0.37	X1	850—700 hPa 江南区域温度差	−0.49
X5	非洲北部上空 850—700 hPa 气温差	−0.37	X6	850 hPa 贝加尔湖区域的温度	0.35
X8	200 hPa 印度半岛西北部与青藏高原区域高度差	0.30	X9	500 hPa 贝加尔湖到我国东北区域的高度	0.42
X9	500 hPa 北太平洋北部与南部的高度差	0.25	X12	700 hPa 长江中下游区域湿度	0.43
X12	700 hPa 菲律宾北部区域的湿度	−0.26	X13	700 hPa 孟加拉湾区域上空的湿度	0.43
X16	500 hPa 印度半岛与内蒙古区域的水平风速差	0.34	X14	850 hPa 孟加拉湾到越南北部上空的湿度	0.58
X17	700 hPa 印度半岛西北部区域水平风速	0.27	X15	850 hPa 赤道索马里上空的湿度	−0.62
X18	850 hPa 太平洋夏威夷和库克群岛区域水平风速差	0.34	X19	850 hPa 半太平洋北部区域与南部区域水平风速差	0.36
X21	850 hPa 长江中上游与越南北部区域垂直风速差	0.34	X23	700 hPa 鄂霍次克海与蒙古高原区域垂直风速差	0.41
X22	500 hPa 孟加拉湾北部与蒙古区域的风速差	0.40	X25	850 hPa 江南与东海区域垂直风速差	0.58

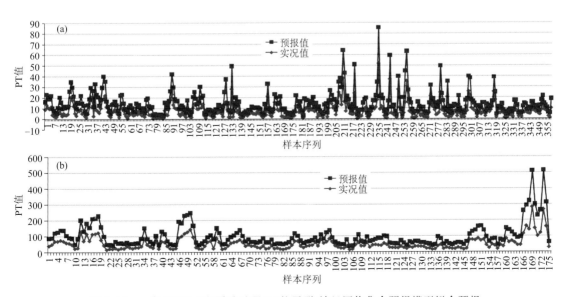

图 8.18　一般过程(a)和严重过程(b)粒子群-神经网络集合预报模型拟合预报

表 8.6　两种过程的粒子群-神经网络预报模型独立样本预报效果

($F=3$)	一般过程				严重过程			
	实况值	预报值	误差	相对误差	实况值	预报值	误差	相对误差
	6.39	5.44	0.95	0.15	24.06	32.70	−8.64	0.36
	5.00	4.82	0.18	0.04	20.41	29.46	−9.05	0.44
	7.28	8.52	−1.24	0.17	26.09	36.19	−10.10	0.39
	5.25	11.39	−6.14	1.17	21.28	22.94	−1.66	0.08
	4.82	28.45	−23.63	4.90	65.69	41.38	24.31	0.37
	5.80	8.50	−2.70	0.47	47.37	61.42	−14.05	0.30
	3.81	6.39	−2.58	0.68	118.86	49.22	69.64	0.59
	2.49	6.68	−4.19	1.68	62.95	60.33	2.62	0.04
	1.08	4.29	−3.21	2.97	27.82	27.83	−0.01	0.01
	1.35	2.84	−1.49	1.11	15.86	22.14	−6.28	0.40
平均	4.33	8.73	−4.41	1.33	43.04	38.36	4.68	0.30

从图 8.18 可以看出,两种过程的拟合曲线与原序列趋势基本相吻合,一般过程拟合预报平均绝对误差为 3.18,平均相对误差为 1.19,严重过程平均拟合绝对误差为 13.07,相对误差为 0.39。从独立样本的预报效果(表 8.6)来看,一般过程中除第 5 个预报 PT 值>20 外,其余的 9 次预报均预报 PT 值<10,分析表 8.4 检验出来的 47 次过程,过程日最大 PT 值小于 10 的仅有 10 次,且每次过程达到持续性低温雨雪过程标准的站数都不超过 5 站,灾害影响是属于较轻的过程,可见此模型对过程属性的预报大部分都是对。同时从表 8.4 可知,当 PT 值大于 40 时,研究区域一般都有 20 个以上的站同时出现持续低温雨雪过程,影响范围较大,属较严重的低温雨雪过程,在严重过程预报模型独立样本预报结果中,模型对 PT 值大于 40 的 4 个样本,虽然对极大值当天(PT 为 118.86)的预报误差较大,但其预报 PT 值均大于 40,根据这些预报值就可以判断此日会出现较严重低温雨雪过程,可见严重过程模型对过程的属性预报也具有一定的预报能力。另外,从 10 个独立样本预报误差来看,一般过程的平均相对误差为 1.33,严重过程的平均相对误差为 0.30,可见严重过程的独立样本预报平均相对误差比一般过程的小了 1.03,且严重过程 10 个独立样本的相对误差均小于 0.6,比较稳定,而一般过程的相对误差从 0.04 到 4.90,震荡较大,说明严重过程预报模型不论是拟合效果或独立样本预报试验效果从趋势预报上都比一般过程效果要好,这可能与严重过程中各种环流形势场配合比一般过程更显著,从挑出来的因子的相关系数比较可知,严重过程的因子相关系数比一般过程的相关系数普遍要高,可见所挑选的因子与预报量相关越高,对预报量影响越显著,物理意义越明确,用其所建的预报模型预报效果则越好。

8.4.4　与逐步回归方法预报结果对比分析

由于本节采用粒子群-神经网络算法相结合的非线性统计集合预报方法进行区域持续性低温雨雪预报是一种新的尝试,其预报能力与其他统计预报方法相比有何差异,需要作进一步分析。在气象统计预报方法中,逐步回归方法是最常用的一种建模方法,其没有可调参数,主要不确定的是在对初选得到的众多预报因子时,选取不同的 F 值,会有不同的预报因子组合来建立相应的预报方程,这种自动筛选预报因子是一种客观的预报方法,而粒子群-神经网络集合预报模型也是全部参数固定不变的客观预报方法,因此,用这两种建模方法,采用相同的预报因子进行建模,对比分析两种方法的预报效果。

为了进行客观的比较分析,同样取 $F=3$ 时选出来的一般过程和严重过程各 10 个因子(表 8.5),建立逐步回归方程。

一般过程的逐步回归方程如下。

$$Y = 137.979 - 0.490x_3 - 0.281x_5 + 0.006x_8 - 0.005x_9 - 0.039x_{12} - 0.270x_{16}$$
$$+ 0.443x_{17} + 0.200x_{18} + 0.434x_{21} + 0.283x_{22} \tag{8.23}$$

(复相关系数为: $R=0.625$,剩余标准差为:5.202)

严重过程的逐步回归方程如下。

$$Y = 547.81 - 4.192x_1 + 2.869x_6 - 0.231x_9 + 0.375x_{12} + 0.313x_{13} + 0.966x_{14}$$
$$- 0.892x_{15} + 0.396x_{19} + 0.688x_{23} + 2.358x_{25} \tag{8.24}$$

(复相关系数为: $R=0.837$,剩余标准差为:22.429)

两种过程逐步回归方程对 10 个独立样本预报结果见表 8.7。从表 8.7 可知,逐步回归方法的一般过程和严重过程预报的平均相对误差为 2.04 和 0.60,而与表 8.6 粒子群-神经网络集合预报方法结果相比,一般过程和严重过程预报的平均相对误差则为 1.33 和 0.30,粒子群-神经网络方法比逐步回归方法预报精度分别提高 0.71 和 0.30;另外,通过计算两种方法预报的相对误差的方差可以比较两种预报方法的稳定性,一般过程的逐步回归方法和神经网络方法的相对误差的方差分别为 7.93、3.90,严重过程的分别为 0.49、0.12,可见两种过程都是逐步回归方法的相对误差的方差比神经网络的大,说明神经网络方法预报效果比逐步回归方法的要稳定。以上分析比较了取 $F=3$ 时两种方法建模的预报结果,下面进一步分析取不同 F 值时的情况:按照以上相同的方法,分别计算两种过程取 $F=2$、3、4 时的逐步回归方法和神经网络方法的独立样本预报相对误差,见表 8.8。从表 8.8 中可见,不论 F 值取多少,两种过程逐步回归方法的独立样本预报相对误差都比神经网络方法的误差大。

表 8.7　两种过程逐步回归方程独立样本预报结果

($F=3$)	一般过程				严重过程			
	实况值	预报值	误差	相对误差	实况值	预报值	误差	相对误差
	6.39	6.84	−0.45	0.07	24.06	45.09	−21.03	0.87
	5.00	5.98	−0.98	0.20	20.41	31.55	−11.14	0.55
	7.28	8.49	−1.21	0.17	26.09	38.47	−12.38	0.47
	5.25	11.43	−6.18	1.18	21.28	9.50	11.78	0.55
	4.82	16.49	−11.67	2.42	65.69	57.08	8.61	0.13
	5.80	11.35	−5.55	0.96	47.37	63.77	−16.4	0.35
	3.81	10.19	−6.38	1.67	118.86	52.22	66.64	0.56
	2.49	10.80	−8.31	3.34	62.95	56.09	6.86	0.11
	1.08	8.10	−7.02	6.50	27.82	−0.32	28.14	1.01
	1.35	6.55	−5.20	3.85	15.86	−6.04	21.9	1.38
平均	4.33	9.62	5.30	2.04	43.04	34.74	8.30	0.60

表 8.8 两种过程不同 F 值逐步回归方法和神经网络方法独立样本预报误差

一般过程不同 F 值两种方法预报相对误差						严重过程不同 F 值两种方法预报相对误差					
$F=2(13)$		$F=3(10)$		$F=4(9)$		$F=2(12)$		$F=3(10)$		$F=4(6)$	
逐步回归	神经网络	逐步回归	神经网络	逐步回归	神经网络	逐步回归	神经网络	逐步回归	神经网络	逐步回归	神经网络
0.37	0.20	0.07	0.15	0.00	0.18	0.53	0.20	0.87	0.36	1.07	0.63
0.48	0.25	0.20	0.04	0.21	0.18	0.06	0.92	0.55	0.44	1.14	0.46
0.24	0.09	0.17	0.17	0.26	0.14	0.56	0.25	0.47	0.39	0.89	0.44
1.27	0.91	1.18	1.17	1.25	0.98	0.86	0.26	0.55	0.08	0.20	0.30
2.50	3.23	2.42	4.90	2.46	7.23	0.02	0.31	0.13	0.37	0.03	0.33
1.16	0.51	0.96	0.47	0.89	0.29	0.40	0.30	0.35	0.28	0.29	0.28
1.84	0.76	1.67	0.68	1.48	0.41	0.47	0.54	0.56	0.59	0.51	0.61
3.90	2.85	3.34	1.68	2.91	1.32	0.00	0.29	0.11	0.04	0.10	0.14
6.78	3.86	6.50	2.97	5.73	2.41	1.09	0.15	1.01	0.01	0.57	0.07
5.32	2.79	3.85	1.11	3.28	1.51	1.88	0.59	1.38	0.40	0.50	0.67
平均 2.39	1.55	2.04	1.33	1.85	1.47	0.59	0.38	0.60	0.30	0.53	0.39

通过以上比较可知,虽然两种方法的建模样本完全相同,预报因子和独立样本也完全相同,但是粒子群-神经网络集合预报模型比传统的逐步回归方程预报能力有明显提高并且预报效果要稳定,说明导致预报效果的好坏与预报建模方法有关,而粒子群-神经网络预报建模方法的激励函数是一种非线性函数,可能比线性回归方法更适用于预报像区域持续性低温雨雪这类极端天气事件,同时,Jin 等(2014)还从理论上推导了本节所用的粒子群算法与神经网络相结合构建的这种新的集合预报模型,其预报性能优于单个神经网络模型,而且没有可调参数,是完全客观的预报方法,可以适用于其他中短期天气的非线性统计预报,这为客观业务预报和研究工作提供了一种新的思路。

另外,在本节中对区域持续性低温雨雪事件进行建模研究时,考虑了低温雨雪灾害的严重程度,按照过程当日冷湿程度及影响范围分一般过程和严重过程两种类型来进行建模。为了分析这种分类预报的效果,尝试不考虑低温雨雪灾害的严重程度,用全部 553 个过程日 PT 值作为预报量序列,同样用粒子群-神经网络方法建立全样本的预报模型进行预报试验。粒子群-神经网络集合预报建模方法与步骤同上面一样,但建模样本数为 543,独立样本数为 10,挑选因子的方法与 8.4.22 节选因子的原则相同,最后挑选出预报因子为 33 个(表略),相关系数都在 0.2 以上,最高为 0.45。同样,对初选出来的 33 个因子用逐步回归方法,取 $F=2$、3、4 时,分别筛选出 18、14、13 个因子,用这些因子建立粒子群-神经网络集合预报模型。为了更客观地进行比较,在粒子群-神经网络计算过程中,除输入节点改为用各挑选出来的预报因子数外,所有的参数设定与前述的参数相同,最后建立粒子群-神经网络预报模型,并对 10 个独立样本进行预报试验,结果见表 8.9。从表 8.9 可知,当 $F=2$、3、4 时,全样本的独立样本预报相对误差分别为 1.08、1.18、2.52,而从表 8.8 可知,当 $F=2$、3、4 时,神经网络模型的一般过程和严重过程的平均相对误差为:0.97、0.82、0.93,均比全样本的相对误差要小,可见用同样的粒子群-神经网络方法建模,考虑了灾害严重程度,区分一般和严重两种类型来建模预报效果比不分类型建模预报的效果要好。

表 8.9　全样本不同 F 值粒子群-神经网络集合预报方法独立样本预报结果

	$F=2$(18 因子)			$F=3$(14 因子)			$F=4$(13 因子)		
实况值	预报值	误差	相对误差	预报值	误差	相对误差	预报值	误差	相对误差
6.39	21.35	−14.96	2.34	19.45	−13.06	2.04	26.04	−19.65	3.08
5.00	10.75	−5.75	1.15	10.87	−5.87	1.17	17.86	−12.86	2.57
7.28	14.99	−7.71	1.06	14.21	−6.93	0.95	19.06	−11.78	1.62
5.25	15.28	−10.03	1.91	17.59	−12.34	2.35	20.72	−15.47	2.95
4.82	16.44	−11.62	2.41	14.72	−9.90	2.05	21.08	−16.26	3.37
5.80	13.24	−7.44	1.28	11.39	−5.59	0.96	22.28	−16.48	2.84
3.81	3.89	−0.08	0.02	6.83	−3.02	0.79	7.80	−3.99	1.05
2.49	2.88	−0.39	0.16	3.92	−1.43	0.57	0.84	1.65	0.66
1.08	1.11	−0.03	0.03	1.80	−0.72	0.67	7.29	−6.21	5.75
1.35	0.74	0.61	0.45	1.68	−0.33	0.25	3.09	−1.74	1.29
平均 4.33	10.07	−5.74	1.08	10.25	−5.92	1.18	14.61	−10.28	2.52

8.5　本章小结

　　基于高低空对持续性强降水影响重大的关键环流系统所在关键区域的大气环流变量的时间演变组成序列,并运用了权重的余弦相似度方法,通过布谷鸟搜索进行训练建立了一个基于关键环流系统时空结构的相似预报模型,简称 KISAM。进一步对 KISAM 在 2010 年 6 月 17—25 日持续性强降水发生期间的回报效果以及 2015 年 6 月的一个实际预报个例进行了检验,并将其与 ECMWF 直接输出的降水的集合平均预报效果进行了对比分析,得到了如下结论。

　　(1)在回报检验中,KISAM 对于逐日的持续性强降水的预报在较短预报时效(1 d)的预报效果不如 ECMWF 模式直接输出的集合平均降水预报(DMO),这可能与短时临近的中小尺度系统的活动有关,而由于 KISAM 预报模型没有考虑中小尺度系统的作用,所以其预报效果不如 ECMWF 模式直接输出的预报。对于 3 d 及以上预报时效的预报来说,KISAM 相对于 DMO 有一定的优势,且预报时效较长时,优势更明显。这说明 KISAM 能够提前于 DMO 识别预报出未来可能发生的持续性强降水,且对持续性强降水位置强度预报的准确率更高。KISAM 能够提前一周以上给出强度达到 50 mm 且持续 3 d 及以上的强降水事件的预报,为持续性强降水的预报提供很好的指示,预报时效比 DMO 提前。

　　(2)在实际的预报试验中,KISAM 在 2015 年 6 月的预报试验中也展现了较 DMO 更高的技巧。KISAM 在 6 月 18 日起报时,对 25—28 日发生的强降水提前 7 d 就能给出强降水的预警,且对强降水的强度和位置预报均较 DMO 更好。许多个例检验的平均 TS 评分进一步证实了以上结论。

　　采用 ECMWF 集合预报降水量资料和全国降水量加密观测资料,研发了基于最优概率的过程累计降水量分级订正预报(OPPF)技术,并遵循总体技术思路设计出三种不同的 OPPF 计算方案,继而选用 2015—2017 年 5—9 月中国 91 次区域性强降水过程进行回报试验和效果评估,所得结论如下。

(1)在中期至延伸期预报时效上(96～360 h),对有无降水和强降水的预报效果,三种 OP-PF 均明显优于 EMPF 和 CTPF;对中等以上和较强以上强度降水的预报效果,OPPF1 和 OP-PF3 与 EMPF 基本接近,但明显优于 CTPF。

(2)三种 OPPF 相比,OPPF3 的预报效果较 OPPF1 总体略胜一筹,两者均好于 OPPF2。

(3)预报效果存在明显的地域差异。在中期至延伸期预报时效,南方地区 OPPF3 强降水预报的 TS 评分明显大于北方地区,且预报效果明显优于 EMPF;在96～240 h 预报时效,东北地区东部 OPPF3 的预报效果也明显好于 EMPF。

尝试利用代表低温雨雪冷湿程度的 PT 指数作为预报量,通过分析提取有物理意义的预报因子组成神经网络的学习矩阵,建立基于粒子群进化算法的神经网络集合预报模型,对区域持续性低温雨雪事件进行预报试验,结果说明如下。

(1)区域持续性低温雨雪事件是在多种环流系统异常的相互配合与共同作用下发生的,受中高纬的阻塞高压、副热带高压、对流层中低层的逆温情况等众多因素的影响,如何利用有效的影响因子进行组合建立预报模型是一个非常困难的科学难题。因此尝试根据众多有关低温雨雪事件的研究成果,挑选了相关系数较高且又能代表影响低温雨雪事件的影响系统、物理意义较为明确的因子作为建模因子,并且用组合因子方法,使因子的相关性和稳定性得到提高。如此建立的预报模型,比单凭因子的相关系数大小选因子来建立预报模型更具有物理意义和可解释性。

(2)利用代表冷湿程度的 PT 指数作为预报量,用相同的粒子群-神经网络方法分别建立了 3 种预报建模,经对比分析表明,考虑了灾害严重程度、区分一般和严重两种类型来建模预报效果比不分类型建模预报的效果要好,且严重过程的低温雨雪预报模型的预报效果比一般过程的好。但研究中也发现,虽然通过逐日 PT 值的大小可以判断一次区域持续性低温雨雪过程的严重程度,但不能用具体一个 PT 值来判断不同过程具体的开始时间,所以,用一个什么样的物理量能更好地反映区域持续性低温雨雪过程的开始和结束,也是一个值得不断深入研究的问题。

(3)分析表明,在相同的预报因子条件下,粒子群-神经网络这种非线性集合预报方法的预报准确率和预报稳定性都明显好于传统的线性回归分析方法,而且由于采用粒子群优化算法对神经网络的连接权和网络结构进行优化,解决了因一般神经网络模型的初始权值的随机性和网络结构的确定过程中所带来的网络振荡和容易陷入局部最小的问题,并且这种方法还能构建 N 个有差异性的神经网络预报模型个体,通过对 N 个模型的预报结果合成得到更好、更稳定的预报效果(Jin et al.,2015),这为利用非线性神经网络建模提供了一种新的思路,在实际预报业务中值得尝试。

参考文献

鲍名,2007. 近50年我国持续性暴雨的统计分析[J]. 大气科学,31(5):779-792.

鲍名,2008. 两次华南持续性暴雨过程中热带西太平洋对流异常作用的比较[J]. 热带气象学报,24(1):27-36.

布和朝鲁,纪立人,施宁,2008a. 2008年初我国南方雨雪低温天气的中期过程分析Ⅰ:亚非副热带急流低频波[J]. 气候与环境研究,13(4):419-433.

布和朝鲁,施宁,纪立人,等,2008b. 梅雨期EAP事件的中期演变特征与中高纬Rossby波活动[J]. 科学通报,53(1):111-121.

曹鑫,任雪娟,杨修群,等,2012. 中国东南部5—8月持续性强降水和环流异常的准双周振荡[J]. 气象学报,70(4):766-778.

曹鑫,任雪娟,孙旭光,2013. 江淮流域夏季持续性强降水的低频特征分析[J]. 气象科学,33(4):362-370.

陈联寿,马镜娴,罗哲贤,2000. 大地形对涡旋运动的影响——第二次青藏高原大气科学试验理论研究进展(三)[M]. 北京:气象出版社.

陈烈庭,1977. 东太平洋赤道地区海水温度异常对热带大气环流及我国汛期降水的影响[J]. 大气科学,1(1):1-12.

陈烈庭,1982. 北太平洋副热带高压与赤道东部海温的相互作用[J]. 大气科学,6:148-156.

陈锐丹,温之平,陆日宇,等,2012. 华南6月降水异常及其与东亚-太平洋遥相关的关系[J]. 大气科学,2012,36(5):974-984.

陈文,康丽华,2006. 北极涛动与东亚冬季气候在年际尺度上的联系:准定常行星波的作用[J]. 大气科学,30(5):863-870.

陈阳,2016. 大气遥相关影响下的江淮地区持续性强降水发生机理和预报信号[D]. 南京:南京信息工程大学.

邓爱军,陶诗言,陈烈庭,1989. 我国汛期降水的EOF分析[J]. 大气科学,13(3):289-295.

丁一汇,柳俊杰,孙颖,等,2007. 东亚梅雨系统的天气-气候学研究[J]. 大气科学,31(6):1082-1101.

董元昌,李国平,2015. 大气能量学揭示的高原低涡个例结构及降水特征[J]. 大气科学,39(6):1136-1148.

杜小玲,高守亭,彭芳,2014. 2011年初贵州持续低温雨雪冰冻天气成因研究[J]. 大气科学,38(1):61-72.

杜银,张耀存,谢志清,2008. 高空西风急流东西向形态变化对梅雨期降水空间分布的影响[J]. 气象学报,66(4):566-576.

段安民,吴国雄,2003. 7月青藏高原大气热源空间型及其与东亚大气环流和降水的相关研究[J]. 气象学报,61(4):447-456.

范瑜越,李国平,2014. 1960—2005年我国南方地区1月地面最低气温的时空特征及成因分析[J]. 高原山地气象研究,34(4):48-52.

冯海山,2015. 中国东部持续性强降水与大气环流的低频特征和海温异常的联系[D]. 南京:南京信息工程大学.

高辉,陈丽娟,贾小龙,等,2008. 2008年1月我国大范围低温雨雪冰冻灾害分析Ⅱ:成因分析[J]. 气象,34(4):101-106.

高辉,蒋薇,李维京,2013. 近20年华南降水季节循环由双峰型向单峰型的转变[J]. 科学通报,58(15):1438-1443.

高守亭,张昕,王瑾,等,2014. 贵州冻雨形成的环境场条件及其预报方法[J]. 大气科学,38(4):645-655.

巩远发,段廷扬,张菡,2007. 夏季亚洲大气热源汇的变化特征及其与江淮流域旱涝的关系[J]. 大气科学,31

(1):89-98.

何编,孙照渤,2010."0806"华南持续性暴雨诊断分析与数值模拟[J].气象科学,30(2):164-171.

何光碧,余莲,2016.川渝地区两类西南涡形成前环境物理量场分析[J].高原山地气象研究,36(4):9-16.

何钰,李国平,2013.青藏高原大地形对华南持续性暴雨影响的数值试验[J].大气科学,37(4):933-944.

贺冰蕊,翟盘茂,2018中国1961-2016年夏季持续和非持续性极端降水的变化特征[J].气候变化研究进展,14(5):437.

胡亮,何金海,高守亭,2007.华南持续性暴雨的大尺度降水条件分析[J].南京气象学院学报,30(3):345-351.

胡祖恒,李国平,官昌贵,等,2014.中尺度对流系统影响西南低涡持续性暴雨的诊断分析[J].高原气象,33(1):116-129.

黄嘉佑,2000.气象统计分析与预报方法[M].北京:气象出版社.

黄荣辉,1990.引起我国夏季旱涝的东亚大气环流异常遥相关及其物理机制的研究[J].大气科学,14(1):108-117.

黄荣辉,李维京,1988.夏季热带西太平洋上空的热源异常对东亚上空副热带高压的影响及其物理机制[J].大气科学,12(s1):107-116.

黄荣辉,陈际龙,刘永,2011.我国东部夏季降水异常主模态的年代际变化及其与东亚水汽输送的关系[J].大气科学,35(4):18.

黄荣辉,刘永,冯涛,2013.20世纪90年代末中国东部夏季降水和环流的年代际变化特征及其内动力成因[J].科学通报,58(8):617-628.

江漫,于甜甜,钱维宏,2014.我国南方冬季低温雨雪冰冻事件的大气扰动信号分析[J].大气科学,38(4):813-824.

赖欣,范广州,董一平,等,2010.近47年中国夏季日降水变化特征分析[J].长江流域资源与环境,1277-1282.

李崇银,1993.大气低频振荡[M].北京:气象出版社.

李崇银,杨辉,顾薇,2008.中国南方雨雪冰冻异常天气原因的分析[J].气候与环境研究,13(2):113-122.

李国平,赵福虎,黄楚惠,等,2014.基于NCEP资料的近30年夏季青藏高原低涡的气候特征[J].大气科学,38(4):756-769.

李蕾,2016.EAP遥相关的低频活动特征及其对江淮流域持续性强降水的影响[D].北京:中国气象科学研究院.

李丽平,许冠宇,柳艳菊,2014.2010年华南前汛期低频水汽输送对低频降水的影响[J].热带气象学报,30(3):423-431.

李雪松,罗亚丽,管兆勇,2014.2010年6月中国南方持续性强降水过程:天气系统演变和青藏高原热力作用的影响[J].气象学报,72(3):428-446.

林爱兰,李春晖,郑彬,等,2013.广东前汛期持续性暴雨的变化特征及环流形势[J].气象学报,71(4):628-642.

刘蕾,孙颖,张蓬勃,2014.大尺度环流的年代际变化对初夏华南持续性暴雨的影响[J].气象学报,72(4):690-702.

陆虹,陈思蓉,郭媛,等,2012.近50年华南地区极端强降水频次的时空变化特征[J].热带气象学报,28(2):219-227.

罗艳艳,何金海,邹燕,等,2015.华南前汛期雨涝强、弱年的确定及其环流特征对比[J].气象科学,35(2):160-166.

吕俊梅,琚建华,任菊章,等,2012.热带大气MJO活动异常对2009—2010年云南极端干旱的影响[J].中国科学:地球科学,42(4):599-613.

苗芮,温敏,张人禾,2017.2010 年华南前汛期持续性降水异常与准双周振荡[J]. 热带气象学报,33(2):
　　155-166.

闵涛,肖天贵,李跃清,等,2013.2011 年"8.20"雅安暴雨过程的波能特征研究[J]. 成都信息工程学院学报,28
　　(4):402-408.

倪允琪,周秀骥,张人禾,等,2006. 我国南方暴雨的试验与研究[J]. 应用气象学报,17(6):690-704.

潘晓华,翟盘茂,2002. 气温极端值的选取与分析[J]. 气象,28(10):28-31.

齐庆华,蔡榕硕,张启龙,2013. 华南夏季极端降水时空变异及其与西北部太平洋海气异常关联性初探[J]. 高
　　原气象,32(1):110-121.

齐艳军,张人禾,TIM L,2016.1998 年夏季长江流域大气季节内振荡的结构演变及其对降水的影响[J]. 大气
　　科学,40(3):451-462.

钱维宏,2011. 气候变化与中国极端气候事件图集[M]. 北京:气象出版社.

陶诗言,1980. 中国之暴雨[M]. 北京:科学出版社.

陶诗言,卫捷,2008.2008 年 1 月我国南方严重冰雪灾害过程分析[J]. 气候与环境研究,13(4):337-350.

王东海,夏茹娣,刘英,2011.2008 年华南前汛期致洪暴雨特征及其对比分析[J]. 气象学报,69(1):137-148.

王晓娟,龚志强,任福民,等,2012.1960—2009 年中国冬季区域性极端低温事件的时空特征[J]. 气候变化研
　　究进展,8(1):8-15.

吴洪宝,吴蕾,2005. 气候变率诊断和预测方法[M]. 北京:气象出版社.

吴乃庚,林良勋,曾沁,等,2012. 广东高空槽后暴雨的多尺度天气特征及概念模型[J]. 热带气象学报,28(4):
　　506-516.

吴捷,许小峰,金飞飞,等,2013. 东亚-太平洋型季节内演变和维持机理研究[J]. 气象学报,71(3):476-491.

尹志聪,王亚非,2011. 江淮夏季降水季节内振荡和海气背景场的关系[J]. 大气科学,35(3):495-505.

余荣,翟盘茂,2018. 厄尔尼诺对长江中下游地区夏季持续性降水结构的影响及其可能机理[J]. 气象学报,76
　　(3):408-419.

郁淑华,高文良,彭骏,2013. 近 13 年青藏高原切变线活动及其对中国降水影响的若干统计[J]. 高原气象,32
　　(6):1527-1537.

郁淑华,高文良,彭骏,等,2015. 高原低涡移出高原后持续的对流层中层环流特征[J]. 高原气象,34(6):
　　1540-1555.

翟盘茂,潘晓华,2003. 中国北方近 50 年温度和降水极端事件变化[J]. 地理学报,58(增刊):1-10.

翟盘茂,倪允琪,陈阳,2013. 我国持续性重大天气异常成因与预报方法研究回顾与未来展望[J]. 地球科学进
　　展,28(11):177-188.

翟盘茂,李蕾,周佰铨,等,2016a. 江淮流域持续性强降水及预报方法研究进展[J]. 应用气象学报,27(5):
　　631-640.

翟盘茂,陈阳,廖圳,等,2016b. 中国持续性极端降水事件诊断[M]. 北京:气象出版社.

张端禹,郑彬,汪小康,等,2015. 华南前汛期持续暴雨环流分型初步研究[J]. 大气科学学报,38(3):310-320.

ALBERTA T L,COLUCCI S J,DAVENPORT J C,1991. Rapid 500-mb cyclogenesis and anticyclogenesis[J].
　　Monthly Weather Review,119(5):1186-1204.

ALEXANDER L V,ZHANG X B,PETERSON T C,et al,2006. Global observed changes in daily climate ex-
　　tremes of temperature and precipitation[J]. Journal of Geophysical Research:Atmospheres,111:1-22.

ARCHAMBAULT H M,BOSART L F,KEYSER D,et al,2008. Influence of large-scale flow regimes on cool-
　　season precipitation in the northeastern United States[J]. Monthly Weather Review,136(8):2945-2963.

ARCHAMBAULT H M,KEYSER D,BOSART L F,2010. Relationships between large-scale regime transi-
　　tions and major cool-season precipitation events in the Northeastern United States[J]. Monthly Weather Re-
　　view,138(9):3454-3473.

BAI A T,ZHAI P M,LIU X D,2007. Climatology and trends of wet spells in China[J]. Theoretical and applied climatology,88(3-4):139-148.

BERNSTEIN B C,2000. Regional and local influences on freezing drizzle,freezing rain and ice pellet events[J]. Weather and Forecasting(15):485-508.

BUEH C,SHI N,JI L R,et al,2008. Features of the EAP events on the medium-range evolution process and the mid-and high-latitude Rossby wave activities during the Meiyu period[J]. Chinese Science Bulletin,53(4):610-623.

CARRERA M L,HIGGINS R W,KOUSKY V E,2004. Downstream weather impacts associated with atmospheric blocking over the northeast Pacific[J]. Journal of Climate,17(24):4823-4839.

CAVAZOS T,HEWITSON B,2002. Relative performance of empirical predictors of daily precipitation[C]. Conference proceedings of the International Environmental Modelling and Software Society(2):349-354.

CHANGNON D,BIGLEY R,2005. Fluctuations in US freezing rain days[J]. Climatic Change,69(2-3):229-244.

CHANGNON S A,2003. Characteristics of ice storms in the United States[J]. Journal of Applied Meteorology,42(5):630-639.

CHEN G T J,2004. Research on the phenomena of Meiyu during the past quarter century:An overview[J]. East Asian Monsoon. World Scientic,560 pp.

CHEN Y,ZHAI P M,2013. Persistent extreme precipitation events in China during 1951—2010[J]. Climate Research,57(2):143-155.

CHEN Y,ZHAI P M,2014a. Changing structure of wet periods across southwest China during 1961—2012[J]. Climate Research,61(2):123-131.

CHEN Y,ZHAI P M,2014b. Two types of typical circulation pattern for persistent extreme precipitation in Central—Eastern China[J]. Quarterly Journal of the Royal Meteorological Society,140(682):1467-1478.

CHEN Y,ZHAI P M,2014c. Precursor circulation features for persistent extreme precipitation in Central-Eastern China[J]. Weather Forecasting,29(2):226-240.

CHEN Y,ZHAI P M,2015. Synoptic-scale precursors of the East Asia/Pacific teleconnection pattern responsible for persistent extreme precipitation in the Yangtze River Valley[J]. Quarterly Journal of the Royal Meteorological Society,141(689):1389-1403.

CHEN Y,ZHAI P M,2016. Mechanisms for concurrent low-latitude circulation anomalies responsible for persistent extreme precipitation in the Yangtze River Valley[J]. Climate Dynamics,47:989-1006.

CHEN Y R,LI Y Q,ZHAO T L,2015. Cause analysis on eastward movement of southwest China vortex and its induced heavy rainfall in South China[J]. Advances in Meteorology,2015:1-22.

COHEN J,FOSTER J,MARLOW M,et al,2010. Winter 2009—2010:a case study of an extreme Arctic Oscillation event[J]. Geophysical Research Letters,37(17).

DAI A G,2011. Drought under global warming:a review[J]. Climate Change,2(1):45-65.

DENG D F,GAO S T,DU X L,et al,2012. A diagnostic study of freezing rain over Guizhou,China,in January 2011[J]. Quarterly Journal of the Royal Meteorological Society,138(666):1233-1244.

DONAT M G,LOWRY A L,ALEXANDER L V,et al,2016. More extreme precipitation in the worlds dry and wet regions[J]. Nature Climate Change,6(5):8-13.

DING Y H,1994. Monsoons over China[J]. Advances in Atmospheric Sciences,11(2):252.

DING Y H,CHAN J C,2005. The East Asian summer monsoon:an overview[J]. Meteorology and Atmosheric Physics,89(1-4):117-142.

DING Y H,WANG Z,SUN Y,2008. Inter-decadal variation of the summer precipitation in East China and its association with decreasing Asian summer monsoon. Part Ⅰ:observed evidences[J]. International Journal of Climatology,28:1139-1161.

ENOMOTO T,HOSKINS B J,MATSUDA Y,2003. The formation mechanism of the Bonin high in August [J]. Quarterly Journal of the Royal Meteorological Society,129(587):157-178.

FAN Y Y,LI G P,LU H G,2015. Impacts of abnormal heating of Tibetan Plateau on Rossby wave activity and hazards related to snow and ice in South China[J]. Advances in Meteorology,878473

FERNÁNDEZ J,SÁENZ J,2003. Improved field reconstruction with the analog method:searching the CCA space[J]. Climate Research,24(3):199-213.

FUKUTOMI Y,YASUNARI T,1999. 10-25 day intraseasonal variations of convection and circulation over East Asia and western North Pacific during early summer[J]. Journal of the Meteorological Society of Japan. Ser Ⅱ,77(3):753-769.

GALARNEAU T J,HAMILL T M,DOLE R M,et al,2012. A multiscale analysis of the extreme weather events over Western Russia and Northern Pakistan during July 2010[J]. Monthly Weather Review,140:1639-1664.

GILL A E,1980. Some simple solutions for heat-induced tropical circulation[J]. Quarterly Journal of the Royal Meteorological Society,106:447-462.

GONG D Y,WANG S W,ZHU J H,2001. East Asian winter monsoon and Arctic Oscillation[J]. Geophysical Research Letters,28:2073-2076.

GUAN Z,GOLDBERG M D,BLOOM H J,et al,2009. Features of the short-term position variation of the west Pacific subtropical high during the torrential rain in Yangtze-Huaihe river valley and its possible cause[J]. Proceedings of SPIE-The International Society for Optical Engineering 7456.

GUAN Z,YAMAGATA T,2003 . The unusual summer of 1994 in East Asia:IOD teleconnections[J]. Geophysical Research Letters,30(10):235-250.

HIGGINS R W,MO K C,1997. Persistent North Pacific circulation anomalies and the tropical intraseasonal oscillation[J]. Journal of Climate,10(2):223-244.

HIROTA N,TAKAHASHI M,2012. A tripolar pattern as an internal mode of the East Asian summer monsoon[J]. Climate Dynamics,39(9-10):2219-2238.

HOLTON J,2004. Dynamic Meteorology[M]. Burlington:Elsevier.

HONG W,REN X J,2013. Persistent heavy rainfall over South China during May-August:Subseasonal anomalies of circulation and sea surface temperature[J]. Acta Meteorologica Sinica,27(6):769-787.

HOSKINS B J,JAMES I N,WHITE G H,1983. The shape,propagation and mean-flow interaction of large-scale weather systems[J]. Journal of the Atmospheric Science,40(7):1595-1612.

HOSKINS B J,AMBRIZZI T,1993. Rossby wave propagation on a realistic longitudinally varying flow[J]. Journal of the Atmospheric Science,50(12):1661-1671.

HU Z Z,1997. Interdecadal variability of summer climate over East Asia and its association with 500 hPa height and global sea surface temperature[J]. Journal of Geophysical Research:Atmospheres(1984-2012),102:19403-19412.

HUANG G,2004. An index measuring the interannual variation of the East Asian summer monsoon—The EAP index[J]. Advances in Atmospheric Sciences,21:41-52.

HUANG R H,1987. Influence of the heat source anomaly over the western tropical Pacific on the subtropical high over East Asia[J]. Proc International Conference on the General Circulation of East Asia,1987:40-45.

HUANG R H,WU Y F,1989. The influence of ENSO on the summer climate change in China and its mechanism[J]. Advances in Atmospheric Sciences,6(1):21-32.

HUANG R H，SUN F，1992. Impacts of the tropical western Pacific on the East Asian summermonsoon[J]. Journal of the Meteorological Society of Japan，70(1B)：243-256.

HUANG S S，1963. Longitudinal movement of the subtropical anticyclone and its prediction[J]. Acta Meteorologica Sinica，33：320-332.

HUFFMAN G J，NORMAN JR G A，1988. The supercooled warm rain process and the specification of freezing precipitation[J]. Monthly Weather Review，116(11)：2172-2182.

HURRELL J W，1995. Decadal trends in the North Atlantic Oscillation：regional temperatures and precipitation [J]. Science，269(5224)：676-679.

HURRELL J W，LOON H V，1997. Decadal variations in climate associated with the North Atlantic Oscillation[J]. Climatic Change，36(3-4)：301-326.

IPCC，2013. Climate Change 2013：The Physical Science Basis. Contribution of Working Group I to the Fifth Assessment Report of the Intergovernmental Panel on Climate Change[J]. Computational Geometry.

IWAO K，TAKAHASHI M，2008. A precipitation seesaw mode between northeast Asia and Siberia in summer caused by Rossby waves over the Eurasian continent[J]. Journal of Climate，21(11)：2401-2419.

JIA X，YANG S，2013. Impact of the quasi-biweekly oscillation over the western North Pacific on East Asian subtropical monsoon during early summer[J]. Journal of Geophysical Research Atmospheres，118(10)：4421-4434.

JIANG X W，LI Y，YANG S，et al，2011. Interannual and interdecadal variations of the South Asian and western Pacific subtropical highs and their relationships with Asian-Pacific summer climate[J]. Meteorology and Atmospheric Physics，113(3-4)：171-180.

JIN L ，ZHU J ，HUANG Y ，et al，2015. A nonlinear statistical ensemble model for short-range rainfall prediction[J]. Theoretical & Applied Climatology，119(3-4)：791-807.

KALNAY E，1996. The NCEP/NCAR 40-year reanalysis project[J]. Bulletin of the American Physical Society，77：437-471

KAWAMURA R，OGASAWARA T，2006. On the role of typhoons in generating PJ teleconnection patterns over the western North Pacific in late summer[J]. SOLA，2：37-40.

KENNEDY J，EBERHART R C，1995. Particle swarm optimization[C]Pro IEEE International Conference on Neural Networks Vol. Ⅳ：1942- 1948. IEEE Service Center，Piscataway，NJ，1995.

KEY J R，CHAN A C K，1999. Multidecadal global and regional trends in 1000 mb and 500 mb cyclone frequencies[J]. Geophysical Research Letters，26(14)：2053-2056.

KOSAKA Y，NAKAMURA H，2006. Structure and dynamics of the summertime Pacific-Japan teleconnection pattern[J]. Quarterly Journal of the Royal Meteorological Society，132(619)：2009-2030.

KOSAKA Y，NAKAMURA H，2010. Mechanisms of meridional teleconnection observed between a summer monsoon system and a subtropical anticyclone Part Ⅰ：The Pacific-Japan pattern[J]. Journal of Climate，23(19)：5085-5108.

KOSAKA Y，XIE S P，NAKAMURA H，2011. Dynamics of interannual variability in summer precipitation over East Asia[J]. Journal of Climate，24(20)：5435-5453.

KOSAKA Y，CHOWDARY J，XIE S P，et al，2012. Limitations of seasonal predictability for summer climate over East Asia and the Northwestern Pacific[J]. Journal of Climate，25(21)：7574-7589.

KODAMA Y M，1999. Roles of the atmospheric heat sources in maintaining the subtropical convergence zones：An aqua-planet GCMstudy[J]. Journal of the Atmospheric Science，56(23)：4032-4049.

KUNKEL K E，KARL T R，BROOKS H，et al，2013. Monitoring and understanding trends in extreme storms：State of knowledge[J]. Bulletin of the American Meteorological Society，94(4)：499-514.

KURIHARA K，TSUYUKI T，1987. Development of the barotropic high around Japan and its association with Rossby wave-like propagations over the North-Pacific：analysis of August 1984[J]. Journal of the Meteorological Society of Japan，65：237-246.

LAU K M，1992. East Asian summer monsoon rainfall variability and climate teleconnection[J]. Journal of the Meteorological Society of Japan，70(1B)：211-242.

LAU K M，WENG H，2003. Recurrent teleconnection patterns linking summertime precipitation variability over East Asia and North America[J]. Journal of the Meteorological Society of Japan，80(6)：1309-1324.

LAWRENCE D M，WEBSTER P J，2002. The boreal summer intraseasonal oscillation：Relationship between northward and eastward movement of convection[J]. Atmospheric Science，59(9)：1593-1606.

LEE J Y，WANG B，WHEELER M C，et al，2013. Real-time multivariate indices for the boreal summer intraseasonal oscillation over the Asian summer monsoon region[J]. Climate Dynamics，40(1-2)：493-509.

LI C，ZHANG Q Y，JI L，et al，2012. Interannual variations of the blocking high over the Ural Mountains and its association with the AO/NAO in borealwinter[J]. Acta Meteorologica Sinica，26(2)：163-175.

LI L，ZHAI P M，CHEN Y，et al，2016. Low-frequency oscillations of the East Asia-Pacific teleconnection pattern and their impacts on persistent heavy precipitation in the Yangtze-Huai River valley[J]. Journal of Meteorological Research，30(4)：459-471.

LI L，ZHANG R H，WEN M，2011. Diagnostic analysis of the evolution mechanism for a vortex over the Tibetan Plateau Plateau in June 2008[J]. Adv Atmos Sci 28：797-808

LI L，ZHANG R H，WEN M，2014a. Diurnal variation in the occurrence frequency of the Tibetan Plateau Vortices[J]. Meteorol Atmos Phys，125：135-144.

LI L，ZHANG R H，WEN M，2014b. Effect of the atmospheric heat source on the development and eastward movement of the Tibetan Plateau Vortices[J]. Tellus A，66：24451.

LI L，ZHANG R H，WEN M，2017. Genesis of southwest vortices and its relation to Tibetan Plateau vortices [J]. Q J R Meteorol Soc，143：2556-2566.

LI L，ZHANG R H，WEN M，et al，2018a. Effect of the atmospheric quasi-biweekly oscillation on the vortices moving off the Tibetan Plateau[J]. Clim Dyn，50：1193-1207.

LI L，ZHANG R H，WEN M，2018b. Modulation of the atmospheric quasi-biweekly oscillation on the diurnal variation of the occurrence frequency of the Tibetan Plateau vortices[J]. Clim Dyn，50：4507-4518.

LI L，ZHANG R H，WEN M，2019a. Large-scale backgrounds and crucial factors modulating the eastward moving speed of vortices moving off the Tibetan Plateau[J]. Clim Dyn，53：1711-1722.

LI L，ZHANG R H，WEN M，2019b. Development and eastward movement mechanisms of the Tibetan Plateau vortices moving off the Tibetan Plateau[J]. Clim Dyn 52：4849-4859.

LI L，ZHANG R H，WEN M，et al，2019c. Characteristics of the Tibetan Plateau vortices and the related large-scale circulations causing different precipitation intensity[J]. Theoretical and Applied Climatology，138：849-860.

LI L，ZHANG R H，WU P L，et al，2020a. Characteristics of convections associated with the Tibetan Plateau vortices based on geostationary satellite data. International Journal of Climatology，DOI：10. 1002/joc. 6494.

LI L，ZHANG R H，MIN W，2020b. Structure characteristics of the vortices moving off the Tibetan Plateau [J]. Meteorol Atmos Phys，DOI：10. 1007/s00703-019-00670-z.

LI L，ZHANG R H，WU P L，et al，2020c. Roles of Tibetan Plateau vortices in the heavy rainfall over southwestern China in early July 2018[J]. Atmospheric Research，245.

LI H，ZHAI P M，LU E，et al，2017. Changes in temporal concentration property of summer precipitation in China during 1961-2010 based on a new index[J]. Journal of Meteorological Research，31(2)：336-349.

LI H，ZHAI P M，CHEN Y，et al，2018. Potential influence of the East Asia-Pacific teleconnection pattern on persistent precipitation in South China：Implications of a typical Yangtze River valley cases[J]. Weather and Forcasting，33(1)：267-282.

LI X，MESHGI A，BABOVIC V，2016. Spatio—temporal variation of wet and dry spell characteristics of tropical precipitation in Singapore and its association with ENSO[J]. International Journal of Climatology，36 (15)：4831-4846.

LI Y，JIN R H，WANG S G，2010. Possible relationship between ENSO and blocking in key regions of Eurasia [J]. Journal of Tropical Meteorology，16(3)：221-230.

LIU H，ZHANG D L，WANG B，2008. Daily to submonthly weather and climate characteristics of the summer 1998 extreme rainfall over the Yangtze River Basin[J]. Journal of Geophysical Research：Atmospheres，113 (D22).

LIU L，XU Z，2016. Regionalization of precipitation and the spatiotemporal distribution of extreme precipitation in southwestern China[J]. Natural Hazards，80(2)：1195-1211.

LIU Y，WU G，2004. Progress in the study on the formation of the summertime subtropical anticyclone[J]. Advances in Atmopheric Science，21(3)：322-342.

LU R Y，2001. Interannual variability of the summertime North Pacific subtropical high and its relation to atmospheric convection over the warm pool[J]. Journal of the Meteorological Society of Japan，79(3)：771-783.

LU R Y，DONG B W，2001. Westward extension of North Pacific subtropical high in summer[J]. Journal of the Meteorological Society of Japan，79(6)：1229-1241.

LU R Y，LIN Z，2009. Role of subtropical precipitation anomalies in maintaining the summertime meridional teleconnection over the western North Pacific and EastAsia[J]. Journal of Climate，22(8)：2058-2072.

LU R Y，DONG H，SU Q，et al，2014. The 30-60-day intraseasonal oscillations over the subtropical western North Pacific during the summer of 1998[J]. Advances in Atmopheric Science，31(1)：1-7.

LV J M，LI Y，ZHAI P M，et al，2017. Teleconnection patterns impacting on the summer consecutive extreme rainfall in Central-Eastern China[J]. International Journal of Climatology，37：3367-3380.

MADDEN R A，JULIAN P R，1971. Detection of a 40-50 day oscillation in the zonal wind in the tropical Pacific [J]. Journal of the Atmospheric Sciences，28(5)：702-708.

MADDOX R A，CHAPPELL C F，HOXIT L R，1979. Synoptic and meso-alpha scale aspects of flash flood events[J]. Bulletin of the American Physical Society，60(2)：115-123.

MAO J，CHAN J C，2005. Intraseasonal variability of the South China Sea summer monsoon[J]. Journal of Climate，18(13)：2388-2402.

MAO J，XU G，2006. Intraseasonal variations of the Yangtze rainfall and its related atmospheric circulation feature during the 1991 summer[J]. Climate Dyn，27(7-8)，815-830.

MAO J，SUN Z，WU G，2010. 20-50-day oscillation of summer Yangtze rainfall in response to intraseasonal variations in the subtropical high over the western North Pacific and South China Sea[J]. Climate Dynamical，34(5)：747-761.

MATSUNO T，1966. Quasi-geostrophic motions in the equatorial area[J]. Journal of the Meteorological Society of Japan，44：25-43.

MILLWARD A A，KRAFT C E，2004. Physical influences of landscape on a large-extent ecological disturbance：The northeastern North American ice storm of 1998[J]. Landscape Ecology，19(1)：99-111.

MINDLING G W，1918. Hourly duration of precipitation at Philadelphia[J]. Monthly Weather Review，46：517-520.

MORI M，WATANABE M，SHIOGAMA H，et al，2014. Robust Arctic sea-ice influence on the frequent Eurasian cold winters in past decades[J]. Nature Geoscience,7:869-873.

MÜLLER M,KAŠPAR M,ŘEZÁČOVÁ D,et al,2009. Extremeness of meteorological variables as an indicator of extreme precipitation events[J]. Atmospheric Research,92(3):308-317.

MURAKAMI M, 1979. Large-scale aspects of deep convective activity over the GATE area[J]. Monthly Weather Review,107(8):994-1013.

NAKAMURA H,FUKAMACHI T,2004. Evolution and dynamics of summertime blocking over the Far East and the associated surface Okhotsk high[J]. Quarterly Journal of the Royal Meteorolgical Society,130(599): 1213-1233.

NEIMAN P J,RALPH F M,WICK G A,et al,2008. Meteorological characteristics and overland precipitation impacts of atmospheric rivers affecting the west coast of North America based on eight years of SSM/I satellite observations[J]. Journal of Hydrometeorology,9(1):22-47.

NITTA T,1987. Convective activities in the tropical western Pacific and their impact on the Northern Hemisphere summer circulation[J]. Journal of the Meteorological Society of Japan,65(3):373-390.

OGASAWARA T,KAWAMURA R,2007. Combined effects of teleconnection patterns on anomalous summer weather in Japan[J]. Journal of the Meteorological Society of Japan,Ser Ⅱ,85(1):11-24.

OGASAWARA T,KAWAMURA R,2008. Effects of combined teleconnection patterns on the East Asian summer monsoon circulation:remote forcing from low-and high-latitude regions[J]. Journal of the Meteorological Society of Japan,Ser Ⅱ,86(4):491-504.

POHL B,MACRON C,MONERIE P A,2017. Fewer rainy days and more extreme rainfall by the end of the century in Southern Africa[J]. Scientific Reports,7:46466.

QIAN X,MIAO Q L,ZHAI P M,et al,2014. Cold-wet spells in mainland China during 1951-2011[J]. Natural Hazards,74(2):931-946.

QU X,HUANG G,2012. An enhanced influenced of tropical Indian Ocean on the South Asian high after the late 1970s[J]. Journal of Climate,25(20),6930-6941.

RAUBER R M,OLTHOFF L S,RAMAMURTHY M K,et al,2000. The relative importance of warm rain and melting processes in freezing precipitation events[J]. Journal of Applied Meteorology,39(7):1185-1195.

REN F,CUI D,GONG Z,et al,2012. An objective identification technique for regional extreme events[J]. Journal of Climate,25:7015-7027.

REN X,YANG X Q,SUN X,2013. Zonal oscillation of western Pacific subtropical high and subseasonal SST variations during Yangtze persistent heavy rainfall events[J]. Journal of Climate,26:8929-8946.

REN X,YANG D,YANG X Q,2015. Characteristics and mechanisms of the subseasonal eastward extension of the South Asian High[J]. Journal of Climate,28(17):6799-6822.

RENWICK J A,1998. ENSO-related variability in the frequency of South Pacific blocking[J]. Monthly Weather Review,126(12):3117-3123.

RENWICK J A,REVELL M J,1999. Blocking over the South Pacific and Rossby wave propagation[J]. Monthly Weather Review,127(10):2233-2247.

ROOT B,KNIGHT P,YOUNG G,et al,2007. A fingerprinting technique for major weatherevents[J]. Journal of Applied Meteorology and Climatology,46(7):1053-1066.

ROY S S,BALLING R C,2004. Trends in extreme daily precipitation indices in India[J]. International Journal of Climatology,24(4):457-466.

SATO N,TAKAHASHI M,2006. Dynamical processes related to the appearance of quasi-stationary waves on the subtropical jet in the midsummer Northern Hemisphere[J]. Journal of Climate,19(8):1531-1544.

SHANNON C E,1948. A mathematical theory of communication[J]. The Bell System Technical Journal,27:

379-423.

SHAO Y,WU J,YE J,et al,2015. Frequency analysis and its spatio temporal characteristics of precipitation extreme events in China during 1951—2010[J]. Theoretical and Applied Climatology,121(3):1-13.

STEWART R E,KING P,1987. Freezing precipitation in winterstorms[J]. Monthly Weather Review,115(7): 1270-1280.

STEWART R E,THERIAULT J M,HENSON W,2015. On the characteristics of and processes producing winter precipitation types near 0 ℃[J]. Bulletin of the American Meteorological Society,96(4):623-639.

STIEN A,IMS R A,ALBON S D,et al,2012. Congruent responses to weather variability in high arctic herbivores[J]. Biology Letters,8(6):1002-1005.

STRAUB K H,KILADIS G N,2003. Interactions between the boreal summer intraseasonal oscillation and higher-frequency tropical wave activity[J]. Monthly Weather Review,131(5):945-960.

SUI C H,CHUNG P H,LI T,2007. Interannual and interdecadal variability of the summertime western North Pacific subtropical high[J]. Geophysical Research Letters,34(11):93-104.

SUN J,ZHAO S,2010. The impacts of multi-scale weather systems on freezing rain and snowstorms over southern China[J]. Weather and Forecasting,25(2):388-407.

SUN X,GREATBATCH R J,PARK W,et al,2010. Two major modes of variability of the East Asian summer monsoon[J]. Quarterly Journal of the Royal Meteorological Society,136(649):829-841.

SUN X,JIANG G,REN X,et al,2016. Role of intraseasonal oscillation in the persistent extreme precipitation over the Yangtze River Basin during June 1998[J]. Journal of Geophysical Research:Atmospheres,121(18): 10453-10469.

TAKAYA K,NAKAMURA H,2001. A formulation of a phase-independent wave-activity flux for stationary and migratory quasigeostrophic eddies on a zonally varying basic flow[J]. Journal of the Atmospheric Science,58(6):608-627.

THÉRIAULT J M,STEWART R E,MILBRANDT J A,et al,2006. On the simulation of winter precipitation types[J]. Journal of Geophysical Research:Atmospheres,111:D18202.

TORRENCE C,COMPO G P,1998. A practical guide to wavelet analysis[J]. Bulletin of the American Physical Society,79(1):61-78.

TSOU C H,HSU P C,KAU W S,et al,2005. Northward and northwestward propagation of 30-60 day oscillation in the tropical and extratropical western North Pacific[J]. Journal of the Meteorological Society of Japan,Ser Ⅱ,83(5):711-726.

WANG B,WU R G,FU X H,2000. Pacific-East Asian teleconnection:how does ENSO affect East Asianclimate[J]. Journal of Climate,13(9):1517-1536.

WANG B,ZHANG Q,2002. Pacific-East Asian teleconnection. Part Ⅱ:How the Philippine Sea anomalous anticyclone is established during El Niño development[J]. Journal of Climate,15(22):3252-3265.

WANG B,BAO Q,HOSKINS B,et al,2008. Tibetan Plateau warming and precipitation changes in East Asia [J]. Geophysical Research Letters,35(14):L14702.

WANG L,CHEN W,2010. Downward arctic oscillation signal associated with moderate weak stratospheric polar vortex and the cold December 2009[J]. Geophysical Research Letters,37:L09707.

WANG Y F,FUJIYOSHI Y,KATO K,2003. A teleconnection pattern related with the development of the Okhotsk high and the northward progress of the subtropical high in East Asian summer[J]. Advances in Atmospheric Science,20(2):237-244.

WANG Y F,YAMAZAKI K,FUJIYOSHI Y,2007. The interaction between two separate propagations of Rossby waves[J]. Monthly Weather Review,135(10):3521-3540.

WANG Y F,ZHAI P M,QIN J Z,2013. Construction of the OKJ teleconnection index[J]. Theoretical and Applied Climatology,114:303-314.

WANG Y F,XU X D,LUPO A R,et al,2011. The remote effect of the Tibetan Plateau on downstream flow in early summer[J]. Journal of Geophysical Research:Atmospheres,116(D19).

WEICKMANN K,BERRY E,2007. A synoptic-dynamic model of subseasonal atmospheric variability[J]. Monthly Weather Review,135:449-474.

WIEDENMANN J M,LUPO A R,MOKHOV I I,et al,2002. The climatology of blocking anticyclones for the northern and southern Hemispheres:block intensity as a diagnostic [J]. Journal of Climate,15(23):3459-3473.

WU B,ZHOU T,2008. Oceanic origin of the interannual and interdecadal variability of the summertime western Pacific subtropical high[J]. Geophysical Research Letters,35(13):17-23.

WU B,LI T,ZHOU T,2010. Relative contributions of the Indian Ocean and local SST anomalies to the maintenance of the Western North Pacific Anomalous Anticyclone during the El Niño decaying summer[J]. Journal of Climate,23:2974-2986.

WU B Y,WANG J,2002. Possible impacts of winter Arctic Oscillation on Siberian high,the East Asian winter monsoon and sea-ice extent[J]. Advances in Atmospheric Sciences,19(2):297-320.

WU H,ZHAI P M,2013. Changes in persistent and non-persistent flood season precipitation over South China during 1961-2010[J]. Acta Meteorologica Sinica,27(6):788-798.

WU H,ZHAI P M,CHEN Y,2016. A comprehensive classification of anomalous circulation patterns responsible for persistent precipitation extremes in South China[J]. Journal of Meteorological Research,30(4):483-495.

XIE S P,HU K,HAFNER J,et al,2009. Indian Ocean capacitor effect on Indo-western Pacific climate during the summer following El Niño[J]. Journal of Climate,22:730-747.

XU X,2004. Moisture transport source/sink structure of the Meiyu rain belt along the Yangtze River valley [J]. Chinese Science Bulletin,49(2):181-188.

XIANG S,LI Y,LI D,et al,2013. An analysis of heavy precipitation caused by a retracing plateau vortex based on TRMM data[J]. Meteorology and Atmospheric Physics,122:33-45.

YAMADA K,KAWAMURA R,2007. Dynamical link between typhoon activity and the PJ teleconnection pattern from early summer to autumn as revealed by the JRA-25 reanalysis[J]. SOLA,3:65-68.

YAN Z,JONES P D,DAVIES T D,et al,2002. Trends of extreme temperatures in Europe and China based on daily observations[M]//Improved Understanding of Past Climatic Variability from Early Daily European Instrumental Sources. Springer Netherlands,355-392.

YANG H,LI C,2003. The relation between atmospheric intraseasonal oscillation and summer severe flood and drought in the Changjiang-Huaihe River Basin[J]. Advances in Atmospheric Sciences,20(4):540-553.

YANG J,WANG B,WANG B,et al,2010. Biweekly and 21-30-day variations of the subtropical summer monsoon rainfall over the lower reach of the Yangtze River Basin[J]. Journal of Climate,23(5):1146-1159.

YANG S,LAU K M,KIM K M,2002. Variations of the East Asian jet stream and Asian-Pacific-American winter climate anomalies[J]. J Clim,15:306-325.

YANG X S,DEB S,2009. Cuckoo search via Lévy flights[C]. Nature & Biologically Inspired Computing,2009. NaBIC 2009. World Congress on. IEEE,210-214.

YASUI S,WATANABE M,2010. Forcing processes of the summertime circumglobal teleconnection pattern in a dry AGCM[J]. Journal of Climate,23:2093-2114.

YU S H,GAO W L,PENG J,et al,2014. Observational facts of sustained departure plateau vortexes[J]. Journal of Meteorological Research,28(2):296-307.

YU S H,GAO W L,XIAO D X,et al,2016. Observational facts regarding the joint activities of thesouthwest vortex and plateau vortex after its departure from the Tibetan Plateau[J]. Advances in Atmospheric Science. Sci,33(1):34-46.

ZHAI P M,SUN A,REN F,et al,1999. Changes of climate extremes in China[J]. Climatic Change,42(1):203-218.

ZHAI P M,CHAO Q,ZOU X,2004. Progress in China's climate change study in the 20th century[J]. Journal of Geographical Sciences,14(1):3-11.

ZHAI P M,ZHANG X,WAN H,et al,2005. Trends in total precipitation and frequency of daily precipitation extremes over China[J]. Journal of Climate,18(7):1096-1108.

ZHANG B,ZHOU X J,CHEN L X,et al,2010. An East Asian land-sea atmospheric heat source difference index and its relation to general circulation and summer rainfall over China[J]. Science China Earth Sciences, 53(11):1734-1746.

ZHANG D D,YAN D H,WANG Y C,et al,2015. Changes in extreme precipitation in the Huang-Huai-Hai River basin of China during 1960—2010[J]. Theoretical and Applied Climatology,120(1):195-209.

ZHANG H Q,QIN J,LI Y,2011. Climatic background of cold and wet winter in southern China:part I observational analysis[J]. Climate Dynamics,37(11-12):2335-2354.

ZHANG L N,WANG B Z,ZENG Q C,2009. Impact of the Madden-Julian oscillation on summer rainfall in southeastChina[J]. Journal of Climate,22(2):201-216.

ZHANG P F,LI G P,FU X H,et al,2014. Clustering of Tibetan Plateau vortices by 10-30-day intraseasonal oscillation[J]. Monthly Weather Review,142:290-300.

ZHANG Q,PENG J T,XU C Y,et al,2014. Spatio temporal variations of precipitation regimes across Yangtze River Basin,China[J]. Theoretical & Applied Climatology,115(3-4):703-712.

ZHANG R H,LI T R,WEN M,et al,2015. Role of intraseasonal oscillation in asymmetric impacts of El Niño and La Niña on the rainfall over southern China in boreal winter[J]. Climate Dynamics,45(3-4):559-567.

ZHANG R H,SUMI A,KIMOTO M,1996. Impact of El Niño on the East Asian monsoon:A diagnostic study of the '86/87 and '91/92events[J]. Journal of the Meteorological Society of Japan Ser II,74(1):49-62.

ZHANG Y,CHEN L,HE J,et al,2008. A study of the characteristics of the low-frequency circulation on Tibetan Plateau and its association with precipitation over the Yangtze valley in 1998[J]. Acta Meteorologica Sinica,66(4),577-591.

ZHANG Z J,QIAN W H,2011. Identifying regional prolonged low temperature events in China[J]. Advances in Atmospheric Sciences,28(2):338.

ZHOU B Z,GU L H,DING Y H,et al,2011. The great 2008 Chinese ice storm:it's socioeconomic-ecological impact and sustainability lessons learned[J]. Bulletin of the American Meteorological Society,92(1):47-60.

ZHOU T J,2003. Comparison of the global air-sea freshwater exchange evaluated from independent datasets [J]. Progress in Natural Science,13:626-631.

ZHOU T J,ZHANG L X,LI H M,2008. Changes in global land monsoon area and total rainfall accumulation over the last half century[J]. Geophysical Research Letters,35,L16707.

ZHU C W,NAKAZAWA T,LI J P,et al,2003. The 30-60 day intraseasonal oscillation over the western North Pacific Ocean and its impacts on summer flooding in China during 1998[J]. Geophysical Research Letters,30 (18).

ZOLINA O,SIMMER C,GULEV S K,et al,2010. Changing structure of European precipitation:Longer wet periods leading to more abundant rainfalls[J]. Geophysical Research Letters,37(6):460-472.